UG NX-3D
실기 활용서

예문사

프로그램을 다루는 것은 사람이다
중요한 건 창조적인 설계를 하는 능력

오랜시간 교육 및 실무에서 직접 경험하고 지켜본 바로는
NX 프로그램은 하나의 툴이며 도구일 뿐이라는 겁니다.

정작 중요한 것은 도면을 해석하고 창조적인 설계를 할 수 있는 능력을 키우는 것입니다.
따라서 NX 프로그램은 빠르고 정확하게 3D 모델링을 할 수 있도록 반복적인 연습이 필요합니다.

이 교재는 NX를 처음 접하신 분들도 쉽게 따라하면서 공부할 수 있는 입문서가 될 수 있도록 만들었습니다.
반복적으로 연습하시다 보면 NX 프로그램이 쉽게 느껴지실 수 있을 것입니다.

다솔유캠퍼스 연구진들의 땀과 정성으로 만든 이 책이 누군가에게는 기회를 만들 수 있는 초석이 되었으면 하는 바람입니다.

전신혁

Creative Engineering Drawing

Dasol U-Campus Book

2008

전산응용기계제도 실기/실무
AutoCAD-2D 활용서

2011

전산응용제도 실기/실무(신간)
KS규격집 기계설계
KS규격집 기계설계 실무(신간)

2012

AutoCAD-2D와 기계설계제도

2001

전산응용기계제도 실기
전산응용기계제도기능사 필기
기계설계산업기사 필기

2013

ATC 출제도면집

1996

전산응용기계설계제도

2007

KS규격집 기계설계
전산응용기계제도 실기 출제도면집

1998

제도박사 98 개발
기계도면 실기/실습

1996

다솔기계설계교육연구소

2002

(주)다솔리더테크
신기술벤처기업 승인

2010

자동차정비분
강의 서비스

2000

㈜다솔리더테크
설계교육부설연구소 설립

2008

다솔유캠퍼스 통합

2012

홈페이지 1차

2001

다솔유캠퍼스 오픈
국내 최초 기계설계제도
교육 사이트

Since 1996

Dasol U-Campus

다솔유캠퍼스는 기계설계공학의 상향 평준화라는 한결같은 목표를 가지고 1996년 이래 교재 집필과 교육에 매진해 왔습니다.
앞으로도 여러분의 꿈을 실현하는 데 다솔유캠퍼스가 기회가 될 수 있도록 교육자로서 사명감을 가지고 더욱 노력하는 전문교육기업이 되겠습니다

2017

CATIA-3D 실무 실습도면집
3D 실기 활용서 시리즈(신간)

2014

NX-3D 실기활용서
인벤터-3D 실기/실무
인벤터-3D 실기활용서
솔리드웍스-3D 실기/실무
솔리드웍스-3D 실기활용서
CATIA-3D 실기/실무

2018

기계설계 필답형 실기
권사부의 인벤터-3D 실기

2020

일반기계기사 필기
컴퓨터응용가공선반기능사
컴퓨터응용가공밀링기능사

2015

CATIA-3D 실기활용서
기능경기대회 공개과제 도면집

2019

박성일마스터의 기계 3역학
홍쌤의 솔리드웍스-3D 실기

2021

건설기계설비기사 필기
기계설계산업기사 필기
전산응용기계제도기능사 필기

2013

홈페이지 2차 개편

2018

국내 최초 기술교육전문
2018 브랜드선호도 1위

2015

홈페이지 3차 개편
단체수강시스템 개발

2016

오프라인
원데이클래스

2020

Live클래스
E-Book사이트(교사/교수용)

2017

오프라인
투데이클래스

2021

홈페이지 4차 개편
모바일 서비스

CONTENTS

3D 및 2D 부품도 배치

모델링에 의한 과제도면 해석

KS기계제도규격(시험용)

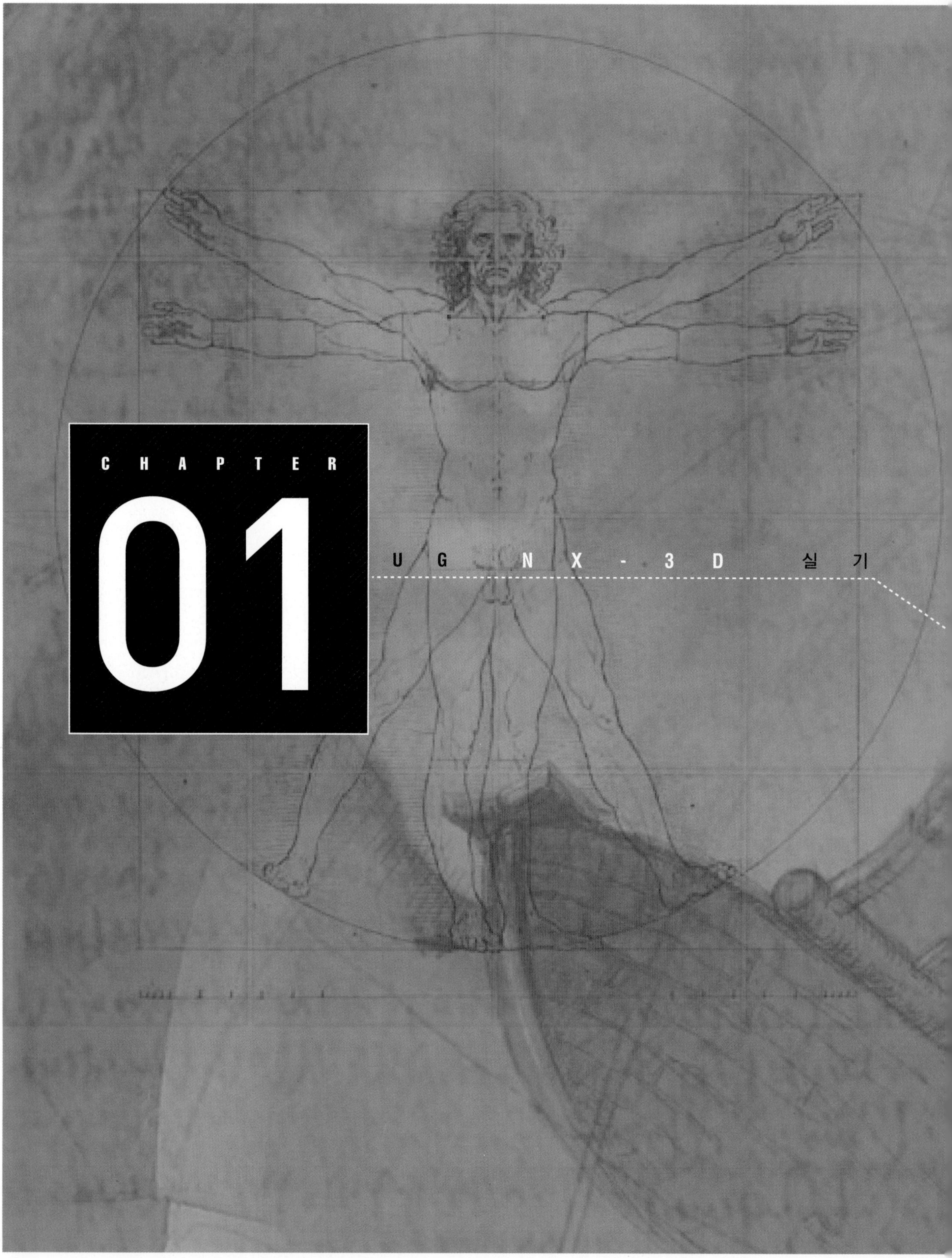

CHAPTER 01

UG NX-3D 실기

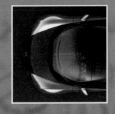

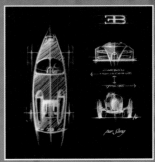

3D 모델링
기본명령 및 기능

BRIEF SUMMARY

이 장에서는 모델링에 앞서 국가기술자격 검정 시 주로 사용하는 기본적인 기능들을 숙지하도록 하겠다.

01 | 언어 설정(Korean & English)

따 · 라 · 하 · 기

01 + **마우스 오른쪽** 버튼을 클릭하고 속성을 선택한다.

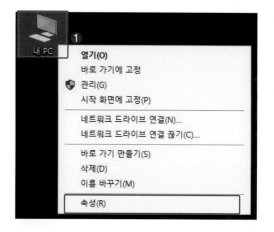

02 고급 시스템 설정 고급 을 클릭한다.

03 환경 변수(N)... 를 클릭한다.

04 [시스템 변수(S)] 에서 UGII_LANG를 더블 클릭
한다.

05 시스템 변수 편집에서 **변수 값(V)**을 English ⇨
Korean으로 변경하고 [확인] 을 클릭한다.

06 Korean으로 변경된 것을 확인하고 [확인] 을 클릭한다.

07 [NX] 를 실행한다.

결과

한국어로 변환된 것을 확인할 수 있다.

08 새로 만들기를 클릭한다.

09 [확인] 을 클릭한다.

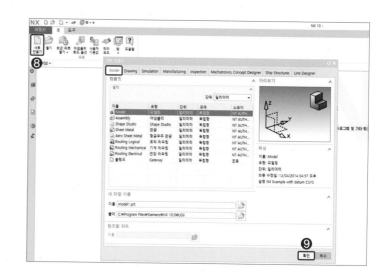

02 | 스케치(Sketch)

스케치를 작성하기 위해서는 우선 **스케치할 평면**을 지정해야 하고 아래의 스케치 평면에 대한 정의를 숙지한다.

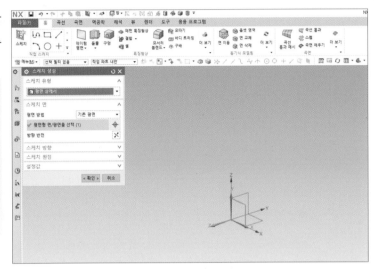

TIP1 스케치 평면 방법은 기존 평면과 추정됨이 있다. 스케치할 용도에 따라 두 방법 중 하나의 기능을 선택하여 진행한다.

TIP2 일반 스케치 : 현재 응용 프로그램에 직접 스케치 하는 방법

타스크 환경의 스케치 : 스케치를 생성하고 스케치 타스크 환경을 시작하는 방법. 메뉴(M) ⇨ 삽입(S) ⇨ 타스크 환경의 스케치(V)

XC–YC 평면

좌표계의 XY 평면에 스케치 평면을 생성한다.

입체의 평면도 형상을 스케치할 수 있다.

YC–ZC 평면

좌표계의 YZ 평면에 스케치 평면을 생성한다.

입체의 측면도 형상을 스케치할 수 있다.

XC–ZC 평면

좌표계의 XZ 평면에 스케치 평면을 생성한다.

입체의 정면도 형상을 스케치할 수 있다.

스케치는 시작 평면에 따라 형상이 평면도, 측면도, 정면도로 생성되므로 수검자가 원하는 방향에 따라 평면을 선택한 후, 작업을 시작한다.

01 ⊞ 를 클릭한다.

02 X,Y **평면**을 클릭한다.

03 < 확인 > 을 클릭한다.

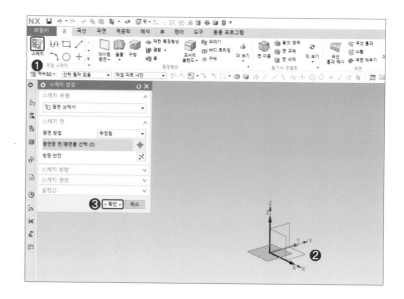

 프로파일(Profile)

선분과 원호를 연결하여 스케치를 작성할 수 있다. 프로파일을 실행하면 **Sub-menu**가 나타난다. **Sub-menu**를 이용하여 **Line** 또는 **Arc**를 선택하여 연결된 **Curve**를 작성할 수 있다.

01 ∿ 을 클릭한다.

02 0,0**(원점)**을 클릭한다.

03 Y**축** 방향으로 **Line**을 스케치한다.

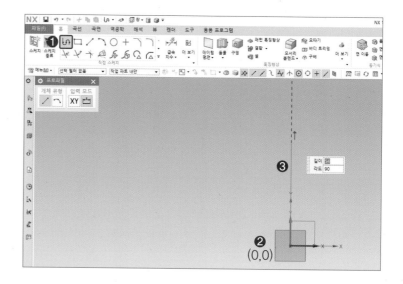

04 이어서 **X축** 방향으로 Line을 스케치하고 Sub-
menu로 이동한다.

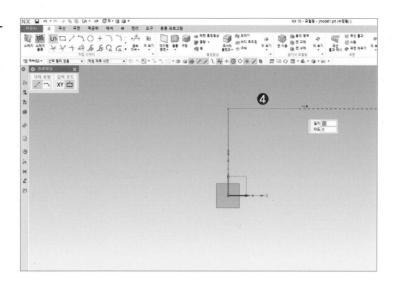

05 ⌐를 클릭한다.

06 **Y축** 방향으로 Arc를 스케치한다.

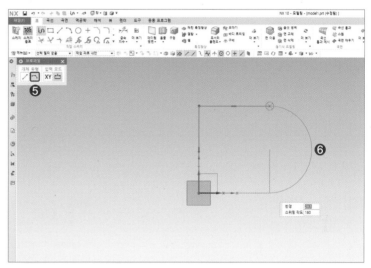

07 0,0 위치에 Line을 스케치한 다음 Esc 로 빠져
나온다.

TIP 명령어는 Esc 로 빠져나온다.

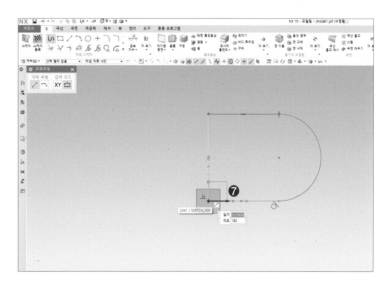

결과

Profile을 사용하여 생성한 Sketch Curve를 확인할 수 있다.

TIP 삭제하려면 마우스 좌측 버튼으로 드레그해서 객체를 선택한 다음 Delete 키를 누른다.

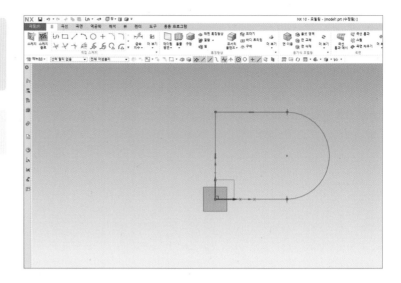

 선(Line)

직선의 선분을 하나씩 스케치한다. 길이와 각도 값을 입력하여 선분을 작성할 수 있다.
Line은 Profile과 다르게 연결된 Curve를 스케치할 수 없다.

01 ╱을 클릭한다.

02 0,0(원점)을 클릭한다.

03 Y축 방향으로 Line을 스케치한다.
  ① 길이 : 50mm
  ② 각도 : 90°

04 Enter 키를 누른다.

TIP 1. 입력 전환은 [길이/각도] 키보드 Tab 이다.
  2. Zoom in, Zoom out은 마우스 스크롤을 밀고 당기면 된다.

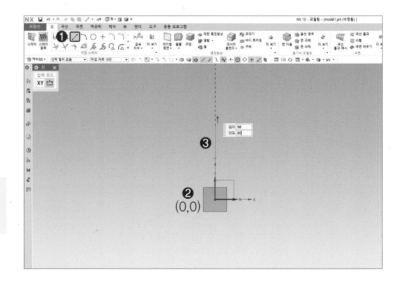

05 다시 Y축 끝점을 클릭한다.

06 키보드 `Tab` 키를 누른 다음 **각도**에 315를 입력
한다.

07 점선은 0,0(원점)에 맞추고 클릭한다.

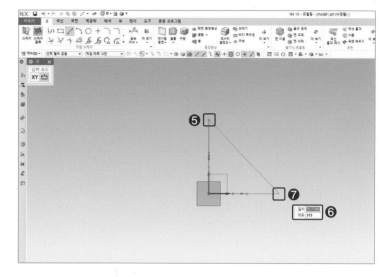

08 다시 X축 끝점을 클릭한다.

09 0,0(원점)을 클릭한다.

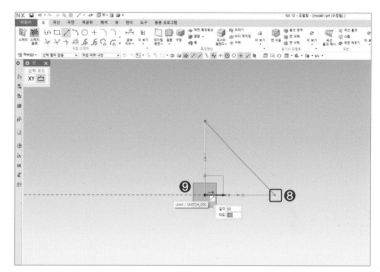

결과

각도와 직선의 선분을 사용하여 직삼각형이 생성
된 것을 확인할 수 있다.

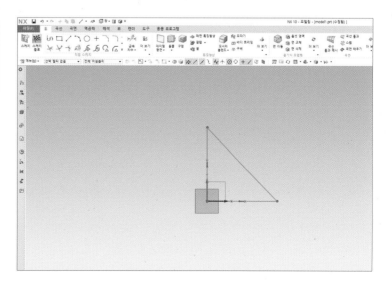

원호(Arc)

연결되는 원호를 작성할 수 있으며 한 점을 기준으로 지름을 부여하거나 원둘레 상의 두 점을 추가하여 원을 스케치한다.
Arc는 두 종류로 분류된다.

기능 1

 3점에 의한 원호(Arc by 3 points)

원주 상에 위치하는 **3점**을 이용하여 **호**를 스케치한다.

---

01 ◢ 을 클릭한다.

02 0,0(원점)을 클릭한다.

03 Y축 방향으로 Line을 스케치한다.

① **길이** : 50mm

② **각도** : 90°

04 Enter 키를 누른다.

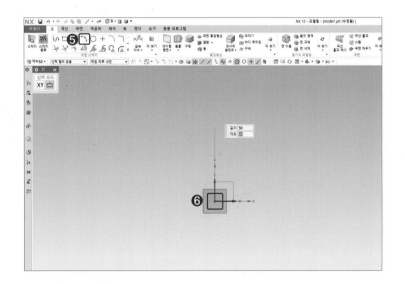

05 ◥ 를 클릭한다.

06 Line의 0,0(원점)을 클릭한다.

07 Line의 **끝점**을 클릭한다.

08 반경 25mm를 입력하고 Enter 키를 누른다.

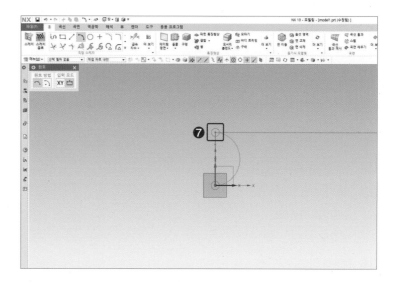

결과

3점에 의한 원호를 사용하여 생성한 **Arc**를 확인 할 수 있다.

TIP ① 명령어는 Esc 로 빠져나온다.

② 객체 삭제는 마우스로 드레그해서 모두 선택 후 Delete 키를 누른다.

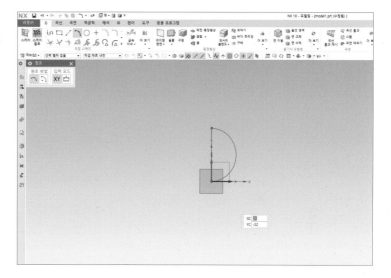

기능2

 중심점 및 끝점에 의한 원호(Arc by Center and End Point)

호의 중심점을 지정하고 호 위의 지름이 될 점을 입력하여 호를 그린다.

---

01 ⬚ 를 클릭한다.

02 0,0(원점)을 클릭한다.

03 Y축 방향으로 Line을 스케치한다.

    ① **길이** : 50mm

    ② **각도** : 90°

04 **Enter** 키를 누른다.

05 ⬚ 를 클릭한다.

06 Sub-menu에서 ⬚ 을 클릭한다.

07 Line의 **중심점**을 클릭한다.

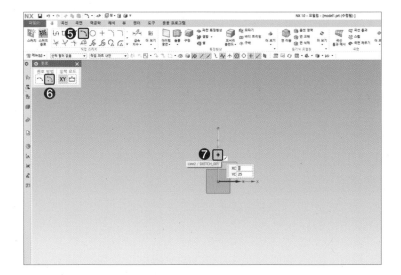

08 Line의 **끝점**을 클릭한다.

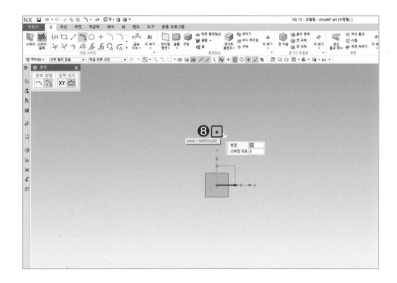

09 0,0(원점)을 클릭한다.

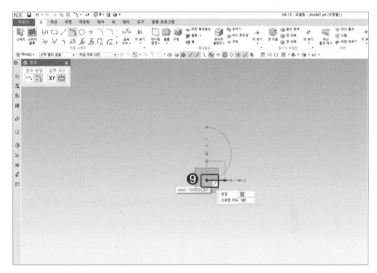

결과 1

중심점에 의한 원호를 사용하여 생성한 Arc를 확
인할 수 있다.

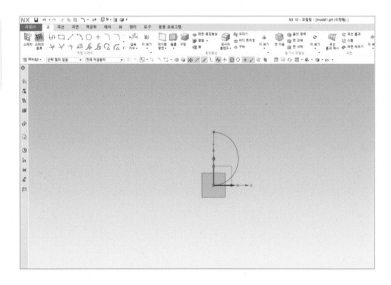

결과 2

시작점과 끝점을 클릭하여 원호를 사용하여 생성한 Arc로 그릴 수 있다.

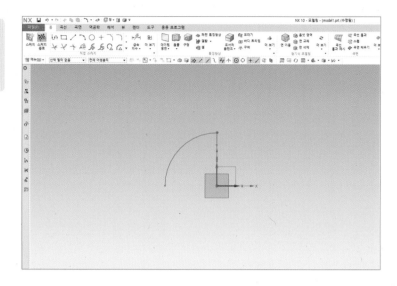

 원(Circle)

3점 또는 중심점과 직경을 사용하여 생성할 수 있다.

기능1

 중심점 및 직경에 의한 원(Circle by Center and Diameter)

원의 중심점을 지정하고 원 위의 지름이 될 점을 입력하여 원을 스케치한다.

01 ◻ 을 클릭한다.

02 0,0(원점)을 클릭한다.

03 X축 방향으로 Line을 스케치한다.

　① 길이 : 50mm

　② 각도 : 0

04 Enter 키를 누른다.

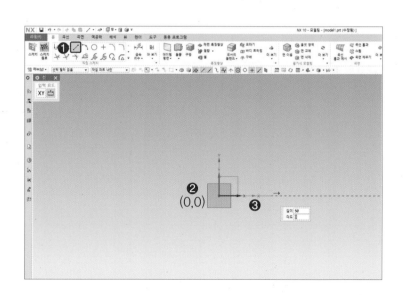

05 ◯ 을 클릭한다.

06 0,0(원점)을 클릭한다.

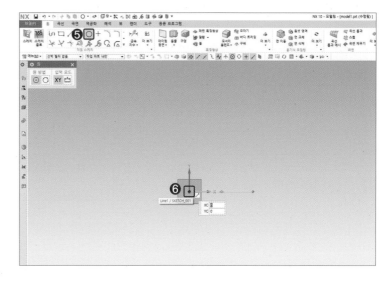

07 Line 끝점을 클릭하여 직경 100mm의 원을 스케치한다.

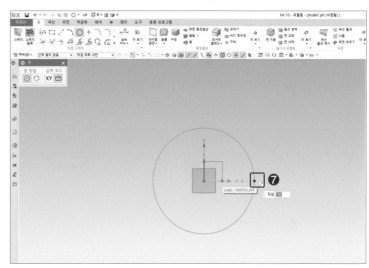

결과

중심 및 직경에 의한 원을 사용하여 직경 Ø100 의 원이 작도된 것을 확인할 수 있다.

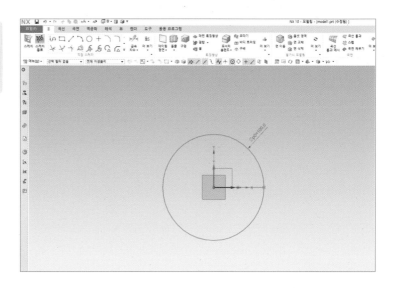

3점에 의한 원(Circle by 3 Point)

원주 상에 위치하는 3점을 이용하여 원을 그린다. 선택된 선들을 이용하여 여러 개의 Offset된 선이나 이등분선을 작성할 수 있다.

01 ◯ 을 클릭한다.

02 ◯ 을 클릭한다.

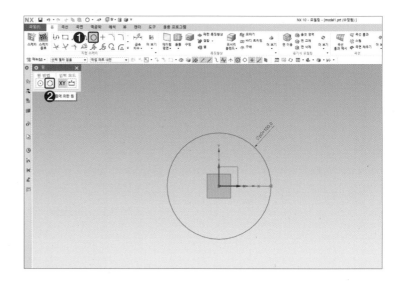

03 0,0(원점)을 클릭한다.

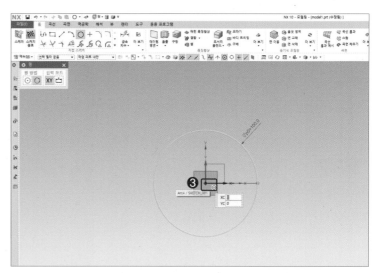

04 Line의 **끝점**을 클릭한다.

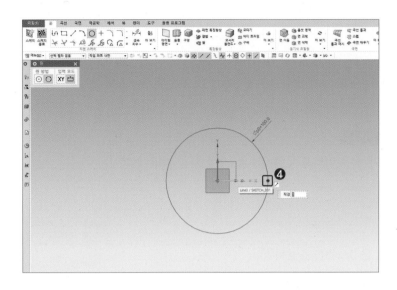

05 을 클릭한다.

06 원의 **사분점**을 클릭한다.

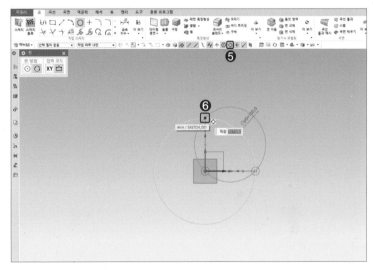

결과

3점에 의한 원을 사용하여 작도된 원을 확인할 수 있다.

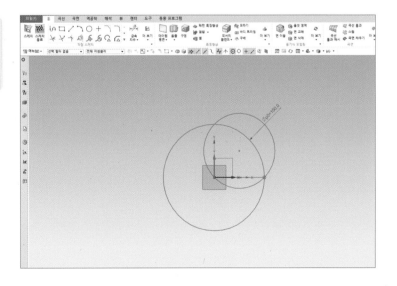

파생선(Derived Lines)

파생선은 선택된 선을 이용하여 임의의 위치를 지정하여 선을 복사하거나 Offset Line의 방향이 되며 거리 값을 (+)방향 혹은 (−)방향으로 지정할 수 있다. 그러나 곡선은 Offset할 수 없다.

기능 1

두 선 사이의 중심 위치에 새로운 선을 생성하는 방법

01 을 클릭한다.

02 0,0(원점)을 클릭한다.

03 Y축 방향으로 Line을 스케치한다.

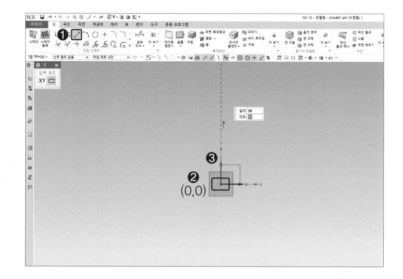

04 을 클릭한다.

05 Line을 클릭한다.

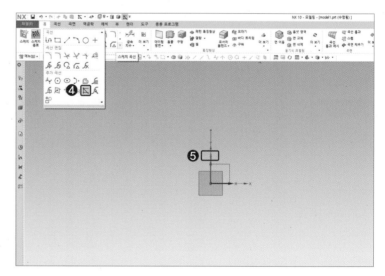

TIP 스케치 곡선(아래화살표)을 클릭하면 스케치에 전체적인 기능이 나온다. 주로 사용하는 아이콘에 마우스 커서를 올려놓고 오른쪽 클릭 ➡ 빠른 접근 도구 모음에 추가를 클릭하면 상단에 추가되는 것을 확인할 수 있다.

06 X축 방향으로 복사한다.

TIP 계속해서 여러 개의 Line을 복사할 수 있다.

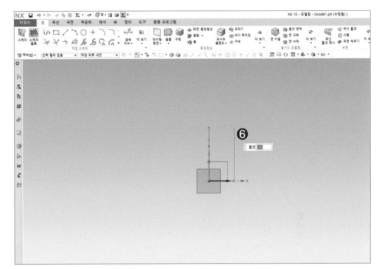

결과

선택된 선이 복사된 것을 확인할 수 있다.

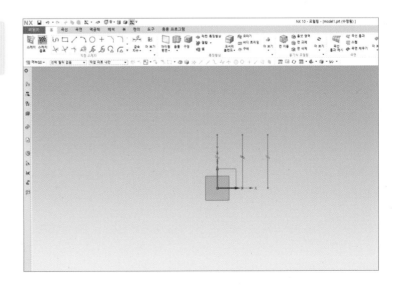

기능2

두 선 사이의 각도를 등분하는 방법

01 / 을 클릭한다.

02 0,0(원점)에서 X, Y 방향으로 각각 **선**을 스케
치한다.

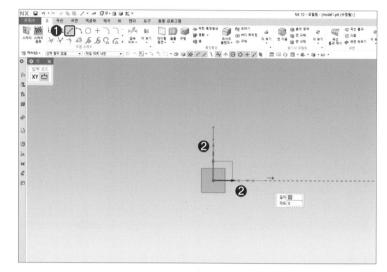

03 ◁ 을 클릭한다.

04 X, Y 방향으로 스케치한 Line을 클릭한다.

05 각도를 등분하는 Line을 생성한다.

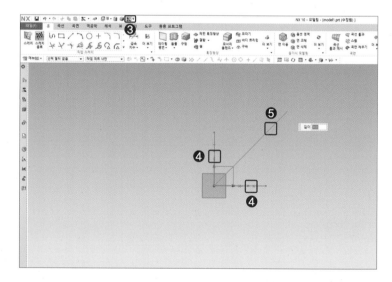

결과

두 선 사이의 각도를 등분하는 선이 작도된 것을
확인한다.

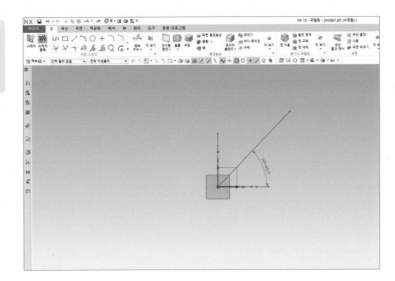

직사각형(Rectangle)

직사각형을 3가지 방법으로 스케치할 수 있고 2가지 방법으로 Parameter를 입력하거나 정의할 수 있다.

기능 1

 2점으로 스케치하는 법(By 2 point)

두 점을 대각선 방향으로 선택하여 사각형을 스케치한다.

01 을 클릭한다.

02 을 클릭한다.

03 시작점(0,0)을 클릭한다.

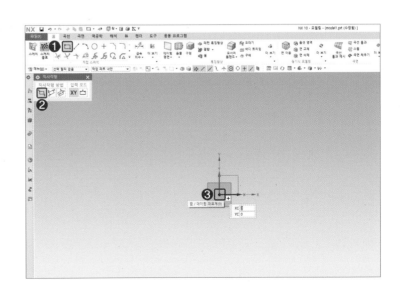

04 **폭**과 **높이**를 각각 **50mm**로 입력한다.

05 Enter 키를 누른다.

06 임의의 공간을 클릭한다.

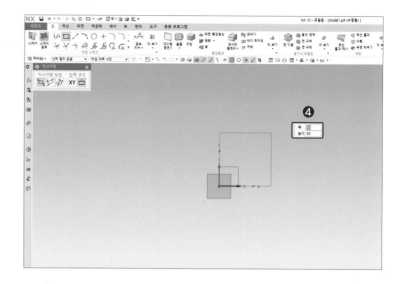

결과

2점을(By 2 Point) 사용하여 정사각형이 작도된
것을 확인할 수 있다.

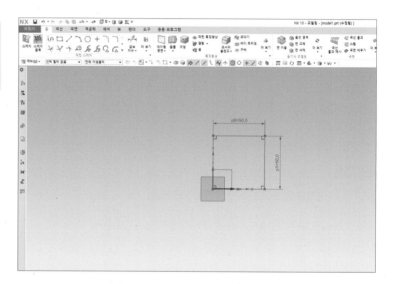

3점으로 스케치하는 법(By 3 point)

3개의 모서리점을 정의하여 사각형을 작도한다.

---

01 ▢ 을 클릭한다.

02 ▱ 을 클릭한다.

03 **시작점**(0,0)을 클릭한다.

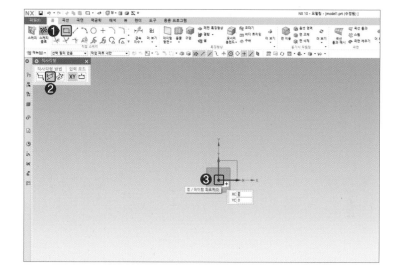

04 다음과 같이 입력한다.

① **폭** : 50mm

② **높이** : 100mm

③ **각도** : 90°

05 Enter 키를 누른다.

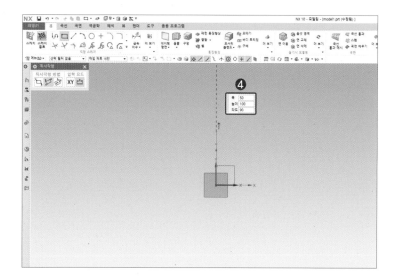

06 X축 방향으로 마우스를 움직여 방향을 맞춘 후
임의의 공간을 클릭한다.

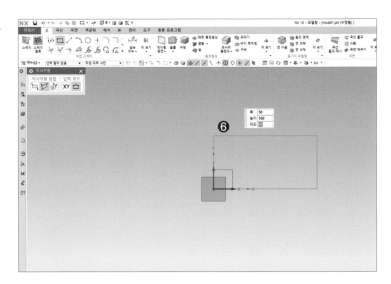

결과

3점을(By 3 Point) 사용하여 직사각형이 작도된
것을 확인할 수 있다.

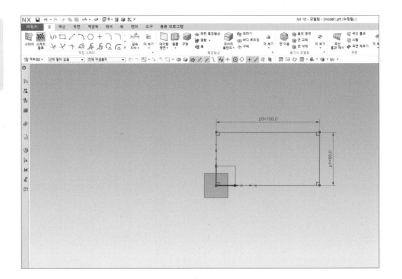

기능 3

중심으로 스케치하는 법(From Center)

사각형의 중심을 클릭하고 나머지 두 점을 선택하여 사각형을 스케치한다.

01 ☐ 을 클릭한다.

02 ▨ 을 클릭한다.

03 **시작점**을 클릭한다.

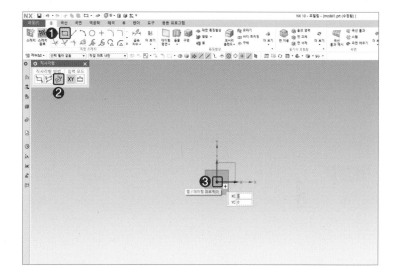

04 다음과 같이 입력한다.

① **폭** : 100mm

② **높이** : 100mm

③ **각도** : 90°

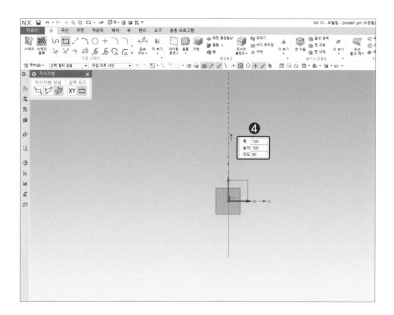

05 Enter 키를 누른다.

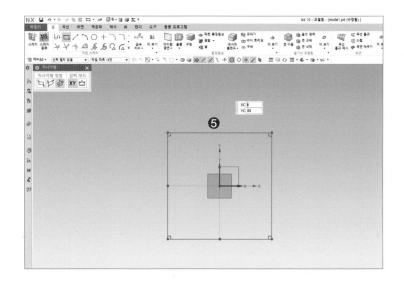

결과

사각형의 중심(From Center)을 사용하여 정사각

형이 작도된 것을 확인할 수 있다.

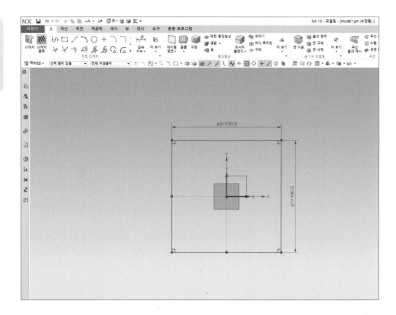

필렛(Fillet)

2개의 커브가 만나는 교차점을 선택하여 Fillet을 한 번에 생성한 후 Fillet 값을 입력하여 동일한 Fillet을 생성할 수 있다.

01 ▢ 을 클릭한다.

02 시작점을 클릭한다.

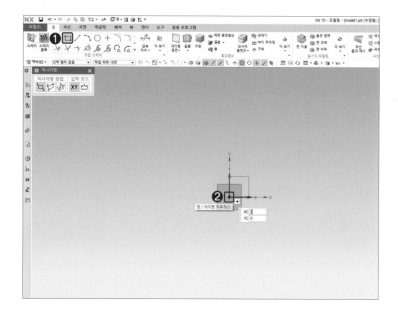

03 폭과 **높이**를 각각 **50mm**으로 입력하여 **사각형**을 스케치한다.

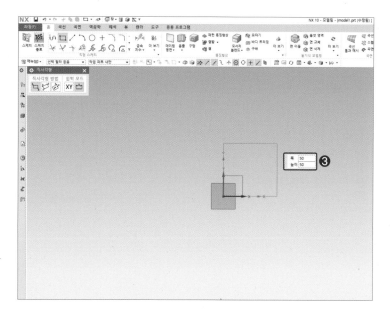

04 ⌐ 을 클릭한다.

05 사각형의 **첫 번째 선분**을 클릭한다.

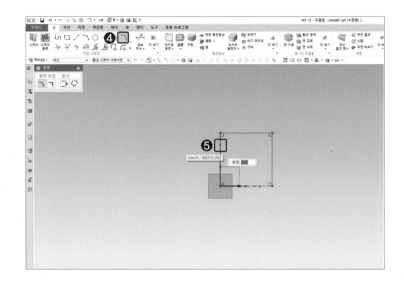

06 **두 번째 선분**을 클릭하고 반경을 **25mm**로 입력한다.

07 Enter 키를 누른다.

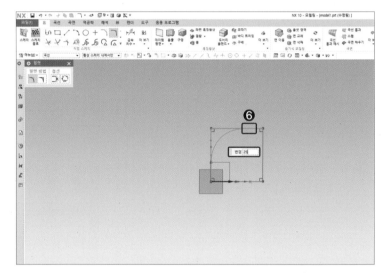

08 ⌐ 을 클릭한다.

09 **첫 번째 선분**을 클릭한다.

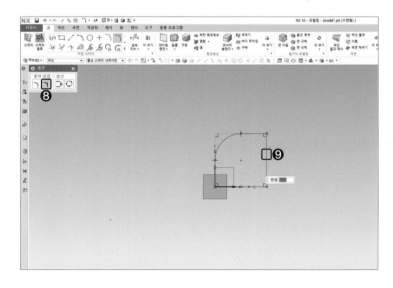

10 두 번째 선분을 클릭하고 반경 25mm를 입력한다.

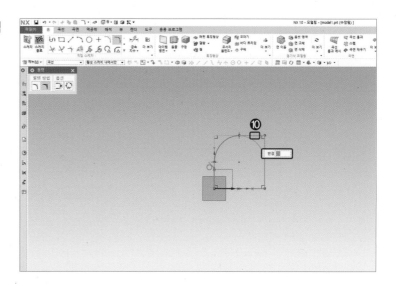

⌐ 또는 ⌐ 을 사용하여 두 선분을 Trim하거나 Untrim할 수 있다.

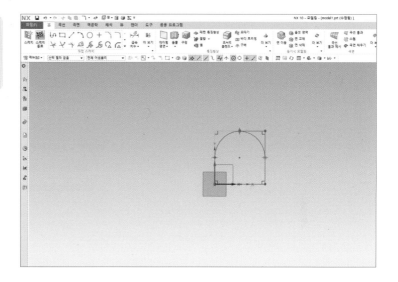

빠른 트리밍(Quick trim)

대상 객체를 각각 선택하여 자르기를 할 수 있다.
마우스를 클릭한 상태로 드래그하여 여러 개의 Curve 객체를 한 번에 자를 수 있다.

01 ⌐ 을 사용하여 임의의 Line을 스케치한다.

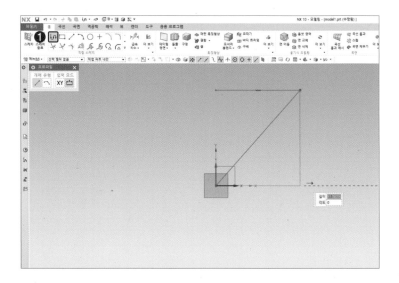

02 ✕ 을 클릭한다.

03 Line을 클릭한다.

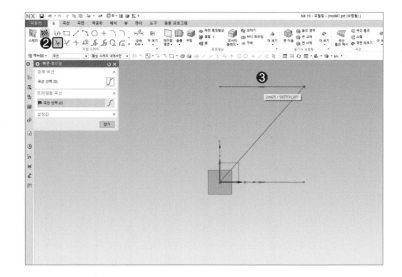

04 Line이 Trim된 것을 확인할 수 있다.

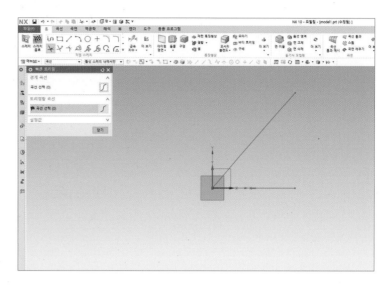

05 Line을 드래그한다.

(드래그 : 마우스 왼쪽 버튼을 누른 상태)

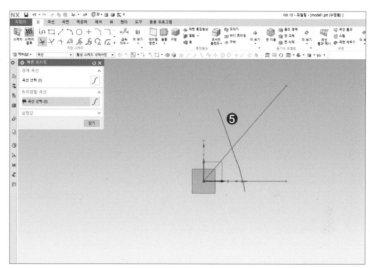

결과

을 사용하여 Line들이 삭제된 것을 확인할 수 있다.

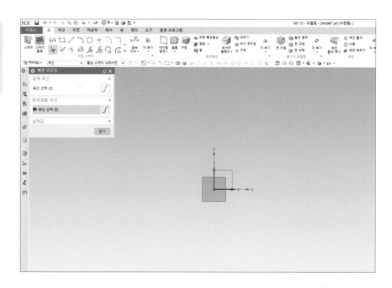

빠른 연장(Quick Extend)

선택한 곡선을 다음 경계가 되는 곡선까지 연장한다.

경계가 될 Object가 있어야 하며, Quick Trim과 사용방법은 동일하지만 선이 연장된다는 점이 다르다.

01 을 클릭한다.

02 임의의 Line을 스케치한다.

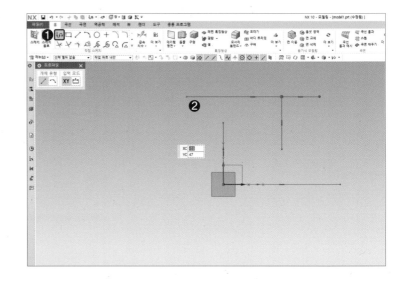

03 을 클릭한다.

04 Line들을 클릭한다.

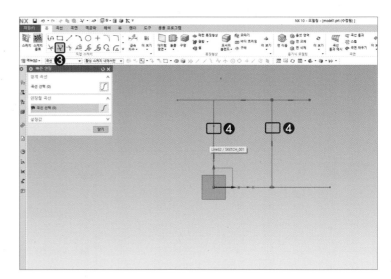

결과

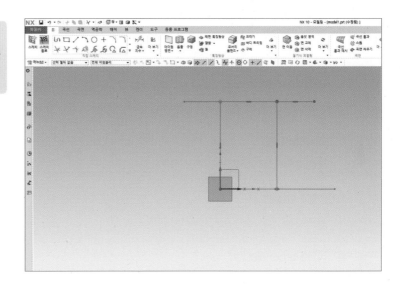

을 사용하여 경계까지 연장된 것을 확인할 수 있다.

구속조건(Constrains)

작성한 스케치 곡선에 대하여 형상구속조건을 입력한다.
구속할 객체를 선택하면 선택한 객체에 구속할 수 있는 아이콘 모음이 나타난다. 이때 사용자가 필요한 구속조건을 선택하여 사용할 수 있으며, 치수구속과 필요에 따라 병행하여 사용한다.

TIP 더 보기 를 클릭하고 지오메트리 구속조건 아이콘에 마우스 커서를 올려놓고 오른쪽 버튼을 클릭하여 빠른 접근 도구 모음에 추가한다.

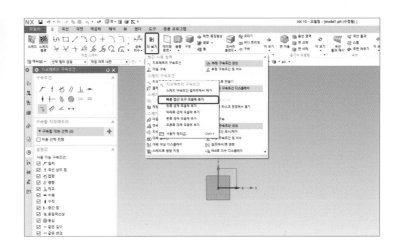

고정(Fixed)

선택한 객체의 위치를 고정한다.

완전 고정(Fully fixed)

선택한 객체들을 모든 방향에서 완전히 고정한다.

동일 직선상(Collinear)

두 개 이상의 선형 객체를 동일 선상에 구속한다.

수평(Horizontal)

선택하는 선을 수평으로 구속한다.

수직(Vertical)

선택하는 선을 수직으로 구속한다.

평행(Parallel)

선택하는 선을 수평으로 구속한다.

직교(Perpendicular)

선택하는 두 개 이상의 선을 수직하도록 구속한다.

같은 길이(Equal length)

선택하는 두 개 이상의 선의 길이가 같도록 구속한다.

일정 길이(Constant length)

두 개 이상의 선이 일정한 길이를 갖도록 구속한다.

일정 각도(Constant angle)

선이 일정한 각도를 갖도록 구속한다.

동심(Concentric)

두 개 이상의 원이나 호가 같은 중심을 갖도록 구속한다.

접함(Tangent)

선택한 두 객체가 서로 접하도록 구속한다.

같은 반경(Equal radius)

선택하는 두 개 이상의 호의 반지름 값이 같도록 구속한다.

곡선 상의 점(Point on curve)

스케치 점의 위치를 선 상의 점으로 구속한다.

중간점(Midpoint)

스케치 점의 위치를 곡선의 중간점과 일치하도록 구속한다.

일치(Coincident)

두 개의 끝점이 일치하도록 구속한다.

급속 치수(Rapid dimensions)

선택한 개체와 커서 위치로부터 치수 유형을 추정하여 치수 구속조건을 작도한다.

01 ⟋ 을 클릭한다.

02 임의의 Line을 스케치한다.

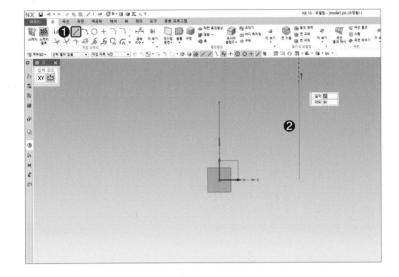

03 ⚡ 를 클릭하고 Line을 클릭한다.

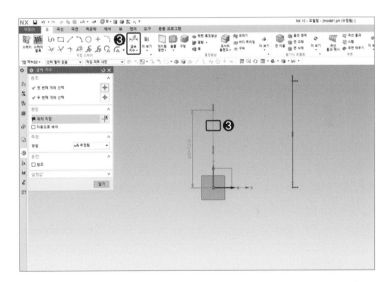

04 50mm로 구속한다.

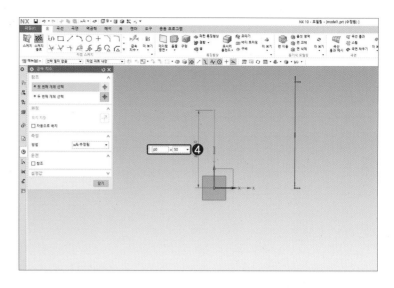

05 두 번째 Line도 50mm로 구속한다.

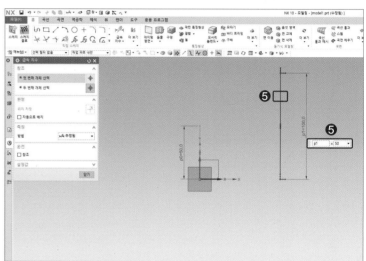

06 첫 번째 Line과 두 번째 Line을 클릭하고 **거리를** 50mm로 구속한다.

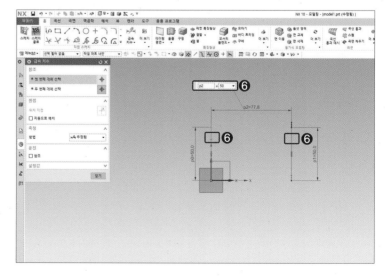

결과

을 사용하여 선택한 개체의 치수 유형을 추정하고 추정된 개체들의 치수 구속한 것을 확인할 수 있다.

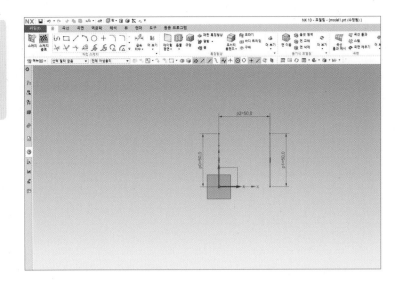

대체 솔루션(Alternate Solution)

구속조건을 모두 만족하면서 선택적으로 다른 형상을 만들 수 있다. 일부 다른 구속조건 때문에 시스템이 서로 다른 구성을 할 때 해당 치수를 선택하여 적용 방향을 바꿀 수 있다.

01 ○ 을 클릭한다.

02 임의의 **원**을 스케치한다.

TIP 작은 원은 반드시 접점이 만나도록 스케치한다.

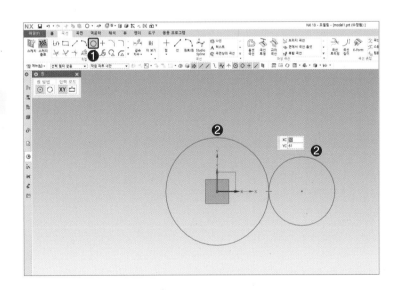

03 🔲 을 클릭한다.

04 작은 원을 클릭한다.

> **TIP** 🔲 를 클릭하고 대체 솔루션 아이콘에 마우스
> 커서를 올려놓고 오른쪽 버튼을 클릭하여 빠른 접근
> 도구 모음에 추가한다.

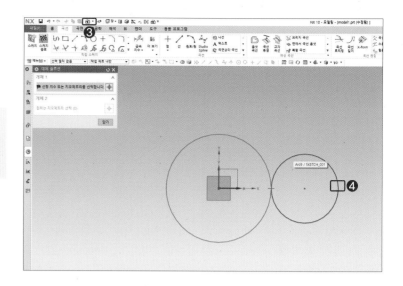

결과 1

원의 방향이 전환된 것을 확인할 수 있다.

05 작은 원을 다시 클릭한다.

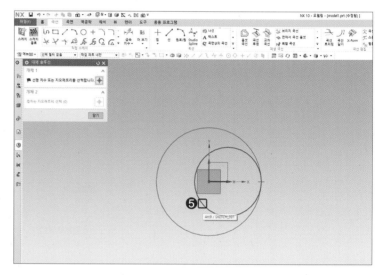

결과 2

구속조건을 모두 만족하면서 선택적으로 치수나
형상을 클릭하여 적용방향이 전환된 것을 확인할
수 있다.

> **TIP** 구속 조건은 두 원의 접점이 맞아야 한다.

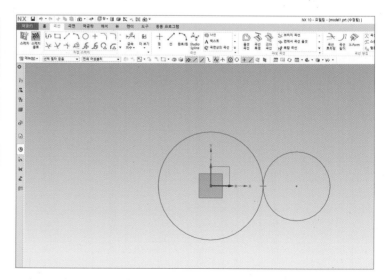

참조 변환

스케치 평면에 생성한 Curve나 치수를 선택하여 참조선으로 만들거나 반대로 참조로 정의된 참조선을 활성화시킬 수 있다.
단, 3차원 형상을 만들 때는 사용할 수 없다.

01 ⬚ 과 ╱ 을 사용하여 임의의 형상을 스케치
한다.

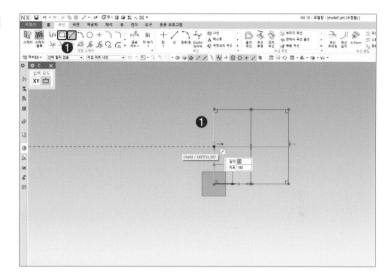

TIP ⬚ 더 보기 를 클릭하고 참조에서/로 변환 아이콘에 마우스 커서를 올려놓고 오른쪽 버튼을 클릭하여 빠른 접근 도구 모음에 추가한다.

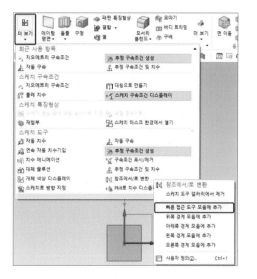

02 ▦을 클릭한다.

03 Line을 클릭한다.

04 변환 대상에서 **참조 곡선 또는 치수**를 클릭한다.

05 적용 을 클릭한다.

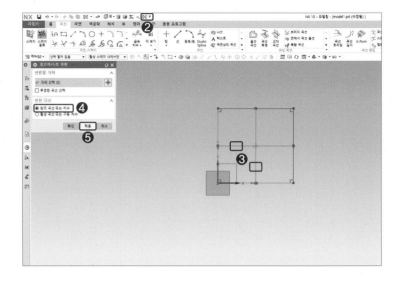

06 Line을 클릭한다.

07 변환 대상에서 **활성 곡선 또는 구동 치수**를 클릭한다.

08 확인 을 클릭한다.

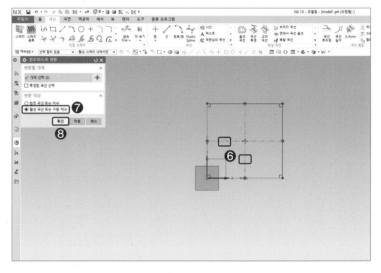

결과

생성한 Line을 참조에서 활성으로 또는 활성에서 참조로 변환할 수 있다.

단, 참조로 변환한 Line은 3차원 형상을 만들 때는 사용할 수 없다.

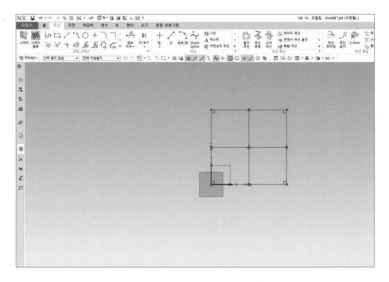

대칭곡선

작성된 스케치 곡선의 중심이 되는 선을 선택하여 객체를 대칭 복사한다. 구속된 곡선을 Mirror해도 구속된다.

01 스케치 기능들을 사용하여 임의의 **형상**을 스케
치한다.

> **TIP** 스케치 곡선(아래 화살표)을 클릭하면 스케치에 전체
> 적인 기능이 나온다. 주로 사용하는 아이콘에 마우스 커서를
> 올려놓고 오른쪽 버튼을 클릭 ⇨ 빠른 접근 도구 모음에 추
> 가를 클릭하면 상단에 추가되는 것을 확인할 수 있다.

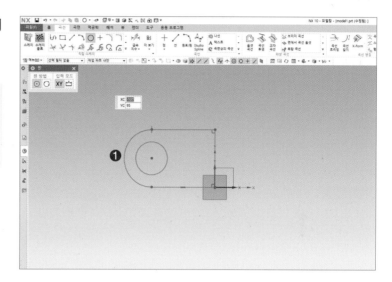

02 🔲 를 클릭한다.

03 **중심선**에서 **중심선 선택**을 클릭한 뒤 대칭시킬
곡선의 중심선을 선택한다.

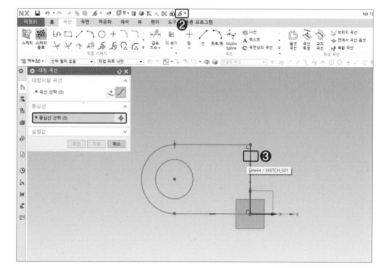

04 대칭시킬 곡선에서 대칭할 곡선들을 클릭한다.

05 < 확인 > 을 클릭한다.

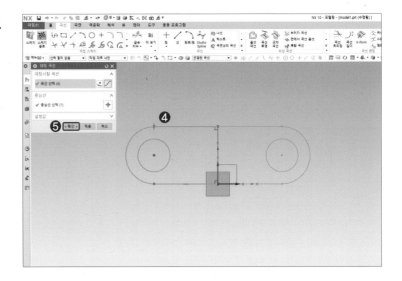

결과 2

중심선을 기준으로 대칭시킬 곡선을 클릭하면
곡선이 대칭(Mirror)된 것을 확인할 수 있다.
작업 순서가 변경되도 작업은 가능하다.

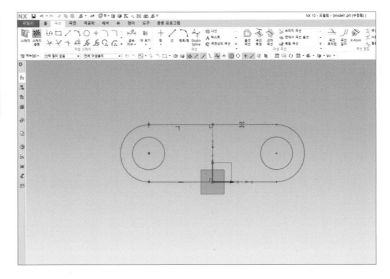

03 | 솔리드 모델링(Solid Modeling)

돌출(Extrude)

2차 단면 형상을 돌출하는 기능으로 지정된 방향의 직선거리로 곡선, 모서리, 면, 스케치 등을 선택하여 단면에 대해 돌출방향과 거리를 정의하여 작성한다.

01 을 클릭한다.

02 임의의 사각형을 스케치한다.

03 📐급속지수 을 클릭한다.

04 가로, 세로 길이를 각각 **100mm**로 구속한다.

05 🏁스케치종료 을 클릭한다.

> **TIP** 사각형은 정중앙에 위치하도록 좌표와도 구속해야
> 한다.

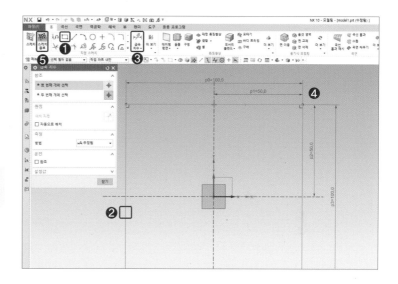

06 📖 을 클릭한다.

07 **사각형**을 클릭한다.

> **TIP** 등각으로 배치하려면 트리메트릭 뷰를 클릭한다.
> 🧊▾ 옆에 아래 화살표를 클릭하면 여러 뷰로 배치할 수 있다.
> 트리메트릭 뷰 단축 키는 Home 버튼이다.

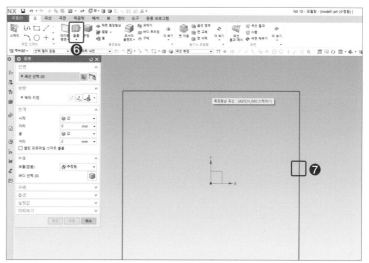

08 한계에서 거리(높이)를 50mm로 입력한다.

09 적용 을 클릭한다.

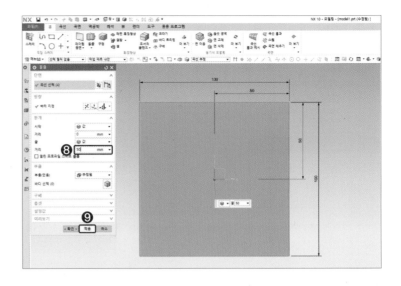

10 단면에서 ▦ 을 클릭한다.

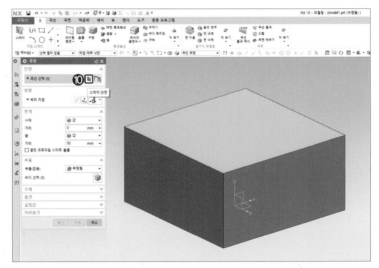

11 **스케치 면**에서 **기존 평면**으로 변경한다.

12 생성한 형상의 윗면을 클릭한다.

13 확인 을 클릭한다.

> TIP 기준을 평면으로 변경해야 사각면의 중심을 선택할 수 있다.

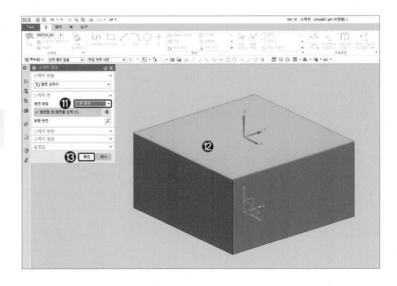

14 ◯ 을 클릭해서, 임의의 **원**을 스케치한다.

15 🏁 을 클릭한다.

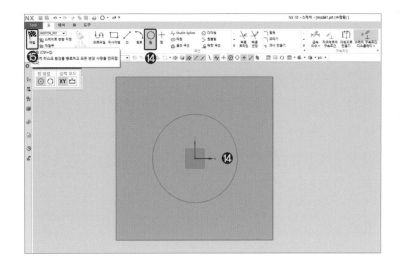

16 한계에서 **끝 거리**(높이)를 **50mm**로 입력한다.

17 부울 ⇨ 추정됨에서 **없음**으로 변경한다.

18 ◄ 확인 ► 을 클릭한다.

> **TIP** 부울을 추정됨으로 하면 자동으로 단일 형상으로 결합
> 된다.

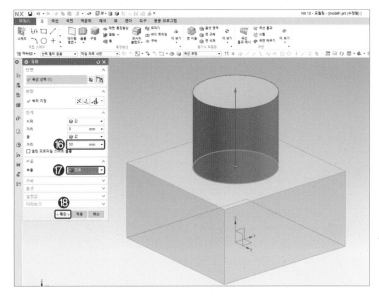

결과

형상이 생성된 것을 확인할 수 있다.

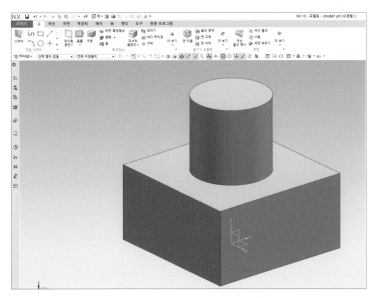

결합(Unite)

생성된 바디와 이미 생성된 다른 바디를 단일 바디로 결합하여 작도한다.

01 을 클릭한다.

02 타겟(사각형)을 클릭한다.

03 공구(원형)를 클릭한다.

> **TIP** 결합 옆에 아래 화살표를 클릭하면 다른 기능을 사용
> 할 수 있다.

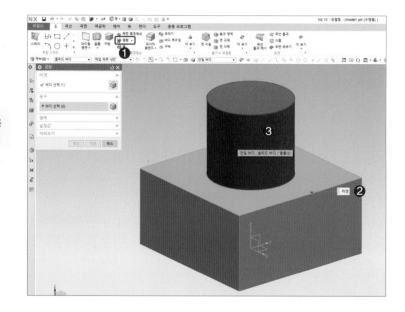

04 적용 을 클릭한다.

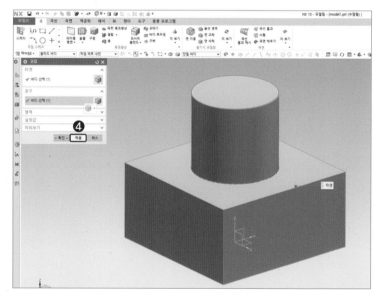

결과

생성된 바디끼리 단일바디로 결합된 것을 확인할
수 있다.

• 형상 생성 전 부울(Boolean)을 사용하여 결합할 수 있다.

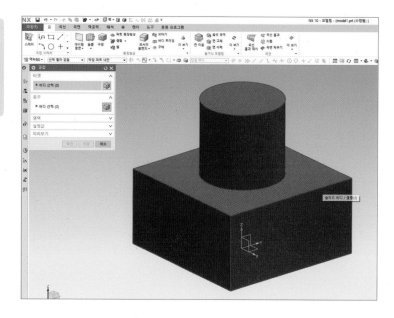

 빼기(Subtract)

선택한 바디에서 생성된 바디를 빼기 한다.

01 **원통**을 더블 클릭한다.

> TIP 빼기를 실습하기 위해서 Ctrl + Z (되돌리기)한다.

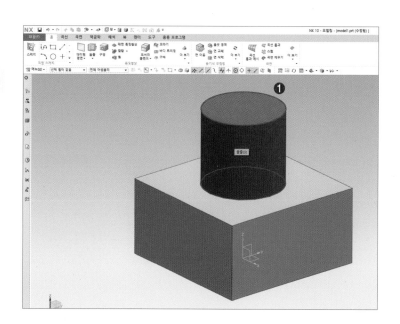

02 **방향**에서 ✖ 을 클릭한다.

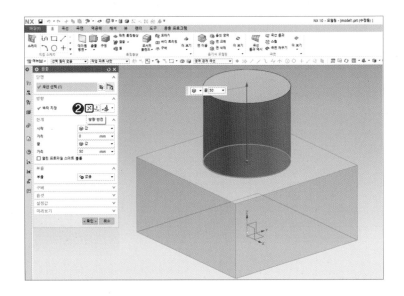

03 부울은 🔲 빼기 로 변경한다.

04 < 확인 > 을 클릭한다.

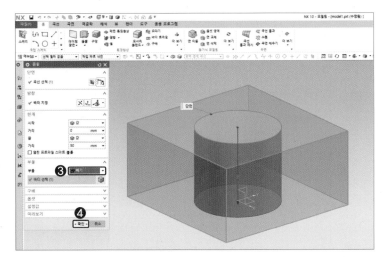

결과

선택한 바디에서 원형의 형상이 빠진 것을 확인
할 수 있다.

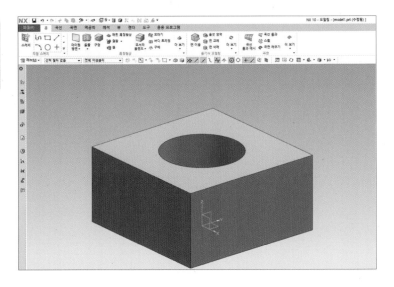

회전(Revolve)

중심이 되는 축이나 선, 모서리 등 직선형 객체를 기준으로 단면 곡선을 입력한 각도만큼 반시계 방향으로 회전시켜 형상을 작도한다.

01 로 임의의 **곡선**을 스케치한다.

02 를 클릭한다.

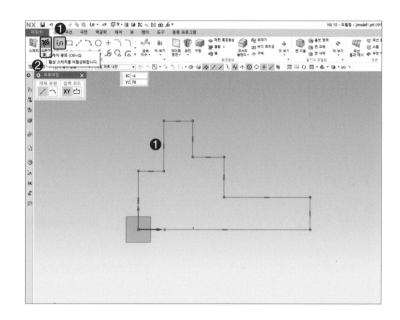

03 을 클릭한다.

04 **곡선**을 클릭한다.

TIP 돌출 아이콘 밑에 있는 아래 화살표를 클릭하면 회전을 사용할 수 있다.

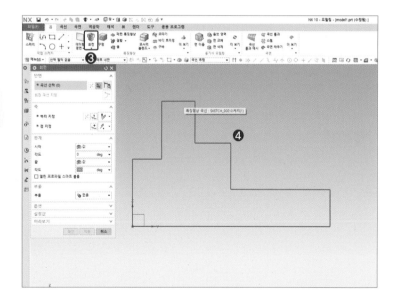

05 축에서 **벡터 지정**을 클릭한다.

06 Y축에 있는 **선**을 클릭한다.

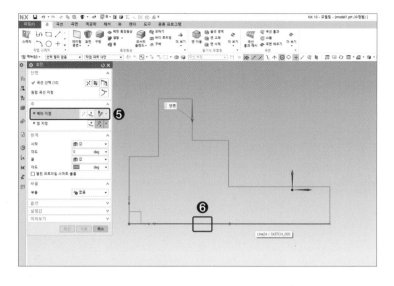

07 한계에서 **각도**를 360으로 입력한다.

08 < 확인 > 을 클릭한다.

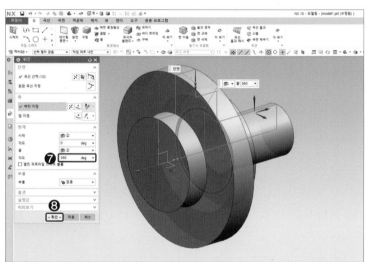

결과

회전을 사용하여 형상이 생성된 것을 확인할 수
있다.

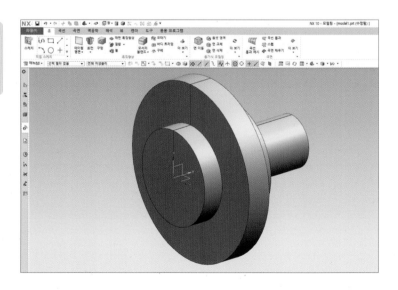

TIP 회전은 커버, V-벨트, 축 같은 원형인 형상을 생성할 때 사용한다.

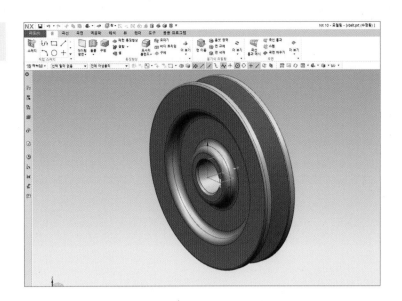

원통(Cylinder)

직경 및 높이 값, 축 위치를 정의하여 원을 작도한다.

01 을 클릭한다.

02 축에서 **벡터 지정**을 선택한다.

03 X축을 클릭한다.

TIP 📦 를 클릭하고 원통 아이콘에 마우스 커서를 올려놓고 오른쪽 버튼을 클릭하여 빠른 접근 도구 모음에 추가한다.

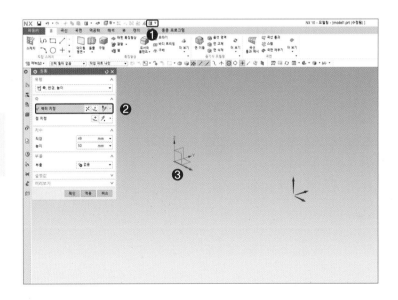

04 치수에서 **직경 15mm, 높이 25mm**를 입력한다.

05 적용 을 클릭한다.

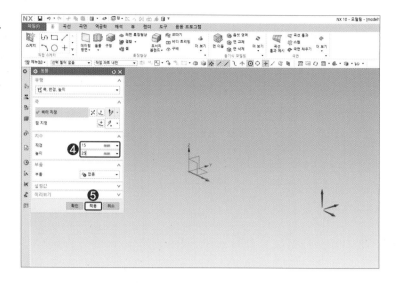

06 축에서 **벡터 지정**을 선택한다.

07 원통의 모서리를 클릭한다.

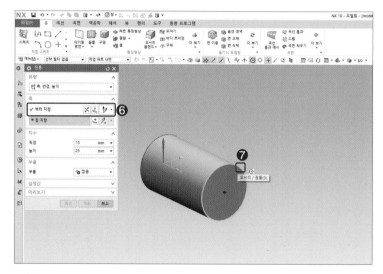

08 치수에서 **직경 30mm, 높이 20mm**를 입력한다.

09 적용 을 클릭한다.

TIP ① Zoom 기능 : 마우스 스크롤
② Pan 기능 : 마우스 스크롤 + 우측 버튼 동시 누름
③ 전체 화면 보기 : Ctrl + F

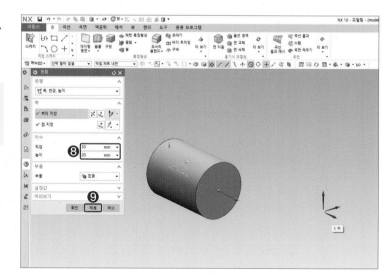

10 축에서 **벡터 지정**을 선택한다.

11 원통의 모서리를 클릭한다.

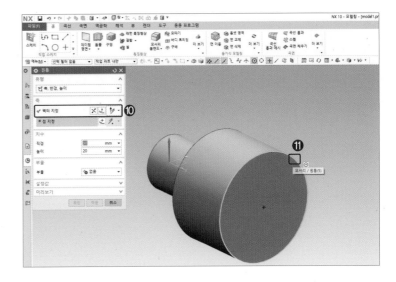

12 치수에서 **직경 35mm**, **높이 20mm**를 입력한다.

13 [적용]을 클릭한다.

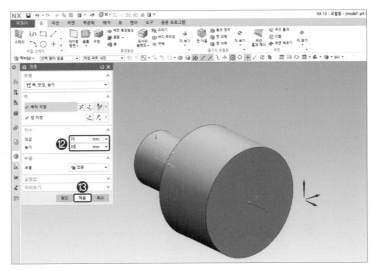

14 축에서 **벡터 지정**을 선택한다.

15 원통의 모서리를 클릭한다.

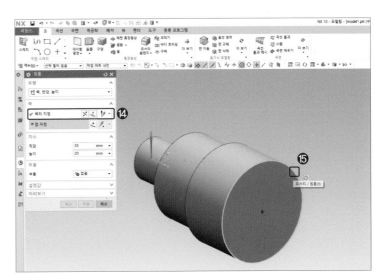

16 직경 15mm, 높이 20mm를 입력한다.

17 확인 을 클릭한다.

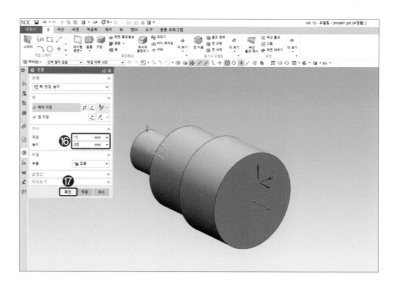

결과

원통을 사용하여 형상이 생성된 것을 확인할 수 있다.

TIP 전체 화면 : **Ctrl** + **F**

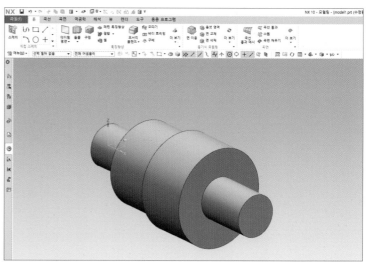

TIP 원통은 직경 및 높이 값, 축의 위치를 정의하여 원을 생성하는데, 주로 축을 생성할 때 사용한다.

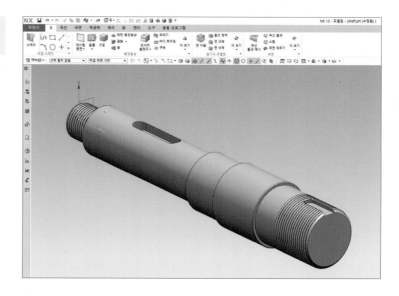

데이텀 평면(Datum plane)

특징 형상을 생성할 때 사용할 수 있으며, 도형의 대칭면 등을 정의할 경우 기존의 생성된 평면을 사용할 수 없을 때 보조 평면
으로도 사용할 수 있다.

01 ▣ 을 클릭하여 **X축 방향**으로 **직경 20mm**, 높
이 **20mm**의 원통을 생성한다.

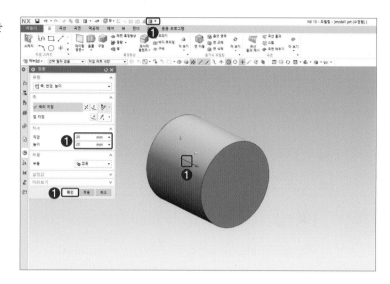

02 ▣ 을 클릭하고 X, Y **평면**을 클릭한다.

03 **옵셋**에서 **거리**를 **10mm**로 입력한다.

04 < 확인 > 을 클릭한다.

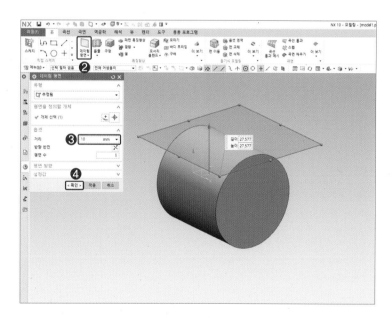

결과 1

데이텀 평면을 생성한 한후 다음 작업으로 키홈 등을 파낼 수 있다.

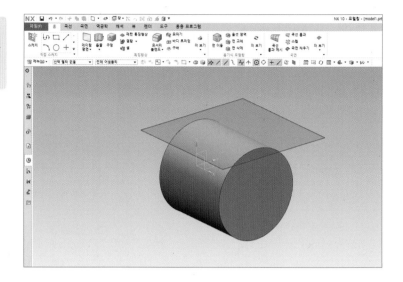

대칭 특징 형상

특징 형상을 복사하여 평면을 기준으로 대칭시키는 기능이다.

01 을 클릭한다.

02 **원점**에서 ⊞을 클릭한다.

03 **출력 좌표**에서 XC에 50mm를 입력한다.

04 확인 을 클릭한다.

05 **치수**에서 길이, 폭, 높이를 모두 50mm를 입력한다.

06 확인 을 클릭한다.

TIP 를 클릭하고 블록과 대칭 특징형상 아이콘에 마우스 커서를 올려놓고 오른쪽 버튼을 클릭하여 빠른 접근 도구모음에 추가한다.

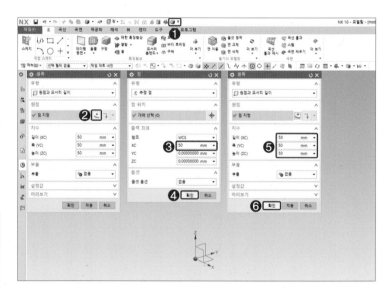

07 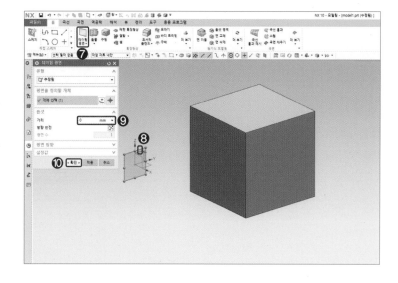 을 클릭한다.

08 Y, Z **평면**을 클릭한다.

09 **옵셋**에서 **거리**에 **0mm**를 입력한다.

10 **< 확인 >** 을 클릭한다.

11 을 클릭한다.

12 **블록**을 클릭한다.

13 **대칭 평면**에서 을 클릭한다.

14 생성된 **데이텀 평면**을 클릭한다.

15 **확인** 을 클릭한다.

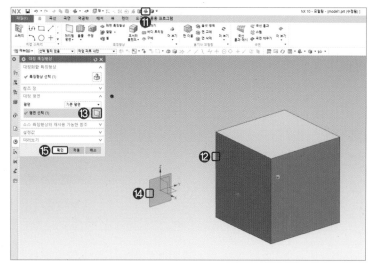

결과 2

데이텀 평면을 기준으로 형상이 복사된 것을 확인할 수 있다.

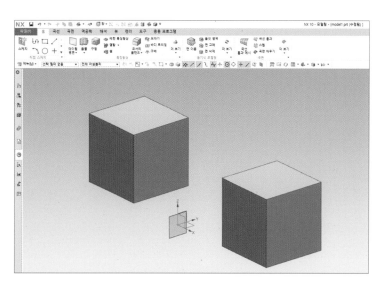

모서리 블렌드(Edge Blend)

두 개의 면이 만나는 모서리에 Rounding을 한다.

01 █ 을 클릭한다.

02 **치수**에서 **길이, 폭, 높이**를 모두 **100mm**로 입력한다.

03 █확인█ 을 클릭한다.

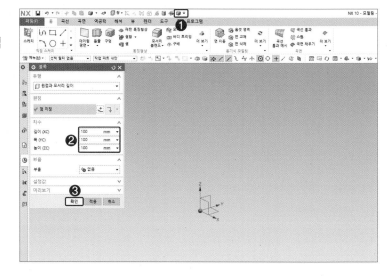

04 █ 를 클릭한다.

05 **모서리**를 클릭한다.

06 █확인█ 을 클릭한다.

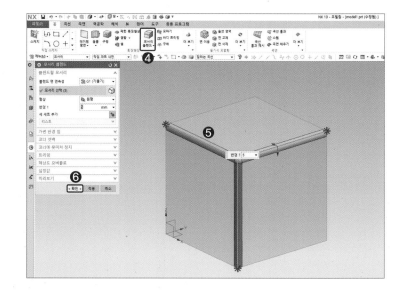

결과

선택한 모서리에 Fillet이 된 것을 확인할 수 있다.

TIP 기계기사/기계설계 산업기사/전산응용기계제도 기능사 "주서"를 참조한다.
• 도시되고 지시 없는 모따기 C1, 필렛 R3

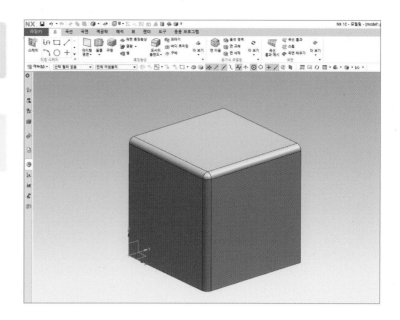

 모따기(Chamfer)

솔리드 바디의 모서리에 모따기를 한다.

01 을 클릭한다.

02 치수에서 **길이, 폭, 높이**를 모두 100mm로 입력한다.

03 확인 을 클릭한다.

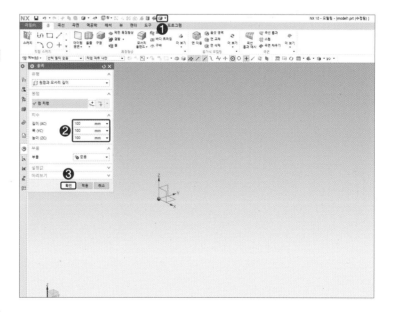

04 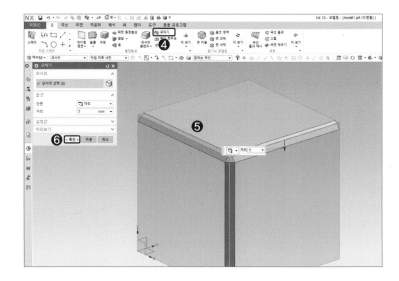를 클릭한다.

05 **모서리**를 클릭한다.

06 < 확인 > 을 클릭한다.

결과

선택한 모서리에 Chamfer가 된 것을 확인할 수
있다.

TIP 기계기사/기계설계 산업기사/전산응용기계제도 기능
사 "주서"를 참조한다.

• 도시되고 지시 없는 모따기 C1, 필렛 R3

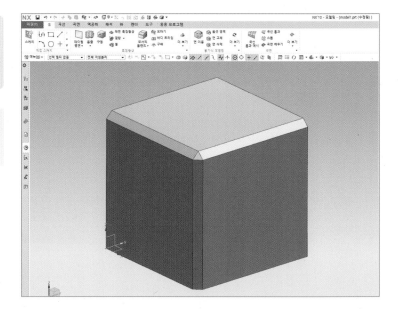

구멍(Hole)

스레드 옵션을 주어서 솔리드 바디에 카운터 보어, 카운터 싱크 등의 구멍을 생성한다.

01 ⬚을 클릭한다.

02 X축 방향으로 **직경 20mm, 높이 15mm**를 입력한다.

03 ⬚확인⬚ 을 클릭한다.

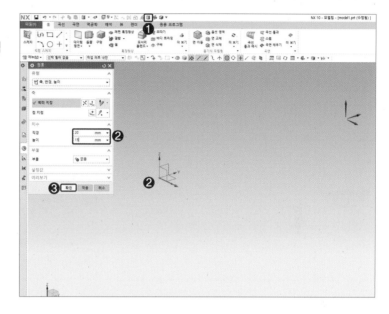

04 ⬚을 클릭한다.

05 원통의 모서리를 클릭한다.

> TIP 원통의 모서리를 클릭하면 중심이 선택된다.

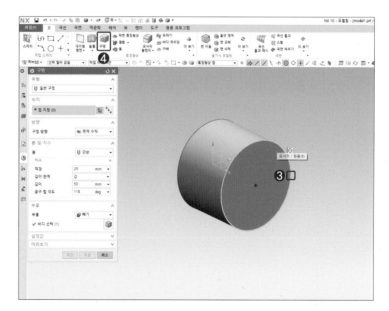

06 **치수**에서 **직경 4mm, 깊이 10mm**를 입력한다.

07 **부울**을 ⊡ **빼기** 로 변경한다.

08 < 확인 > 을 클릭한다.

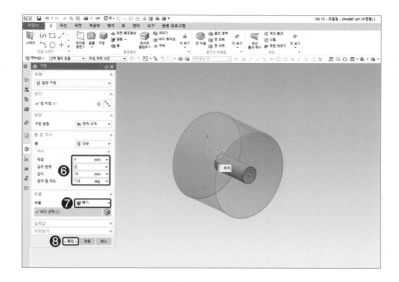

결과 **1**

드릴 구멍이 생성된 것을 확인할수 있다.

TIP 뷰단면(Ctrl + H)을 사용하여 단면된 형상을 확인할 수도 있다.

ⓐ 방향 : 단면방향

ⓑ 옵셋 : 단면위치

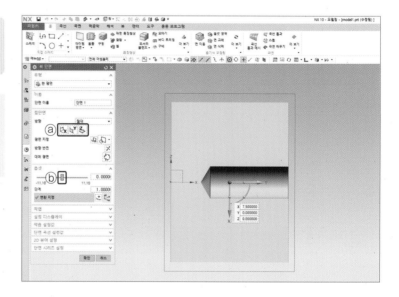

■ 점을 이용한 여러 개 드릴 구멍 파기

01 을 클릭한다.

02 **치수**에서 **길이, 폭, 높이**에 모두 **20mm**로 입력한다.

03 확인 을 클릭한다.

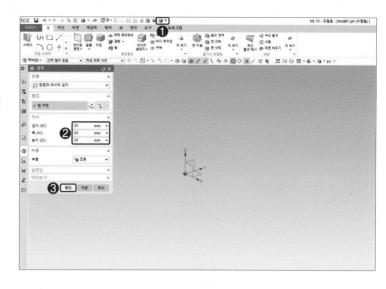

04 을 클릭한다.

05 육면체 윗면을 클릭한다.

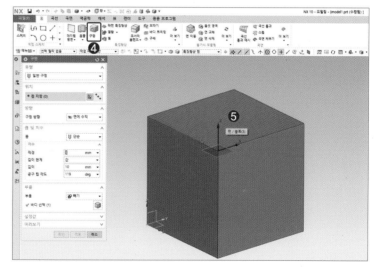

06 을 클릭한다.

07 임의의 위치에 **4개의 점**을 생성한다.

08 닫기 를 클릭한다.

> **TIP** 구멍으로 작업할 때 기본 기능으로 점이 실행되는데, 필요에 따라 점을 삭제해도 된다.

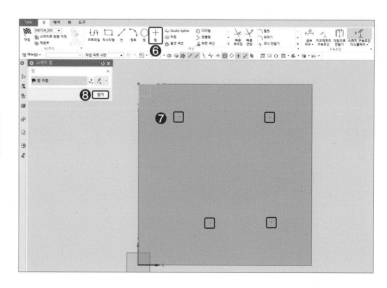

09 ⚡ 을 클릭한다.

10 점들의 위치를 치수로 구속한다.

11 🏁 마점 을 클릭한다.

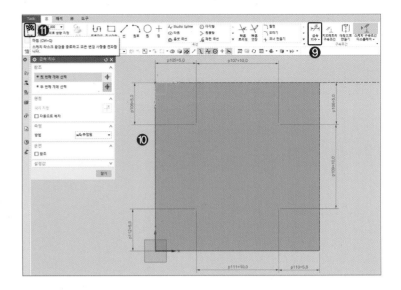

12 치수에서 **직경 4mm, 깊이 10mm**를 입력한다.

13 부울을 🔳 **빼기** 로 변경한다.

14 < 확인 > 을 클릭한다.

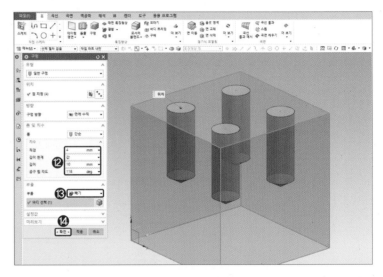

결과 2

일정한 간격으로 치수를 구속해서 드릴구멍이 생성된 것을 확인할 수 있다.

TIP 뷰단면(**Ctrl** + **H**)을 사용하여 단면된 형상을 확인할 수도 있다.

ⓐ 방향 : 단면방향

ⓑ 옵셋 : 단면위치

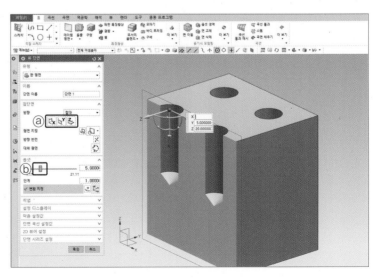

스레드(Thread)

솔리드 바디의 원통형 또는 구멍에 스레드를 한다.

01 을 클릭한다.

02 X축으로 **직경 20mm, 높이 15mm**의 원통을 생성한다.

03 확인 을 클릭한다.

> **TIP** 를 클릭하고 스레드 아이콘에 마우스 커서를 올려놓고 오른쪽 버튼을 클릭하여 빠른 접근 도구 모음에 추가한다.

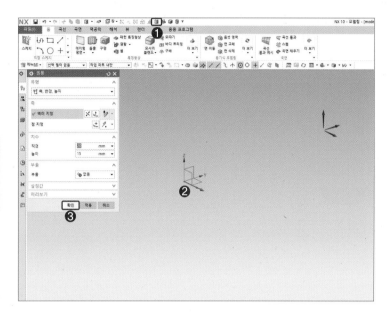

04 를 클릭한다.

05 스레드 유형을 **상세**로 변경한다.

06 원통 면을 클릭한다.

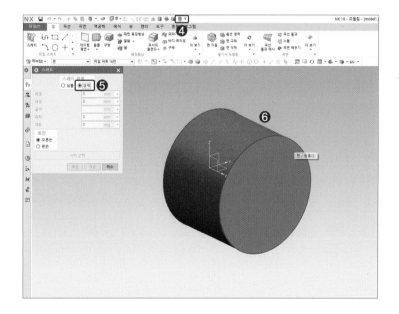

07 외경이 20mm이므로 **내경 19mm, 길이 10mm,
피치 1mm**로 입력한다.

08 ︱ **확인** ︱을 클릭한다.

> TIP • 피치 값은 미터 가는 나사(KS B0204) 규격에 따른다.
> • 내경은 미터 가는 나사의 골지름이다.

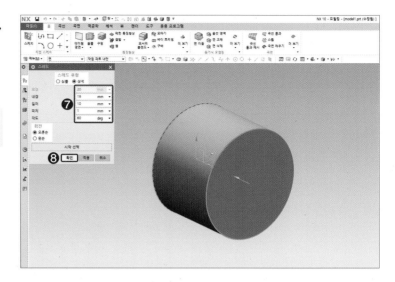

> **결과 1**

상세 스레드가 된 것을 확인할 수 있다.

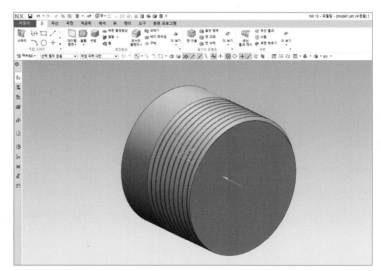

09 ⬛ 을 클릭한다.

10 직경 3.3mm, 깊이 10mm의 구멍을 생성한다.

11 ▦ 을 클릭한다.

12 스레드 유형을 **상세**로 변경한다.

> TIP 구멍 생성할 때 원통 모서리를 클릭한다.

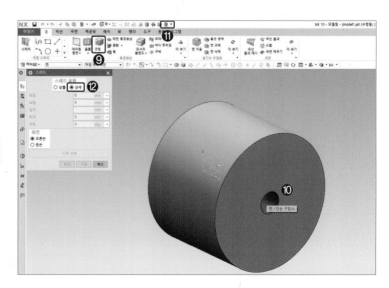

TIP 구멍의 스레드 작업을 할 때는 KS규격에 따라 구멍을 뚫는다.

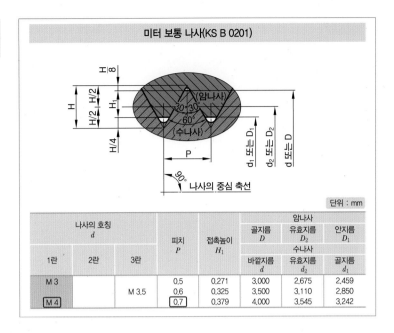

미터 보통 나사(KS B 0201)

단위 : mm

나사의 호칭 d			피치 P	접촉높이 H_1	암나사		
					골지름 D	유효지름 D_2	안지름 D_1
					수나사		
1란	2란	3란			바깥지름 d	유효지름 d_2	골지름 d_1
M 3			0.5	0.271	3.000	2.675	2.459
		M 3.5	0.6	0.325	3.500	3.110	2.850
M 4			0.7	0.379	4.000	3.545	3.242

13 구멍을 클릭한다.

14 길이 7mm를 입력한다.

15 확인 을 클릭한다.

TIP 탭나사 깊이(완전나사부 깊이)는 호칭(예 : M4)의 1.5 배 이상으로 한다. KS규격은 미터보통나사(KS B 0201)에 따른다.

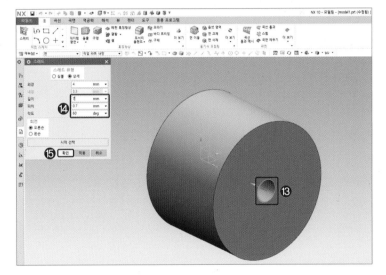

결과 1

구멍에 스레드가 생성된 것을 확인할 수 있다.

TIP 뷰단면(Ctrl + H)을 사용하여 단면된 형상을 확인
할 수도 있다.

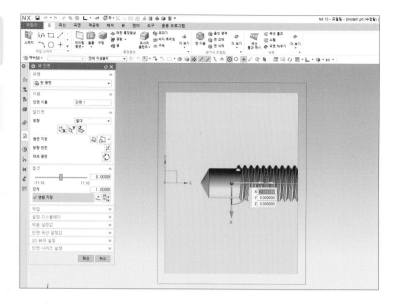

TIP 상세로 작업하는 경우는 렌더링 작업 시에만 상세로
스레드 작업을 한다.

16 를 클릭한다.

17 스레드 유형을 심볼로 변경한다.

18 원통 면을 클릭한다.

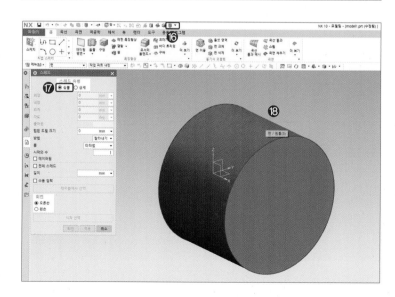

19 길이를 10mm로 입력한다.

20 확인 을 클릭한다.

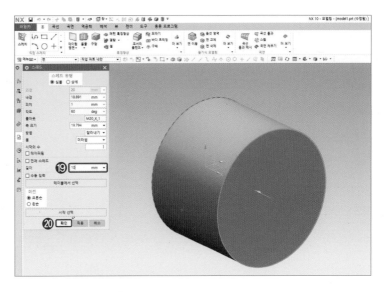

결과 2

Hidden Line으로 생성된 것을 확인할 수 있다.

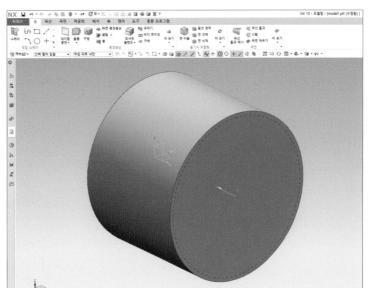

TIP 심볼로 작업하는 경우는 2D 부품도를 작업할 때에만
심볼로 스레드 작업을 한다.

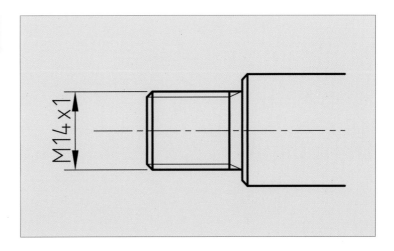

바디 트리밍(Trim body)

솔리드 바디를 Sheet나 Datum plan을 사용하여 잘라낸다.

01 □을 클릭한다.

02 **치수**에서 **길이, 폭, 높이**를 모두 **50mm**로 입력한다.

03 ［확인］을 클릭한다.

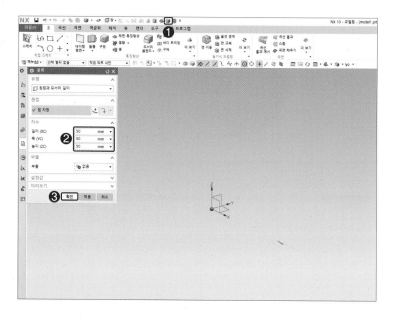

04 □을 클릭한다.

05 육면체의 측면을 클릭한다.

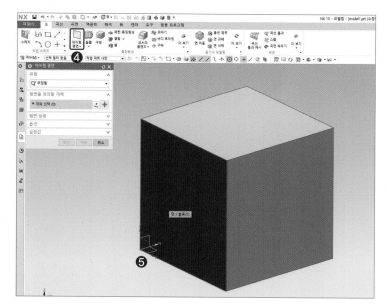

06 **옵셋**에서 **거리** 값을 25mm로 입력하여 **평면**을 생성한다.

07 ✕ 을 클릭한다.

08 < 확인 > 을 클릭한다.

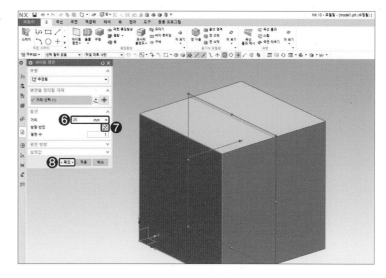

09 ▭ 을 클릭한다.

10 **타겟**에서 **육면체**를 클릭한다.

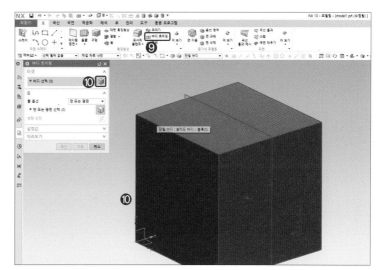

11 툴에서 생성된 데이텀 평면을 클릭한다.

12 ✕ 을 클릭해서 트리밍할 방향을 확인한다.

13 < 확인 > 을 클릭한다.

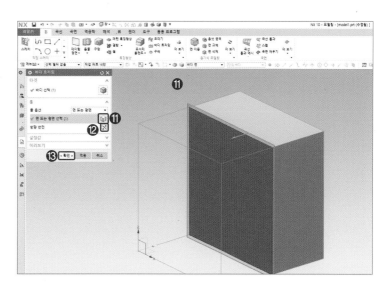

결과 1

데이텀 평면을 기준으로 바디 트리밍이 된 것을 확인할 수 있다.

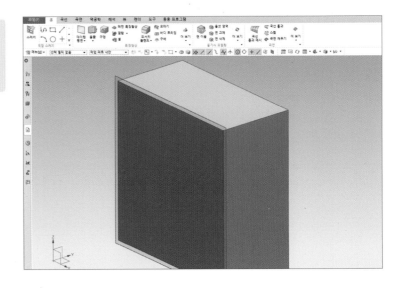

■ 스플라인을 이용한 바디 트리밍

01 ▦ 을 클릭한다.

02 육면체의 윗면을 클릭한다.

> **TIP** Sheet 바디 트리밍을 실습하기 위해서 **Ctrl** + **Z**
> (되돌리기)한다.

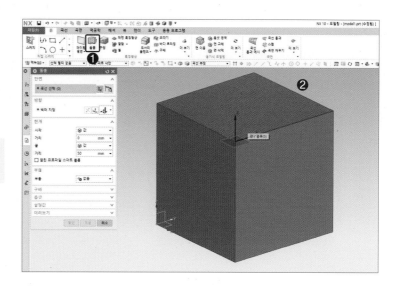

03 ⚡ 을 클릭한다.

04 임의의 **스플라인**을 스케치한다.

05 🏁 을 클릭한다.

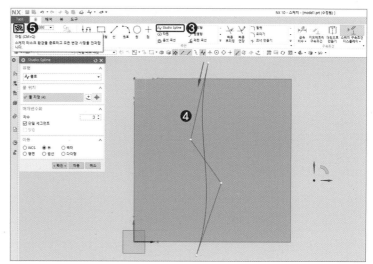

06 **방향**에서 ⊠ 을 클릭한다.

07 **한계**에서 **끝 거리** 값을 육면체보다 길게 입력
한다.

08 < 확인 > 을 클릭한다.

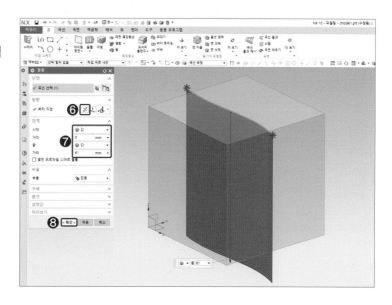

09 🔲 을 클릭한다.

10 타겟에서 **육면체** 🔲 를 클릭한다.

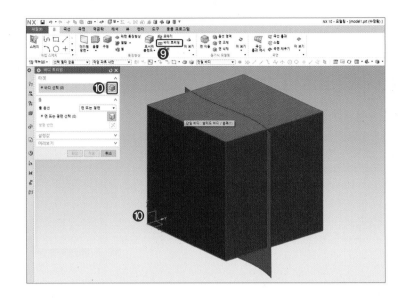

11 툴에서 Sheet를 선택한다.

12 ✖ 를 클릭해서 트리밍할 방향을 확인한다.

13 < 확인 > 을 클릭한다.

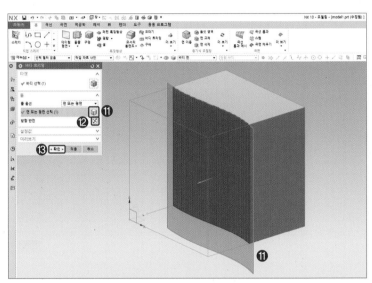

결과 2

Sheet를 기준으로 바디 트리밍된 것을 확인할 수
있다.

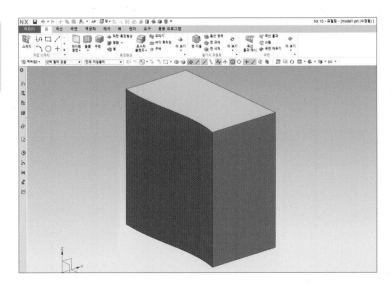

패턴 특징 형상(Instance feature)

특징 형상을 직사각형 또는 원형 패턴으로 복사한다.

01 를 클릭한다.

02 X, Z 평면을 클릭한다.

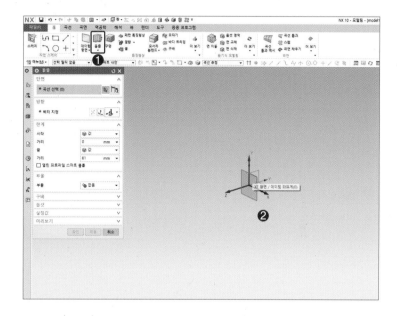

03 ◯을 클릭한다.

04 원점(0,0)에서 직경 100mm의 원형을 스케치한다.

05 🏁을 클릭한다.

> **TIP** 🏁로 반드시 치수 구속을 해주어야 한다.

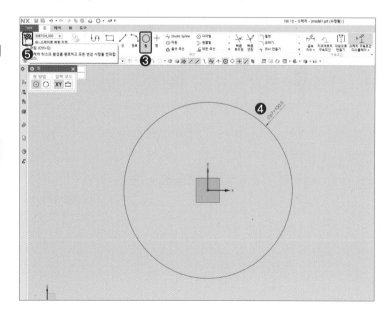

06 방향 반전을 클릭한다.

07 한계에서 끝 거리 20mm를 입력한다.

08 < 확인 > 을 클릭한다.

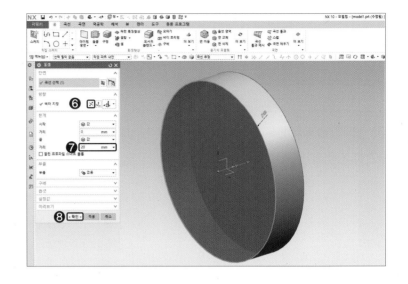

09 ⬛ 을 클릭한다.

10 원통 평면을 클릭하고, 확인 을 클릭한다.

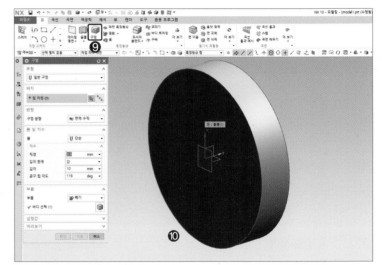

11 ◯ 을 클릭한다.

12 원점(0,0)에서 직경 90mm의 원형을 스케치한다.

TIP 구멍으로 작업할 때 기본 기능으로 점이 실행되는데, 필요에 따라 점을 삭제해도 된다.

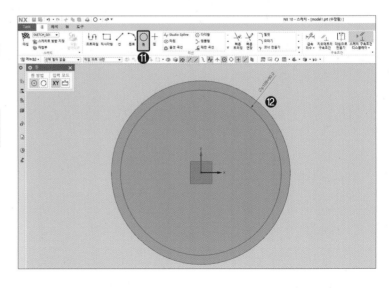

13 생성한 원에 마우스 커서를 올려놓고 오른쪽
버튼을 클릭한다.

14 참조하도록 변환을 클릭한다.

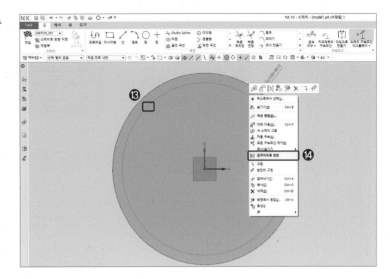

15 을 클릭한다.

16 을 클릭한다.

17 원의 **사분점**에 임의의 원을 스케치한다.

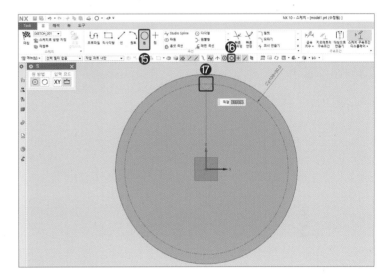

18 를 클릭한다.

19 직경 3.3mm로 치수 구속한다.

20 을 클릭한다.

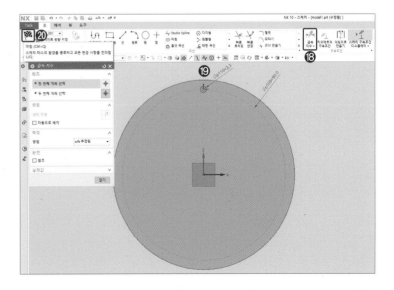

21 작성된 **원**의 중심을 클릭한다.

TIP 전체 화면 보기 : Ctrl + F

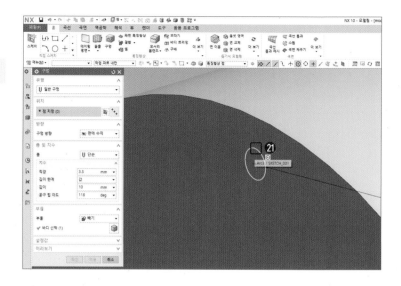

22 **치수**에서 직경 3.3mm, 깊이 10mm를 입력
한다.

23 **부울**은 빼기로 변경한다.

24 < 확인 > 을 클릭한다.

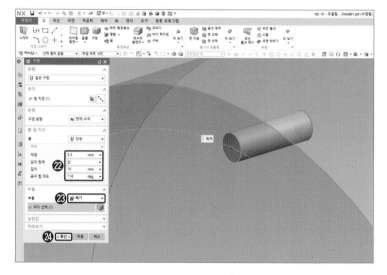

25 를 클릭한다.

26 **패턴화할 특징형상**에서 **단순 구멍**을 선택한다.

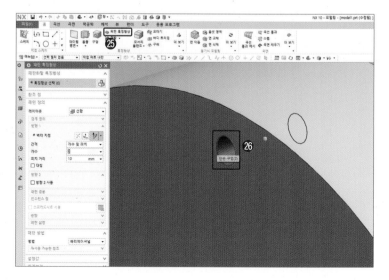

27 패턴 정의에서 레이아웃은 **원형**으로 설정한다.

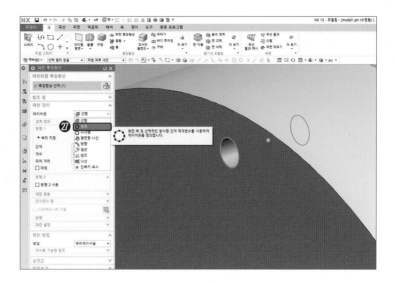

28 개수 4, 피치 각도 360/4를 입력한다.

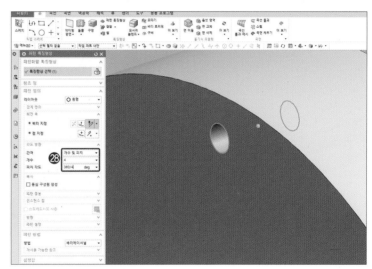

29 회전 축에서 벡터 방향은 **Y축**을 선택한다.

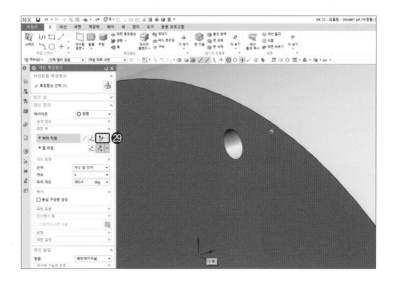

30 점 지정에서 원통에 모서리를 **선택**한다.

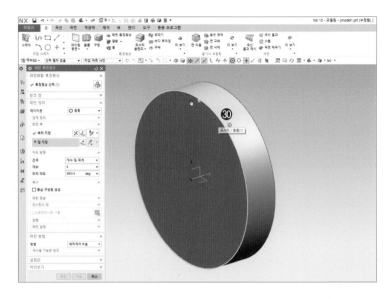

31 확인 을 클릭한다.

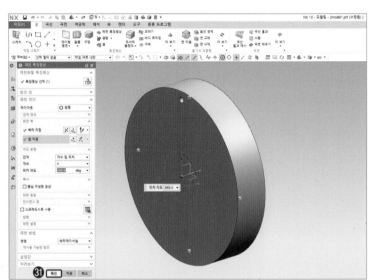

결과

원형 배열이 된 것을 확인할 수 있다.

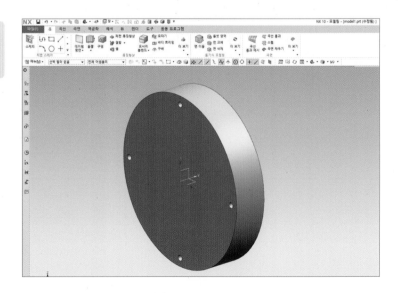

■ 직사각형 배열

01 ⬜를 클릭한다.

02 **치수**에서 **길이, 폭, 높이**를 모두 **50mm**로 입력한다.

03 [확인]을 클릭한다.

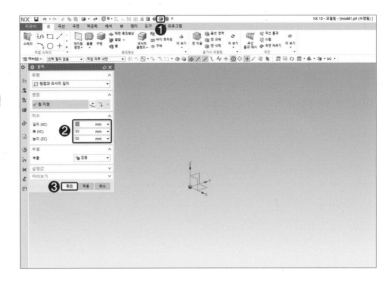

04 ⬜을 클릭한다.

05 육면체의 윗면을 클릭한다.

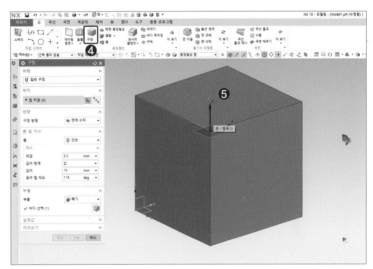

06 임의의 위치에 **점**을 생성한다.

07 ⬜를 클릭한 다음 **점**의 위치를 **15mm**로 치수 구속한다.

08 ⬜을 클릭한다.

> TIP 구멍으로 작업할 때 기본 기능으로 점이 실행되는데, 필요에 따라 점을 삭제해도 된다.

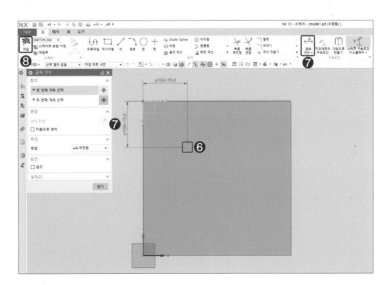

09 **치수**에서 **직경 3.3mm, 깊이 10mm**를 입력한다.

10 **부울**을 🔘 **빼기** 로 변경한다.

11 < **확인** > 을 클릭한다.

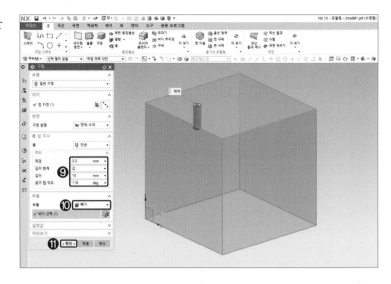

12 📑 를 클릭한다.

13 **패턴화할 특징 형상**에서 **단순 구멍**을 선택한다.

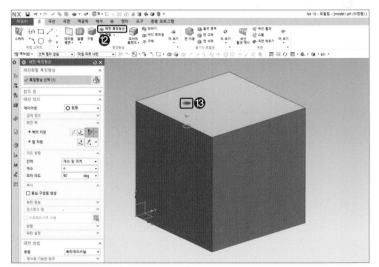

14 **패턴 정의**에서 **레이아웃**은 **선형**으로 선택한다.

15 **개수 2, 피치 거리 20mm**로 입력한다.

16 **벡터 방향**은 **X축**으로 설정한다.

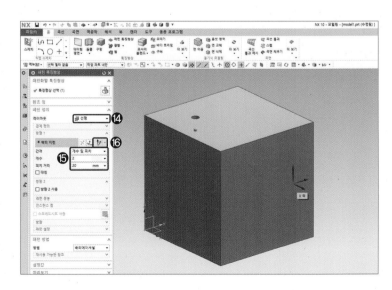

17 방향 2 사용을 체크한다.

18 개수 2, 피치 거리 20mm로 입력한다.

19 벡터 방향은 Y축으로 설정한다.

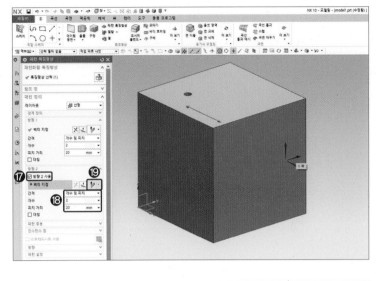

20 확인 을 클릭한다.

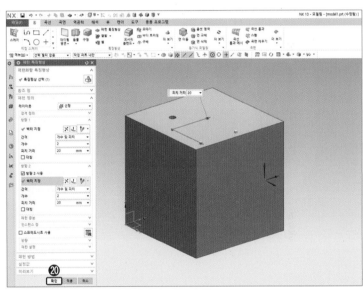

결과

직사각형 배열이 된 것을 확인할 수 있다.

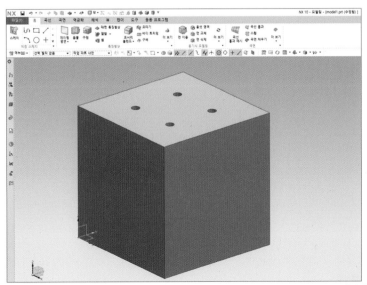

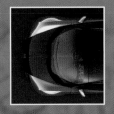

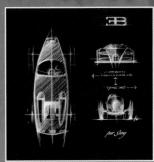

3D 모델링
과제도면 부품별 작도하기

💬 **BRIEF SUMMARY**

이 장에서는 기계기사/산업기사/기능사 실기시험에서 출제 빈도가 높은 동력장치류의 주요 부품들을 따라서 작도해 보도록 하겠다.

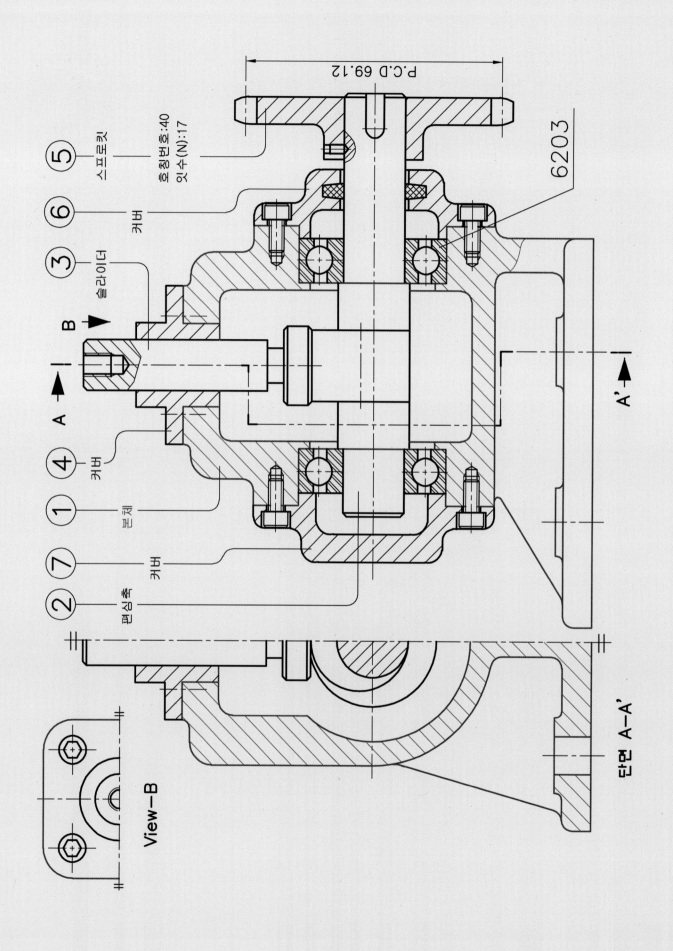

② ⑦ ① ④ ⑤ ⑥ ⑤
편심축 커버 본체 커버 슬라이더 커버 스프로킷
호칭번호:40
잇수(N):17

A B
A'

P.C.D 69.12

6203

단면 A-A'

View-B

01 | 본체(Housing)

■ 하우징 및 바닥 베이스 작도하기

01 UG를 실행하고 **새로 만들기**를 클릭한다.

02 **저장 위치**를 설정한다.

03 파일명을 Housing으로 입력한다.

04 ☐ 확인 ☐ 을 클릭한다.

> **TIP** UG에서는 저장 폴더 및 파일명은 반드시 영문 또는 숫자로만 입력해야 한다. 한글명으로 입력하면 오류 발생 또는 파일이 열리지 않는다. 특히, 자격검정에서는 이 점을 반드시 유의해야 할 것이다.

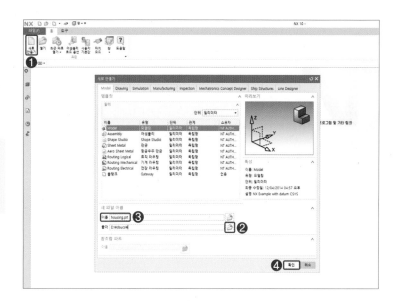

투상

과제도면 편심구동장치 본체를 실제 자격검정에
서와 동일하게 작도해 보도록 하겠다. 본체 외부
를 작도하기 위해 필요한 치수를 자로 측정한다.

• 측정치수 : Ø66mm, 74mm

TIP 기계기사/기계설계산업기사/전산응용기계제도 기능
사에서는 과제도면을 자로 측정할 때 2초 이상이 걸리면 시
간내에 도면을 끝낼 수 없다. 소수점을 제외하고 빠르게 정수
로 읽는 훈련이 필요하다. 제도에서는 기능상 구조상 문제가
되지 않는 부분은 형상 및 치수의 오차가 있어도 상관없다.

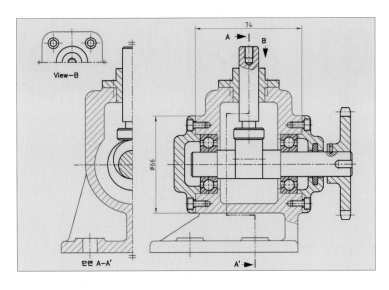

05 ▢ 을 클릭한다.

06 Y, Z **평면**을 클릭한다.

TIP 기준을 Y, Z 평면으로 하는 이유는 형상을 도면과 같
이 보이기 위함이며 렌더링 작업 시 방향을 쉽게 설정하기 위
함이다.

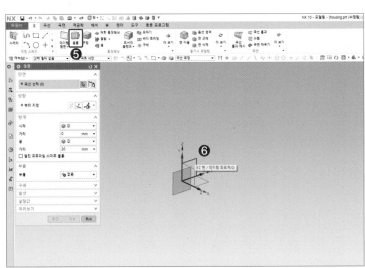

07 ◯ 을 클릭한다.

08 0,0 **위치**에 임의의 **원**을 스케치한다.

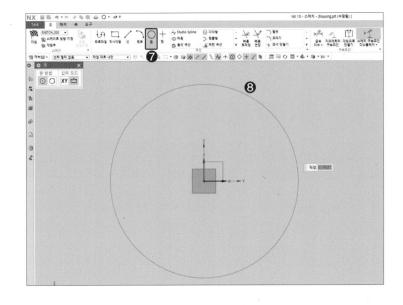

09 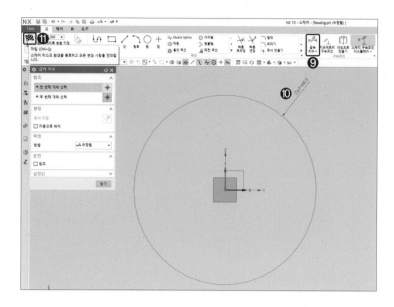 를 클릭한다.

10 원을 66mm로 구속한다.

11 을 클릭한다.

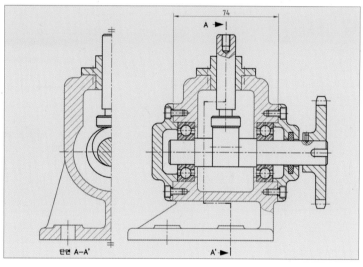

12 한계에서 끝을 **대칭 값**으로 변경한다.

13 한계에서 거리를 74/2mm로 입력한다.

14 적용 을 클릭한다.

TIP UG에서도 사칙연산이 가능하다.

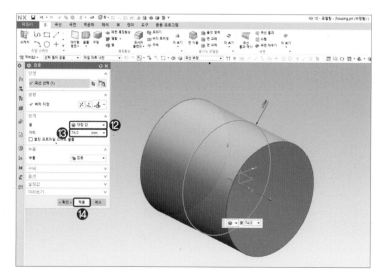

15 단면에서  을 선택한다.

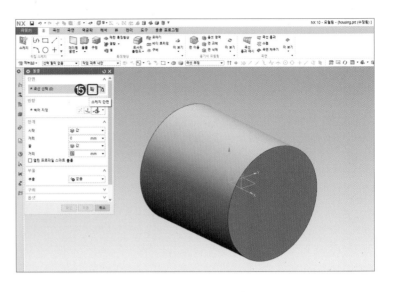

16 X, Y **평면**을 선택한다.

17 확인 을 클릭한다.

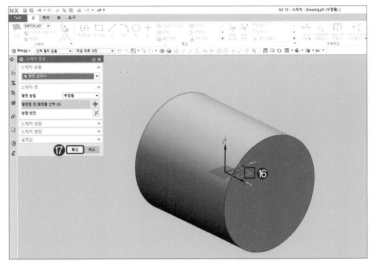

18 □ 을 클릭한다.

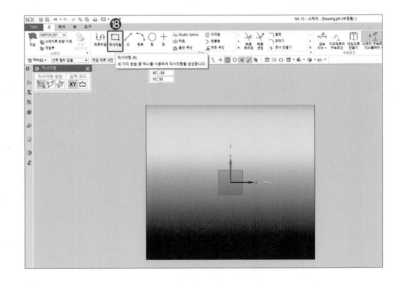

19 임의의 **사각형**을 스케치한다.

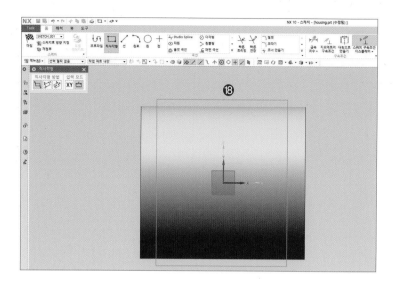

투상

가로, 세로 값을 자로 측정한다.

• 측정치수 : 가로 60mm, 세로 66mm

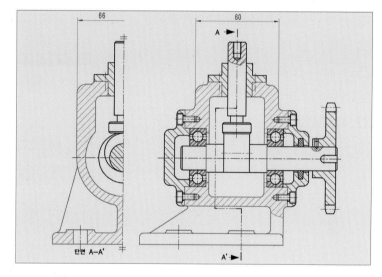

20 🔧 를 클릭한다.

21 스케치한 사각형을 **측정 치수**로 구속한다.

22 🏁 을 클릭한다.

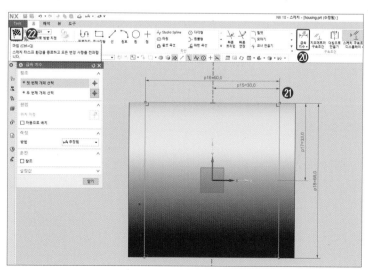

투상

높이 값을 자로 측정한다.

• 측정치수 : 50mm

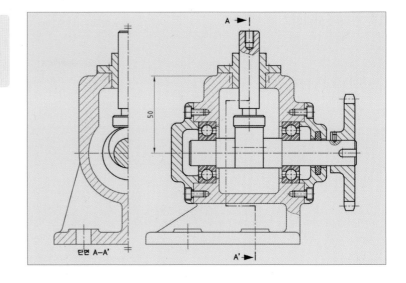

단면 A–A'

23 한계에서 **끝 거리**를 50mm로 입력한다.

24 부울은 결합 으로 변경한다.

25 적용 을 클릭한다.

26 단면에서 을 선택한다.

27 X,Y 평면을 선택한다.

28 확인 을 클릭한다.

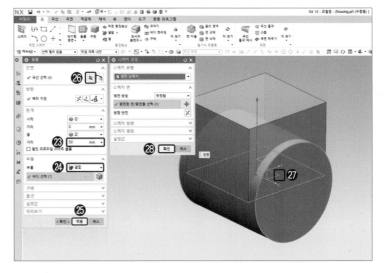

투상

본체 바닥 베이스 부분을 자로 측정한다.

• 측정치수 : 가로 103mm, 세로 100mm, 높이 8mm

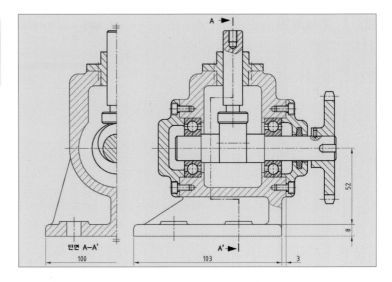

단면 A–A'

29 □ 을 클릭한다.

30 임의의 **사각형**을 스케치한다.

31 급속치수 를 클릭한다.

32 스케치한 사각형을 **측정 치수**로 구속한다.

33 마침 을 클릭한다.

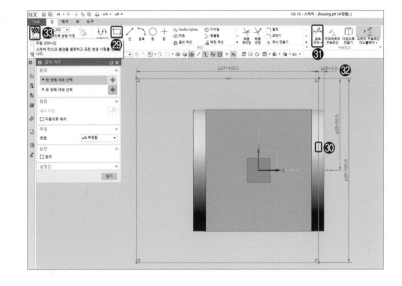

34 방향에서 ✕ 을 클릭한다.

35 한계에서 **시작 거리 52mm, 끝 거리 52＋8mm**
를 입력한다.

36 부울은 없음 으로 변경한다.

37 적용 을 클릭한다.

38 단면에서 를 클릭한다.

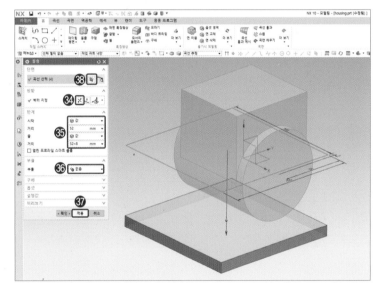

투상

본체에 리브를 작도한다.

- 리브는 자로 측정할 필요 없이 바로 스케치한다.
  도면과 약간의 차이가 난다고 해서 기능상·구조상에
  문제가 되지는 않기 때문이다. 또한 시험에서도 감점되
  지 않는다. 단, 리브의 폭은 자로 측정한다.

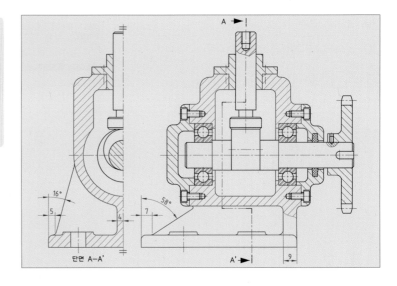

■ 리브 작도하기

01 X, Z 평면을 클릭한다.

02 확인 을 클릭한다.

> TIP 좌표 평면이 안 보이면 마우스 스크롤을 밀어 화면 사
> 이즈를 줄이면 보인다.

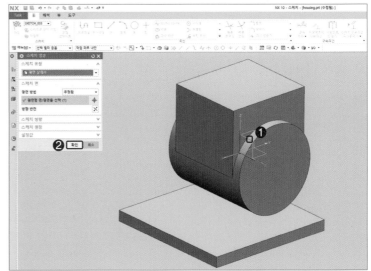

03 ⟳ 을 클릭한다.

04 리브를 임의로 스케치한다.

05 🏁 을 클릭한다.

> TIP ① 리브는 본체의 안쪽으로 스케치를 한다. 이유는 리
> 브와 본체를 결합하기 위함이다.
> ② 리브는 구조상 크게 문제가 되지 않으므로 임의로
> 스케치한다.(시험에서도 리브 치수는 따로 측정하
> 지 않는다.)

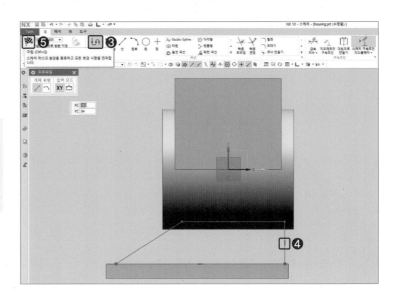

06 한계에서 **끝**을 **대칭값**으로 변경한다.

07 한계에서 **거리**는 **4mm**로 입력한다.

08 부울은 결합 으로 변경한다.

09 **본체**를 클릭한다.

10 적용 을 클릭한다.

11 단면에서 를 클릭한다.

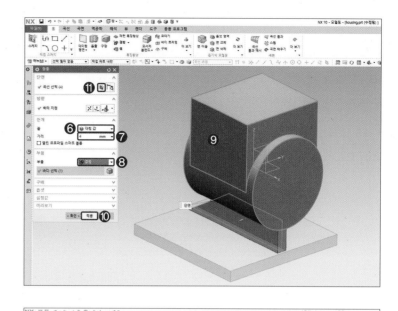

12 Y, Z **평면**을 클릭한다.

13 확인 을 클릭한다.

14 을 클릭한다.

15 **리브**를 임의로 **스케치**한다.

16 를 클릭한다.

17 치수를 구속한다.

18 을 클릭한다.

TIP 리브 치수는 **Z좌표**를 기준으로 좌우대칭 치수를 임의로 구속한다.

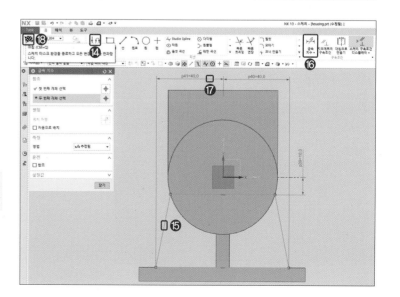

19 한계에서 **시작 거리 25mm, 끝 거리 25+9mm**
로 입력한다.

20 부울은 결합 으로 선택한다.

21 본체를 클릭한다.

22 적용 을 클릭한다.

23 단면에서 을 클릭한다.

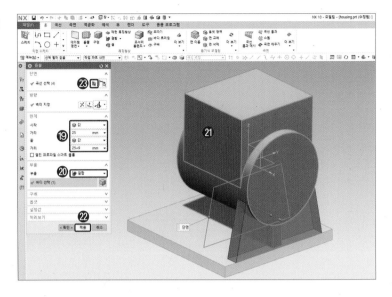

투상

본체 위쪽 부분을 View-B를 참조해서 작도한다.

• 측정치수 : 가로 및 세로 42mm, 높이 2mm

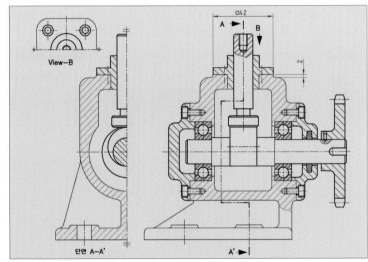

■ 하우징 상부 작도하기

01 본체 윗면을 클릭한다.

02 확인 을 클릭한다.

TIP 스케치 면에서 평면 방법은 기존 평면으로 변경해야
면의 중심점을 기준으로 설정할 수 있다.

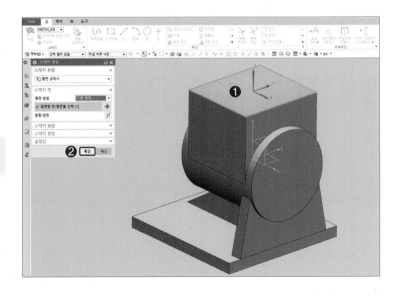

03 ▢ 을 클릭한다.

04 임의의 **사각형**을 스케치한다.

05 ▦ 를 클릭한다.

06 **측정 치수**를 구속한다.

07 🏁 을 클릭한다.

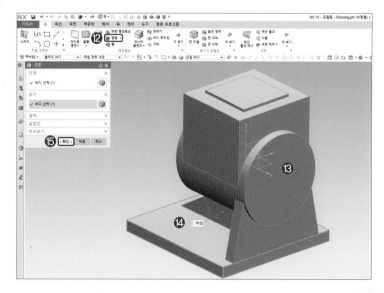

08 한계에서 **시작 거리 0mm, 끝 거리 2mm**를 입력한다.

09 부울은 🔩 **결합** 으로 선택한다.

10 본체를 클릭한다.

11 < 확인 > 을 클릭한다.

12 🔩 를 클릭한다.

13 타겟에서 본체를 클릭한다.

14 공구에서 본체 바닥을 클릭한다.

15 < 확인 > 을 클릭한다.

■ 커버 및 베어링 조립부 구멍 파기

01 📄 을 클릭한다.

02 **축**에서 **벡터 지정**으로 선택한다.

03 그림과 같이 **원통 모서리**를 클릭한다.

04 **축**에서 ✖ 을 클릭한다.

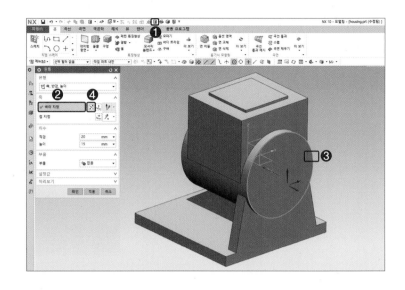

투상

본체 하우징 내부를 작도하기 위해 필요한 치수를 자로 측정한다.

• 측정치수

① Ø40mm, 높이(길이) 15mm

② Ø34mm, 높이(길이) 2mm

③ R27, 높이(길이) 40mm

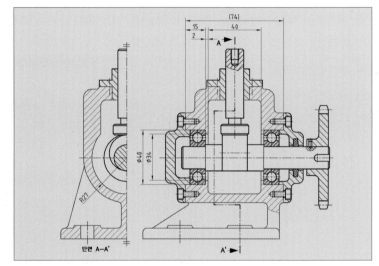

05 **치수**에서 **직경 40mm, 높이**(길이) **15mm**를 입력한다.

TIP 깊은 홈 볼베어링 6203 계열의 규격치수를 참조한다.

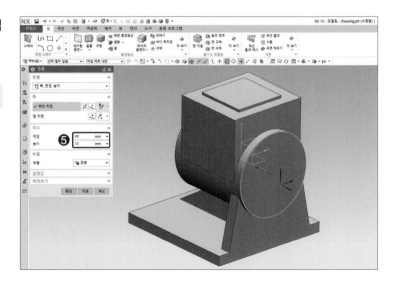

06 부울은 ☑ 빼기 로 변경한다.

07 적용 을 클릭한다.

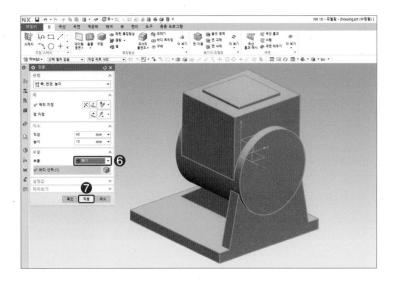

08 축에서 **벡터 지정**으로 선택한다.

09 원통 안쪽 **모서리**를 클릭한다.

10 축에서 ☒ 을 클릭한다.

11 치수에서 **직경 34mm, 높이**(길이) **2mm**를 입력한다.

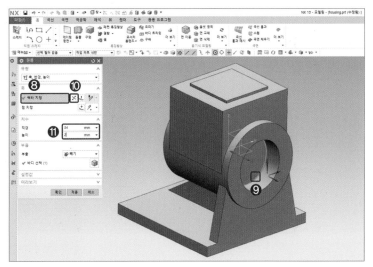

12 부울에서 **바디 선택**을 클릭한다.

13 적용 을 클릭한다.

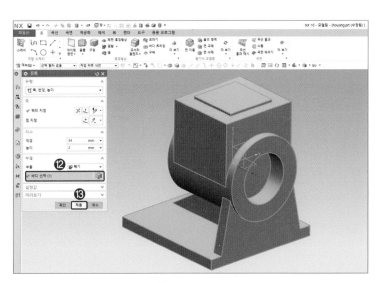

14 축에서 **벡터 지정**으로 선택한다.

15 원통 안쪽 **모서리**를 클릭한다.

16 축에서 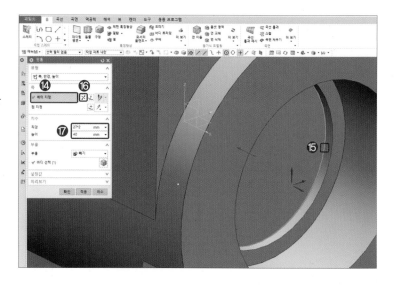 을 클릭한다.

17 치수에서 **직경 27×2mm, 높이**(길이) **40mm**를 입력한다.

18 부울에서 **바디 선택**을 클릭한다.

19 확인 을 클릭한다.

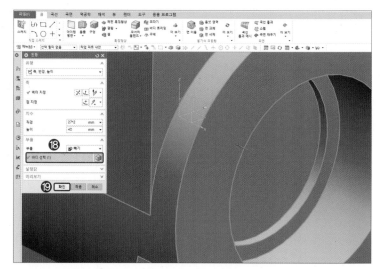

투상

본체 하우징 내부를 작도하기 위해 필요한 치수를 자로 측정한다.

• 측정치수

① Ø40mm, 높이(길이) 15mm

② Ø34mm, 높이(길이) 2mm

③ R27, 높이(길이) 40mm

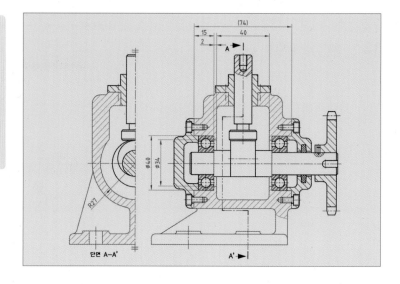

를 클릭하고 블록과 대칭 특징형상 아이콘에 마우스 커서를 올려놓고 오른쪽 버튼을 클릭하여 빠른 접근 도구 모음에 추가한다.

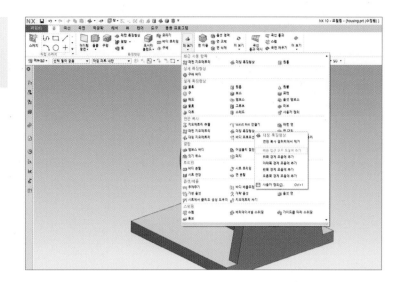

20 을 클릭한다.

21 생성된 **내부 원통** 두 개를 클릭한다.

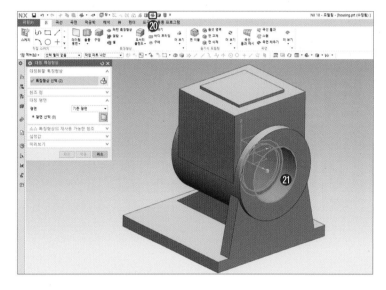

22 을 클릭한다.

23 Y, Z **평면**을 클릭한다.

24 확인 을 클릭한다.

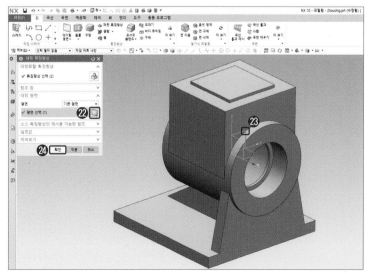

투상

뷰단면(Ctrl + H)을 사용해서 확인해 보면, 구멍이 양쪽 모두 대칭되어 생성된 것을 확인할 수 있다.

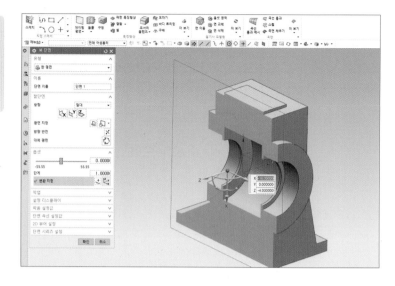

투상

본체(하우징) 내부 및 위쪽 구멍, 위쪽과 측면 볼트구멍(암나사)을 작도한다.

- 측정치수 ① 하우징 내부 : 가로 및 세로 40mm, 높이 42mm
  ② 위쪽 구멍 : Ø22mm
  ③ 위쪽 볼트 구멍 위치 : 가로 및 세로 13mm(26/2)
  ④ 측면 볼트 구멍 위치 : Ø53mm

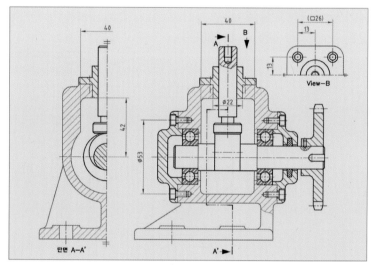

■하우징 상부 구멍 파기

01 🔲 을 클릭한다.

02 X, Y 평면을 클릭한다.

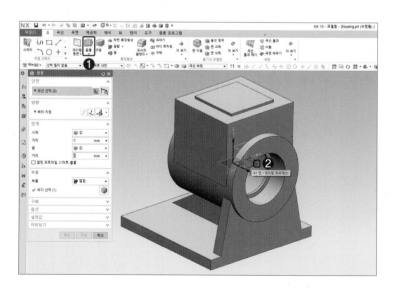

03 ⬚ 을 클릭한다.

04 임의의 **사각형**을 스케치한다.

05 🎿 를 클릭한다.

06 가로 및 세로 길이를 **40mm**로 각각 구속한다.

07 🏁 을 클릭한다.

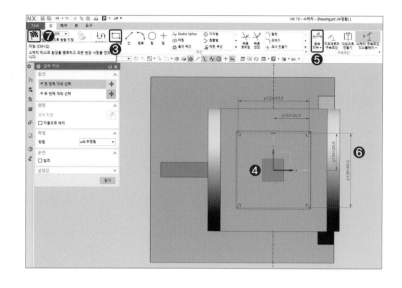

08 한계에서 **끝 거리** 값을 42mm로 입력한다.

09 부울은 🔲 **빼기** 로 변경한다.

10 적용 을 클릭한다.

11 📓 을 클릭한다.

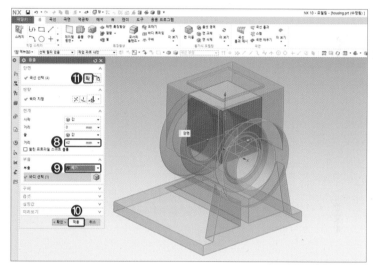

12 X, Y **평면**을 클릭한다.

13 확인 을 클릭한다.

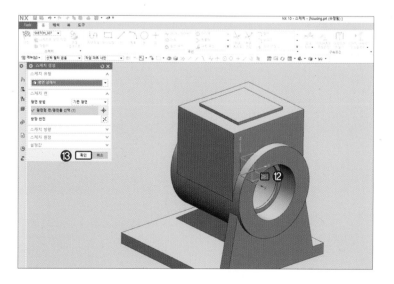

14 ○ 을 클릭한다.

15 0,0(원점)에서 임의의 **원형**을 스케치한다.

16 ⬚ 를 클릭한다.

17 직경 22mm로 구속한다.

18 🏁 을 클릭한다.

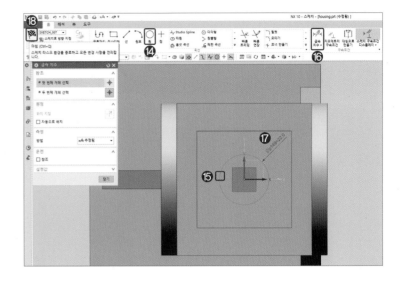

19 한계에서 **끝 거리** 값을 70mm로 입력한다.

20 부울에서 **바디 선택**을 클릭한다.

21 < 확인 > 을 클릭한다.

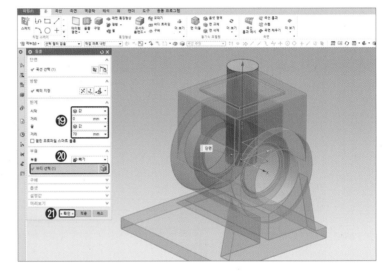

결과

뷰단면(Ctrl + H)을 사용해서 확인해 보면, 위쪽 구멍이 생성된 것을 확인할 수 있다.

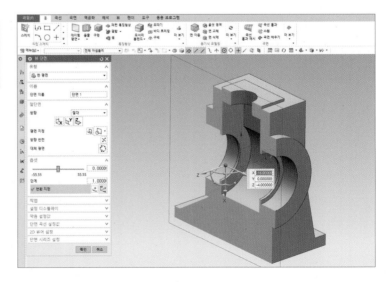

■ 하우징 상부 볼트 구멍 파내기

01 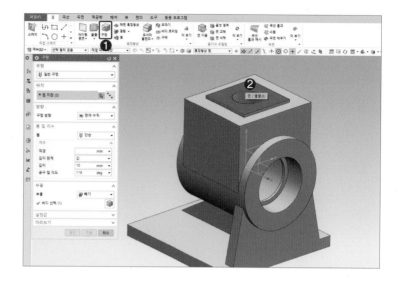을 클릭한다.

02 본체 위쪽 평면을 클릭한다.

03 를 클릭한다.

04 가로 및 세로 길이를 13mm로 각각 구속한다.

05 을 클릭한다.

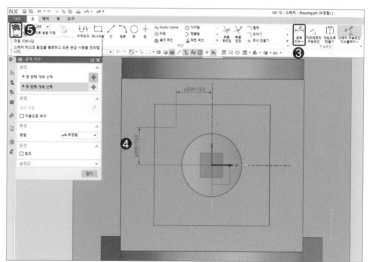

06 치수에서 **직경 3.3mm, 깊이 15mm**를 입력한다.

07 부울에서 **바디 선택**을 클릭한다.

08 < 확인 > 을 클릭한다.

TIP 볼트깊이 15mm는 관통시키기 위함이므로 더 큰 치수를 입력해도 상관없다.

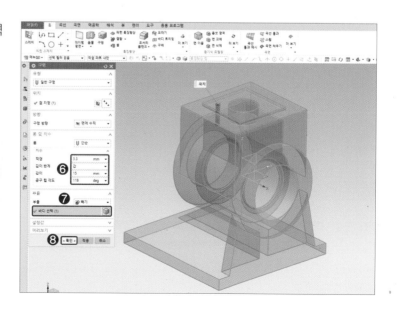

TIP 기계기사/산업기사/기능사 실기시험에서 커버 부분 암나사 치수는 보통 M3, M4를 적용하므로 잘 숙지해 두도록 한다.

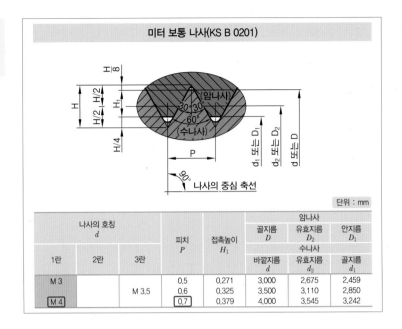

미터 보통 나사(KS B 0201)

단위 : mm

나사의 호칭 d			피치 P	접촉높이 H_1	암나사		
					골지름 D	유효지름 D_2	안지름 D_1
					수나사		
1란	2란	3란			바깥지름 d	유효지름 d_2	골지름 d_1
M 3			0.5	0.271	3.000	2.675	2.459
		M 3.5	0.6	0.325	3.500	3.110	2.850
M 4			0.7	0.379	4.000	3.545	3.242

09 🔲 를 클릭한다.

10 스레드 유형을 **상세**로 변경한다.

11 구멍을 클릭한다.

12 길이를 15mm로 입력한다.

13 확인 을 클릭한다.

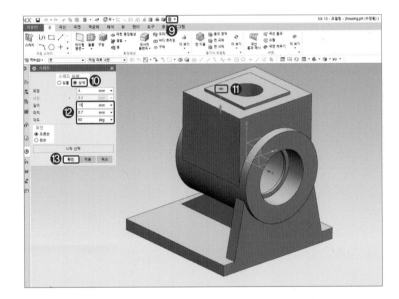

14 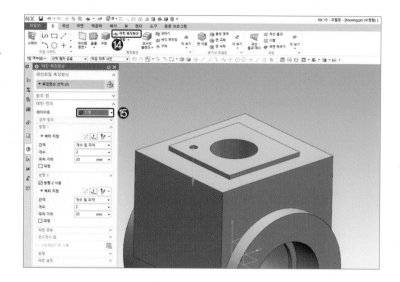 을 클릭한다.

15 패턴 정의에서 **레이아웃**은 **선형**으로 변경한다.

16 단순 구멍과 스레드를 선택한다.

17 **방향** 1에서 **벡터 지정**은 **X축**을 선택한다.

18 개수 2, 피치 거리 26mm를 입력한다.

> **TIP** 단순 구멍과 스레드를 동시 선택이 어려울 경우 좌측 Tap
> 에 을 클릭하고 **Ctrl** 누른 상태로 단순 구멍 (14) 스레드 (15) 를 선택
> 한다.

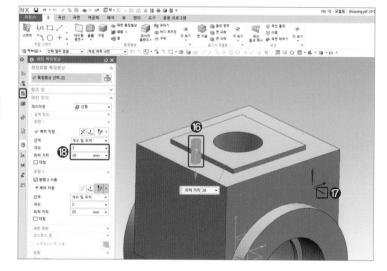

19 **방향** 2에서 **벡터 지정**은 **Y축**을 선택한다.

20 개수 2, 피치 거리 26mm를 입력한다.

21 확인 을 클릭한다.

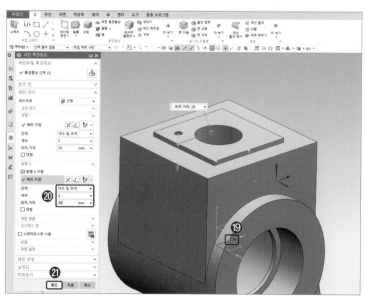

■하우징 측면부 볼트 구멍 파내기

01 📦 를 클릭한다.

02 **원통 평면**을 클릭한다.

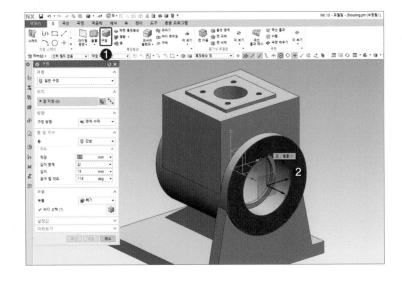

03 📐 를 클릭한다.

04 점을 Y축과 53/2mm로 구속한다.

05 점을 Z축과 0mm로 구속한다.

06 🏁 을 클릭한다.

> **TIP** 지오메트리 구속조건으로 Z축과 점을 곡선상의 점으로도 구속도 가능하다.

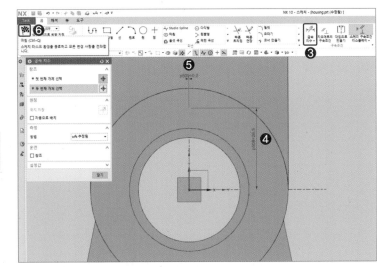

07 **치수**에서 **직경 3.3mm, 깊이 10mm**를 입력한다.

08 부울에서 **바디 선택**을 클릭한다.

09 < 확인 > 을 클릭한다.

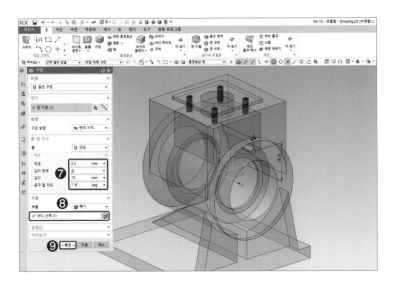

10 📋 를 클릭한다.

11 볼트 구멍을 클릭한다.

12 길이(깊이)를 7mm로 입력한다.

13 확인 을 클릭한다.

> **TIP** 구멍직경을 3.3mm로 입력해야만 M4×0.7로 암나사
> 를 파낼 수 있다.

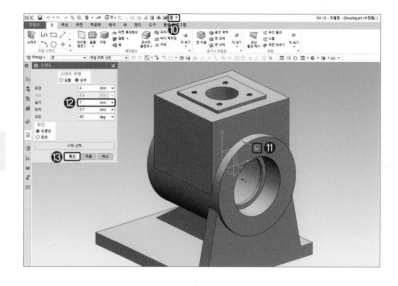

14 📋 을 클릭한다.

15 원형 배열을 선택한다.

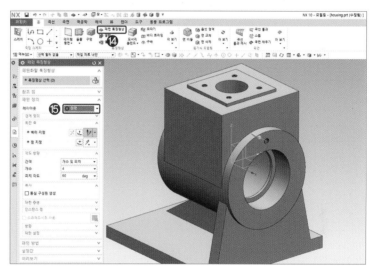

16 단순 구멍과 스레드를 선택한다.

> **TIP** 단순 구멍과 스레드를 동시 선택이 어려울 경우 좌측
> Tap에 📋 을 클릭하고 **Ctrl** 누른 상태로 ☑ 단순 구멍 (17) ☑ 스레드 (18) 를
> 선택한다.

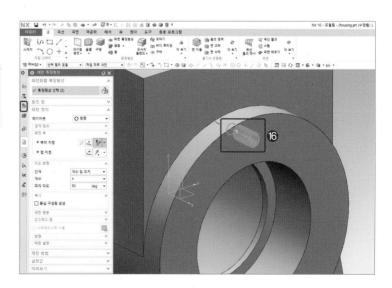

17 회전 축에서 **벡터 지정**은 **X축**을 클릭한다.

18 점 지정에서 원통의 모서리를 클릭한다.

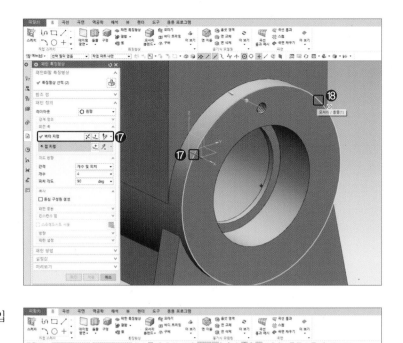

19 각도 방향에서 개수는 4, 피치 각도 360/4를 입력한다.

20 [확인] 을 클릭한다.

> **TIP** 각도
> ① 구멍개수가 4개일 경우 360/4 또는 90 입력
> ② 구멍개수가 3개일 경우 360/3 또는 120 입력

21 를 클릭한다.

22 를 클릭한다.

23 Ctrl 을 누른 상태에서 **단순 구멍, 스레드, 패턴 특징형상[원형]**을 선택한다.

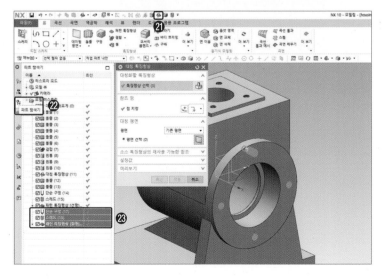

24 대칭 평면에서 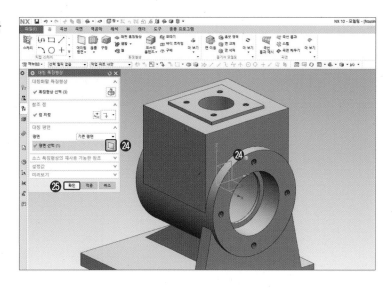 를 선택하고, Y, Z 평면을 클릭한다.

25 확인 을 클릭한다.

결과

마우스 휠을 누른 상태에서 형상을 회전시켜보면, 볼트구멍이 대칭복사된 것을 확인할 수 있다.

TIP 대칭특징 형상을 사용할 경우 반드시 기초작업을 했던 구멍, 스레드, 원형 배열 등을 동시에 모두 선택해서 대칭시켜야 한다.

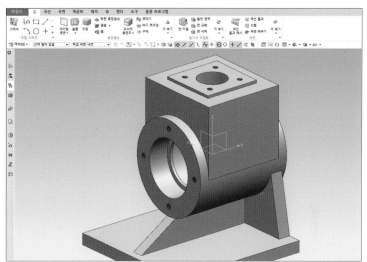

투상

본체 바닥(베이스) 볼트구멍 부위를 작도한다.

• 측정치수

① 정면도 구멍거리 : 28mm, 45mm

② 측면도 구멍거리 : 60mm

③ 원통지름 : 20mm

④ 원통높이 : 2mm

⑤ 구멍지름 : 10mm

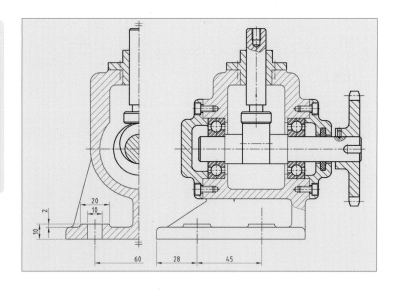

■ 베이스 부분 구멍 파내기

01 ▥ 을 클릭한다.

02 **베이스 윗면**을 클릭한다.

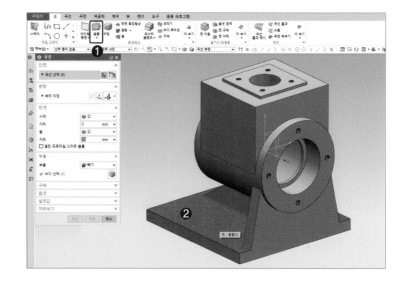

03 ▢ 을 클릭한다.

04 임의의 위치에 **사각형**을 스케치한다.

05 ◯ 을 클릭한다.

06 스케치한 **사각형 모서리**에 임의의 **원 4개**를 스케치한다.

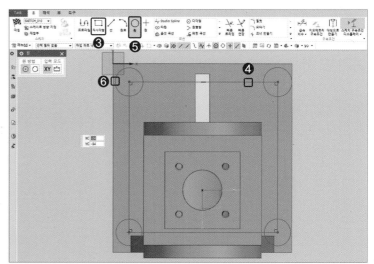

07 🖉 를 클릭한다.

08 측정 치수 중 **정면도, 측면도, 구멍 거리, 원통 지름**을 구속한다.

09 **사각형**을 전체 선택하고 오른쪽 버튼을 클릭 한 다음, 참조치수로 변환한다.

10 🏁 을 클릭한다.

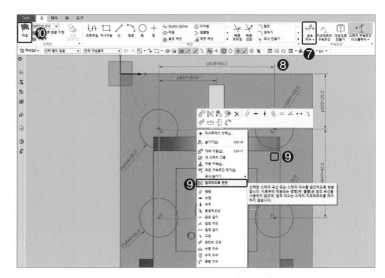

11 한계에서 **끝거리**(높이)를 **2mm**로 입력한다.

12 부울은 [결합]으로 변경한다.

13 [적용]을 클릭한다.

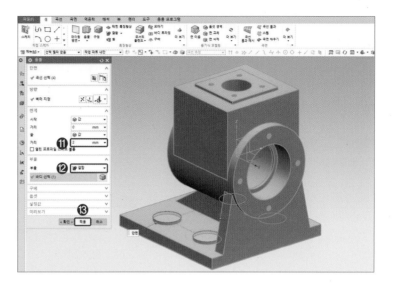

14 생성된 **원통 윗면**을 클릭한다.

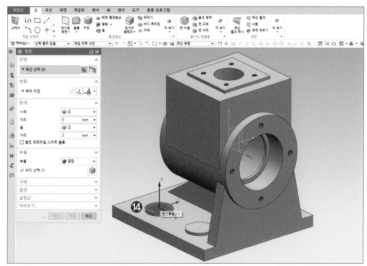

15 ◯을 클릭한다.

16 생성된 **원통**을 클릭하여 임의의 **원 4개**를 스케 치한다.

17 를 클릭한다.

18 스케치된 원형 모두 Ø10으로 구속한다.

19 을 클릭한다.

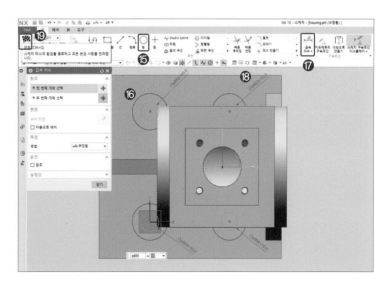

20 한계에서 **끝 거리**를 15mm로 입력한다.

21 부울은 빼기로 변경한다.

22 를 클릭한다.

23 < 확인 > 을 클릭한다.

TIP 거리값은 관통된 볼트구멍 깊이(10mm)보다 크게 입력해야 한다.

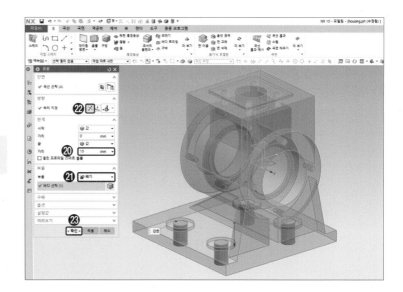

투상

과제도면을 보고 필렛 및 모따기를 처리한다.

• 측정치수
  ① 바닥(베이스) 부분 필렛 : R6∼R12
  ② 본체(하우징) 부분 필렛 : 임의(R6)
  ③ 나머지 기본라운드 : R3 이하

• 주서 : 도시되고 지시 없는 모따기 C1, 필렛 R3

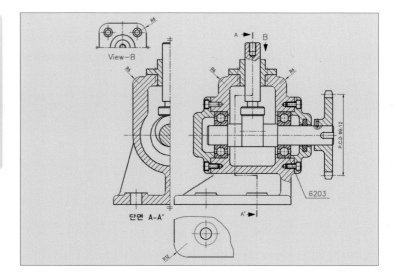

■마무리 작업 및 질량 구하기

01 [icon]과 [icon]를 클릭해서 필렛 및 모따기를 처리
한다.

> **TIP** R3으로 필렛이 안 되는 부분은 R3 이하로 필렛한다.
> • 기계기사/산업기사/기능사 실기에서는 리브 등 구
> 석부를 디테일하게 필렛처리해줘야 감점이 없다.
> • 베어링 끼워맞춤 구석부 필렛은 KS B 2051규격에
> 따른다.

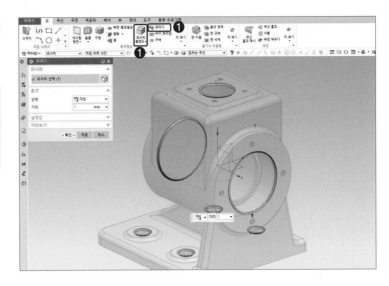

02 메뉴(M) ⇨ 편집(E) ⇨ 특정형상(F) ⇨ 솔리드
밀도(L)를 클릭한다.

> **TIP** 기계설계산업기사에서는 질량값을 측정해서 3D 도면
> 비고란에 입력해야 한다. 또한, 밀도(비중량)는 시험요구사항
> 에 표기되어 있다.

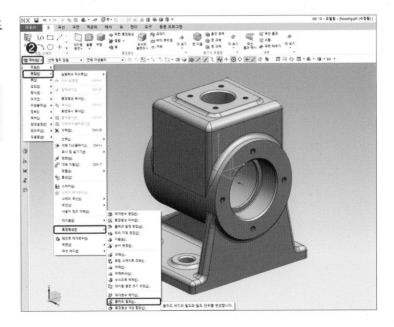

03 밀도에서 **솔리드 밀도**는 7850, 단위는 kg-미터
로 변경한다.

04 본체를 클릭한다.

05 ☐ 확인 ☐ 을 클릭한다.

> TIP 단위가 g일 경우
> • 솔리드밀도 : 7.85

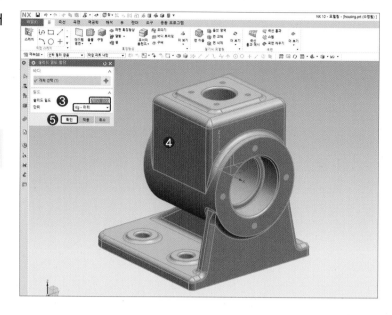

06 메뉴(M) ➡ 해석(L) ➡ 바디 측정(B)을 클릭한다.

07 본체를 클릭한다.

> TIP 단위가 g일 경우
> • 해석(L) → 단위 g-mm로 변경한다.

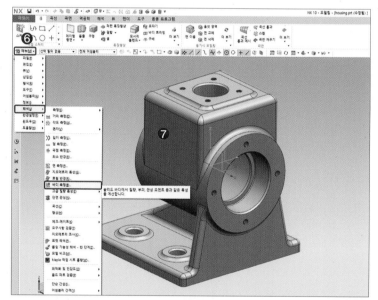

08 볼륨에서 **질량**으로 변경한다.

09 **질량 값**(2.32kg)을 확인한다.

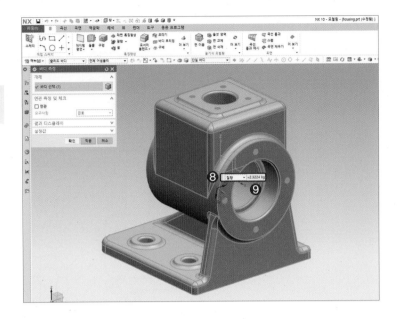

결과

1/4 단면된 형상이다.

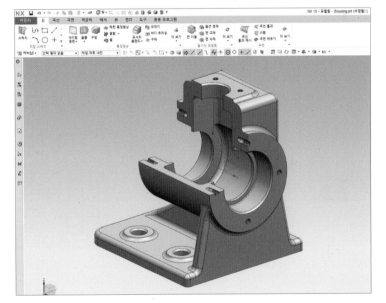

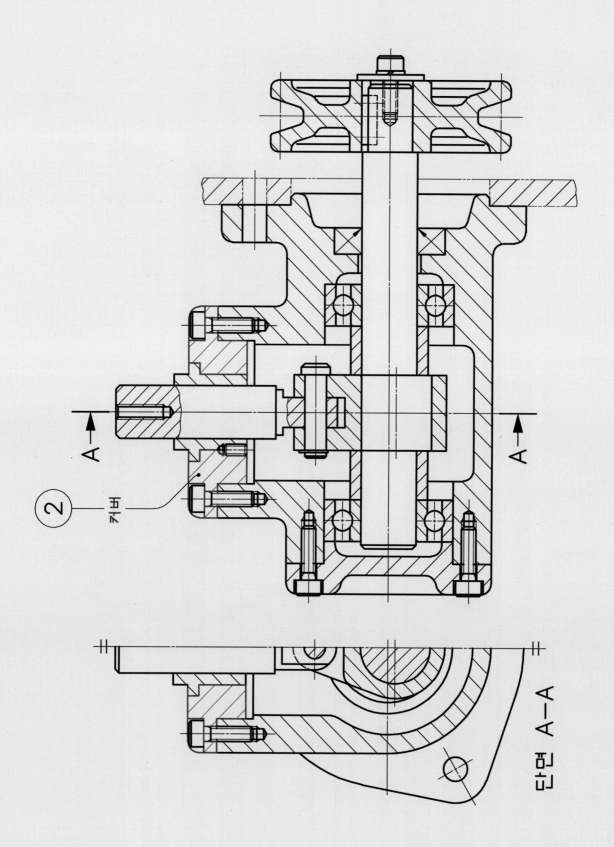

② 커버

단면 A—A

02 | 커버(Cover)

따 라 하 기

01 UG를 실행하고 **새로 만들기**를 클릭한다.

02 **저장** 위치를 설정한다.

03 파일 이름을 **Cover**로 입력한다.

04 [확인] 을 클릭한다.

05 📦 를 클릭한다.

06 Y, Z **평면**을 클릭한다.

> **TIP** 돌출 아이콘 밑에 있는 아래 화살표를 클릭하면 회전을 사용할 수 있다.

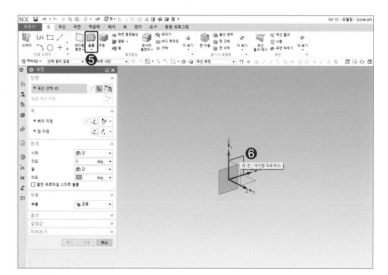

투상

커버를 작도한다.

• 측정치수 : 도면 참조

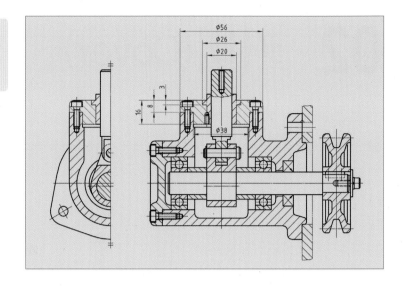

07 ⟳ 을 클릭한다.

08 임의의 커버 형상을 스케치한다.

09 ⟋ 을 클릭한다.

10 구속 조건에서 ╲ 을 클릭한다.

11 **구속할 지오메트리** ⇨ **구속할 개체 선택** ⇨ **Z축**
을 클릭 ⇨ **구속할 대상 개체 선택**에서는 **직선**을
클릭한다.

TIP • '명령 빠져 나오기' 기능 키 : Esc

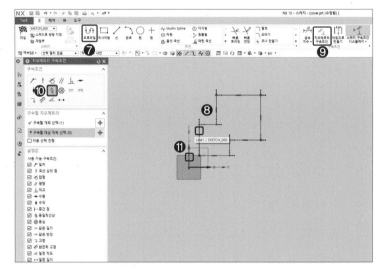

12 ⟋ 를 클릭한다.

13 **측정 치수**를 구속한다.

14 ⚑ 을 클릭한다.

TIP 치수 구속 시 작은 치수부터 차근차근 구속한다.

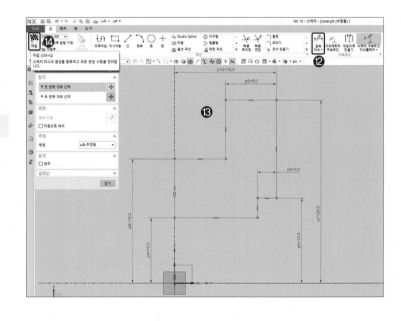

15 축에서 **벡터 지정**은 Y축을 클릭한다.

16 < 확인 > 을 클릭한다.

TIP 각도는 360deg가 기본으로 설정되어 있다.

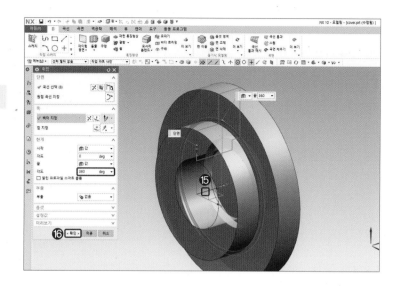

17 ▥ 을 클릭한다.

18 형상을 회전시켜 빨간색으로 표시된 **원통 평면**
을 클릭한다.

TIP 형상을 회전시킬 때는 마우스 휠 버튼을 누른 상태에
서 움직인다.

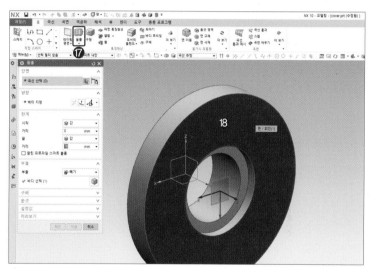

투상

자리파기 부분을 작도한다.

• 측정치수 : 도면 참조

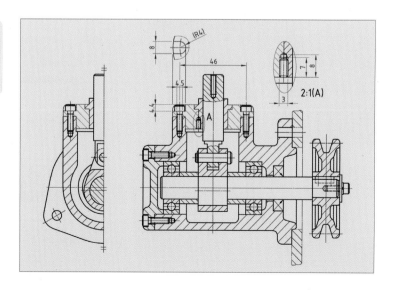

19 ⬡ 을 클릭한다.

20 0,0(원점)을 중심으로 임의의 **원**을 스케치한다.

21 ⬡ 을 클릭한다.

22 스케치된 **원의 사분점**을 클릭한다.

23 임의의 **원**을 생성한다.

24 ▭ 을 클릭한다.

25 **사분점(좌측)**을 기준으로 임의의 **사각형**을 스케치한다.

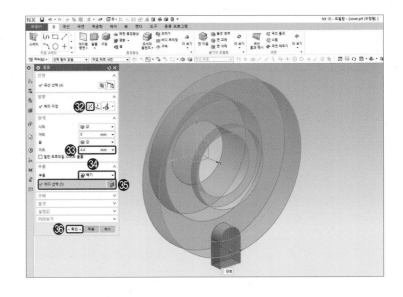

26 ⚡ 을 클릭한다.

27 **측정 치수**를 모두 구속한다.

28 ⊁ 을 클릭한다.

29 불필요한 선들을 모두 **트리밍**한다.

30 Ø46인 원에 마우스 커서를 올려놓고 오른쪽 버튼을 클릭하여 **참조하도록 변환**을 선택한다.

31 🏁 을 클릭한다.

32 방향에서 ✖ 을 클릭한다.

33 한계에서 **거리** 값을 4.4mm를 입력한다.

34 부울은 ⊟ **빼기** 로 변경한다.

35 부울에서 **바디 선택**을 클릭한다.

36 < 확인 > 을 클릭한다.

37 ⬚ 을 클릭한다.

38 자리파기 **아래쪽 원호 선**을 클릭한다.

39 **폼 및 치수**에서 **직경 4.5mm, 깊이 10mm**를 입력한다.

40 부울은 ⬚ **빼기** 로 변경한다.

41 부울에서 **바디 선택**을 클릭한다.

42 ⬚ **<확인>** ⬚ 을 클릭한다.

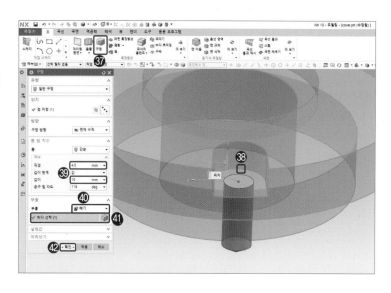

TIP 기계기사/산업기사/기능사 실기에서 볼트 구멍 규격은 (KS B 1007)을 적용한다. 그러나 육각머리 볼트 머리가 묻히는 자리파기 규격은 없으므로 실무현장 치수를 적용해야 하나, 시험에선 따로 데이터를 제공하지 않으므로 자로 측정하여 적용한다.

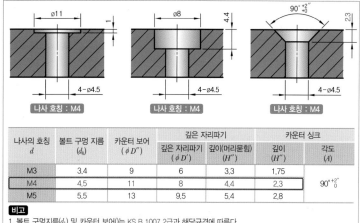

나사의 호칭 d	볼트 구멍 지름 (d_h)	카운터 보어 ($\phi D''$)	깊은 자리파기		카운터 싱크	
			깊은 자리파기 ($\phi D'$)	깊이(머리묻힘) (H'')	깊이 (H'')	각도 (A)
M3	3.4	9	6	3.3	1.75	
M4	4.5	11	8	4.4	2.3	$90°^{+2°}_0$
M5	5.5	13	9.5	5.4	2.8	

비고
1. 볼트 구멍지름(d_h) 및 카운터 보어()는 KS B 1007 2급과 해당규격에 따른다.
2. 깊은 자리파기 치수는 KS규격 미제정이고 KS B 1003 규격을 기준으로 쓰는 현장에서 상용하는 치수이다.
3. 깊은 자리파기에서 깊이(H'') 치수는 볼트머리가 묻혔을 때 치수이다.

---

43 ⬚ 을 클릭한다.

44 패턴화할 특징 형상에서 **돌출**과 **단순 구멍**을 선택한다.

45 패턴 정의에서 **레이아웃**은 **원형**으로 변경한다.

46 회전 축에서 **벡터 지정**은 **Y축**을 클릭한다.

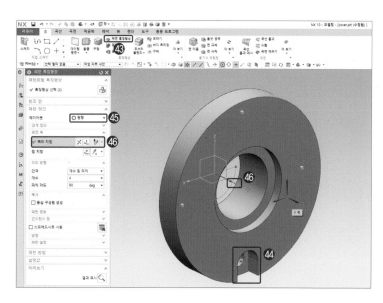

47 각도 방향에서 **개수 4, 각도 360/4**를 입력한다.

48 확인 을 클릭한다.

> **TIP** 각도
> ① 구멍 개수가 4개일 경우 360/4 또는 90 입력
> ② 구멍 개수가 3개일 경우 360/3 또는 120 입력

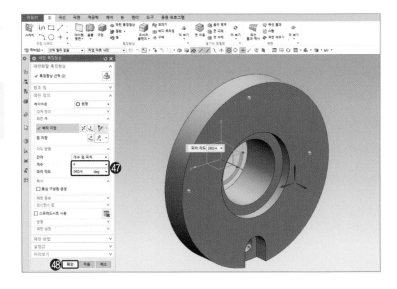

49 을 클릭한다.

50 빨간색으로 표시된 **원통 평면**을 클릭한다.

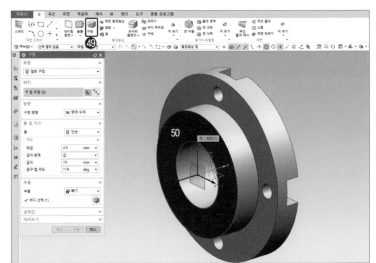

51 을 클릭한다.

52 표시된 원통의 **좌측 사분점**을 클릭한다.

53 을 클릭한다.

> **TIP** 사분점에 생성한 점만 남겨두고 다른 지점에 원은 삭제
> 한다.

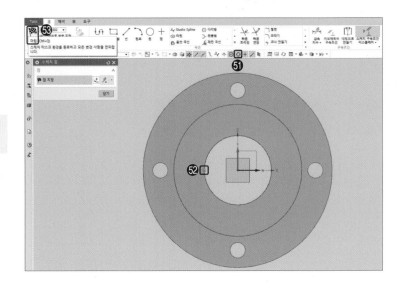

54 방향에서 **구멍 방향**을 **벡터 방향**으로 변경한다.

55 Y축을 클릭한다.

56 폼 및 치수에서 **직경 2.5mm, 깊이 8mm**를 입력한다.

57 부울은 ⬚ **빼기**로 변경한다.

58 부울에서 **바디 선택**을 클릭한다.

59 ＜ 확인 ＞ 을 클릭한다.

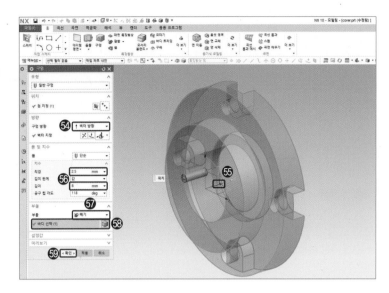

> **TIP** 조립 후 부품과 부품을 결합하기 위해서는 멈춤 나사
> (KS B ISO 7434~7436)를 이용한다.

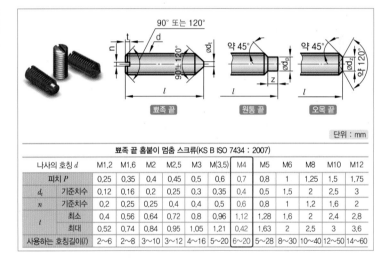

단위 : mm

뾰족 끝 홈붙이 멈춤 스크류(KS B ISO 7434 : 2007)											
나사의 호칭 d	M1.2	M1.6	M2	M2.5	M3	M(3.5)	M4	M5	M6	M8	M10	M12
피치 P	0.25	0.35	0.4	0.45	0.5	0.6	0.7	0.8	1	1.25	1.5	1.75
d_t 기준치수	0.12	0.16	0.2	0.25	0.3	0.35	0.4	0.5	1.5	2	2.5	3
n 기준치수	0.2	0.25	0.25	0.4	0.4	0.5	0.6	0.8	1	1.2	1.6	2
t 최소	0.4	0.56	0.64	0.72	0.8	0.96	1.12	1.28	1.6	2	2.4	2.8
최대	0.52	0.74	0.84	0.95	1.05	1.21	0.42	1.63	2	2.5	3	3.6
사용하는 호칭길이(l)	2~6	2~8	3~10	3~12	4~16	5~20	6~20	5~28	8~30	10~40	12~50	14~60

60 ▦를 클릭한다.

61 스레드 유형을 **상세**로 변경한다.

62 **볼트 구멍**을 클릭한다.

63 길이 값에 **7mm**를 입력한다.

64 확인 을 클릭한다.

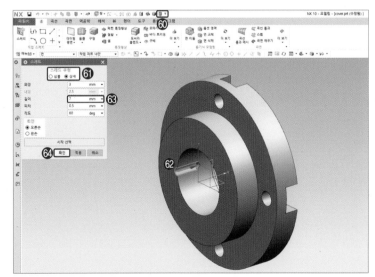

65 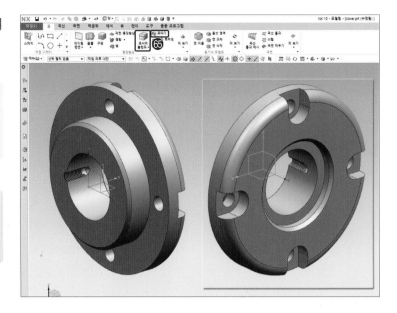 과 □ 를 클릭해서 **필렛** 및 **모따기**를 처리한다.

TIP
- 사투상도 View : `Home`
- 등각투상 View : `End`
- 전체화면 : `Ctrl` + `F`

기능

질량 값을 측정한다.

• 본체 과정 참조

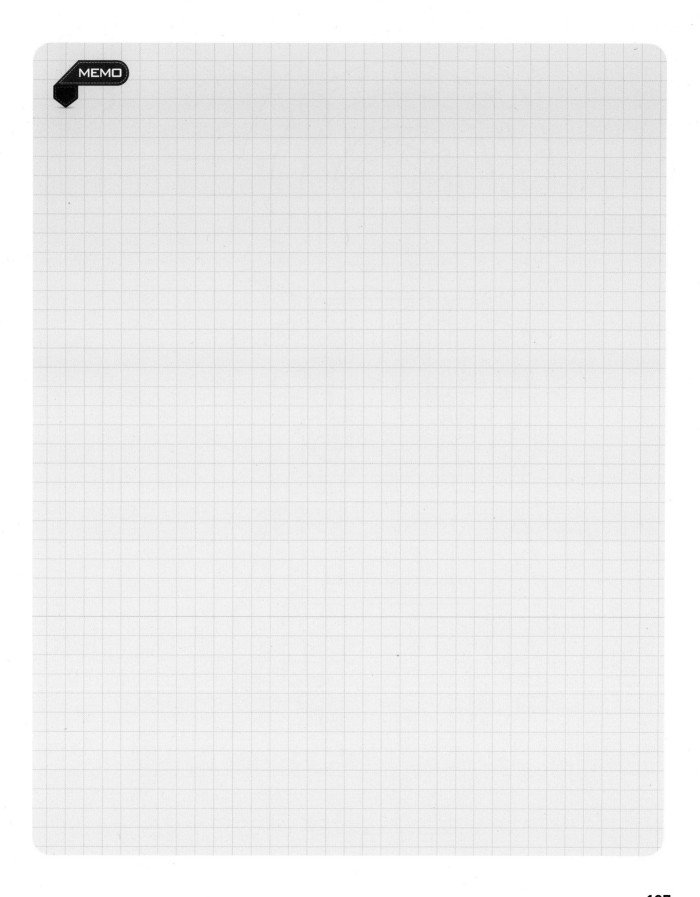

MEMO

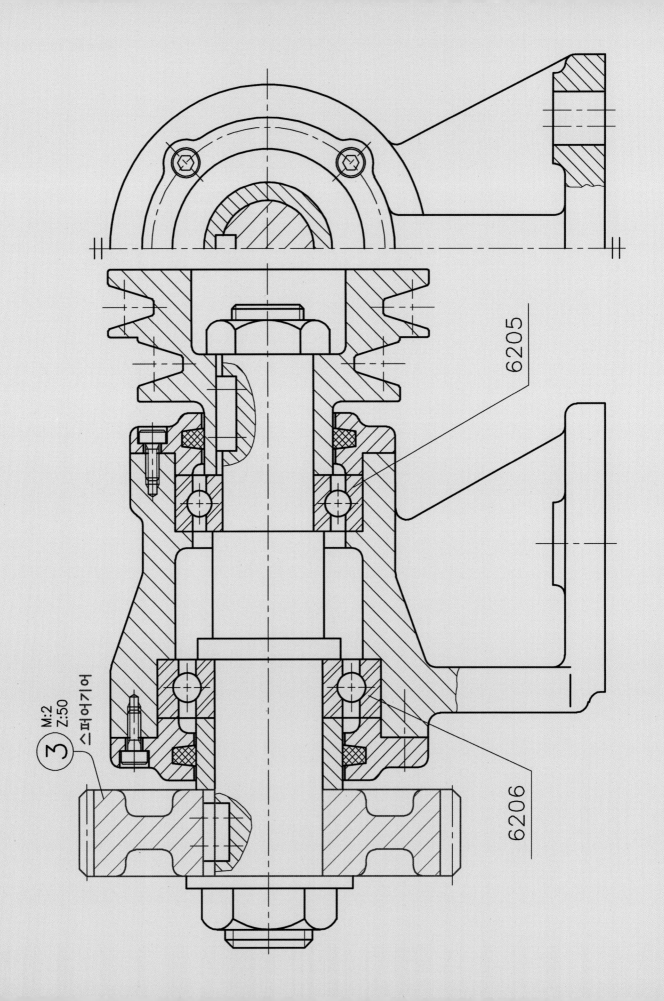

6205

6206

M:2
Z:50
③ 스파이기어

03 | 스퍼기어(Gear)

■ 스퍼 기어 작도하기

01 UG를 실행하고 **새로 만들기**를 클릭한다.

02 저장 위치를 설정한다.

03 파일 이름을 **Gear**로 입력한다.

04 확인 을 클릭한다.

05 을 클릭한다.

06 X, Z **평면**을 클릭한다.

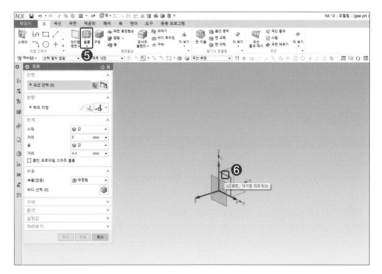

07 ◯ 을 클릭한다.

08 **0,0 위치**에서 임의의 **원 3개**를 스케치한다.

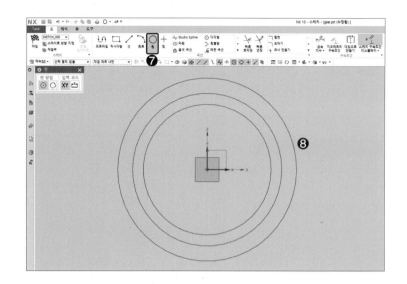

09 📐 을 클릭한다.

10 원을 **96mm**(이뿌리원), **100mm**(피치원),
104mm(이끝원)로 구속한다.

TIP ① P.C.D(피치원) = M × Z
② 이뿌리원 = P.C.D − (2 × M)
③ 이끝원 = P.C.D + (2 × M)
④ M(모듈) = 2
⑤ Z(잇수) = 50

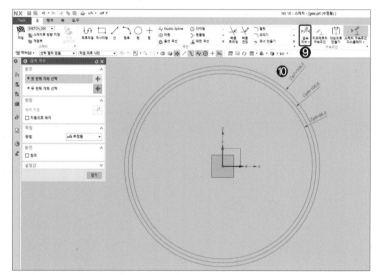

11 ╱ 을 클릭한다.

12 **Z축** 방향으로 **선**을 스케치한다.

13 ◸ 을 클릭한다.

14 **−X축**으로 임의의 **선 3개**를 생성한다.

TIP 파생선 아이콘을 빠른 접근 도구 모음에 추가한다.

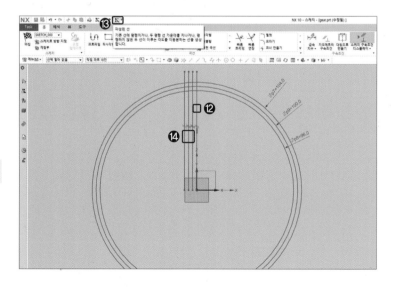

15 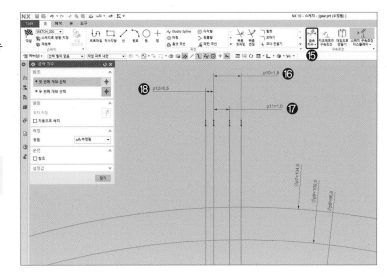 를 클릭한다.

16 중간선과 기준선 : **1.8mm**(M×0.875)로 구속한다.

17 중간선과 오른쪽선 : **1mm**(M/2)로 구속한다.

18 중간선과 왼쪽선 : **0.5mm**(M/4)로 구속한다.

> **TIP** 해당 공식은 인벌류트 기어를 작성하는 일반적인 공식이다.

19 을 클릭한다.

20 을 클릭한다.

21 ⓐ, ⓑ, ⓒ **교차점**을 지난 **인벌류트 선**을 스케치한다.

> **TIP** • '명령 빠져 나오기' 기능 키 : **Esc**

22 **이뿌리원, 이끝원, 인벌류트 선**을 제외한 나머지 선을 모두 선택한다.

23 마우스 커서를 올려놓고 을 클릭한다.

24 🔲 을 클릭한다.

25 대칭시킬 곡선에서 **인벌류트 선**을 클릭한다.

26 중심선에서 대칭 중심선의 **기준선**을 클릭한다.

27 < 확인 > 을 클릭한다.

> TIP 대칭 곡선 아이콘을 빠른 접근 도구 모음에 추가한다

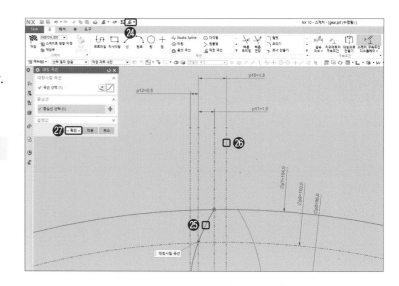

28 🔲 을 클릭한다.

29 돌출 시 불필요한 선들을 모두 **트리밍** 처리한다.

30 🏁 을 클릭한다.

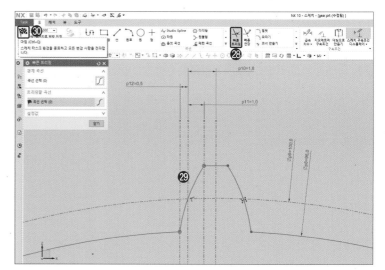

투상

기어를 작도한다.

- 측정치수 : 도면 참조

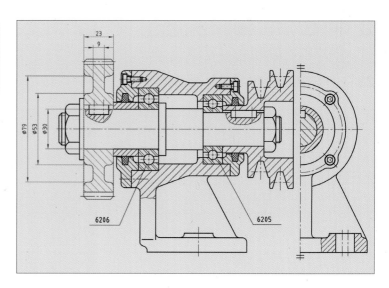

31 방향에서 [X]을 클릭한다.

32 한계에서 **거리** 값을 23mm로 입력한다.

33 부울은 [없음]으로 선택한다.

34 [< 확인 >]을 클릭한다.

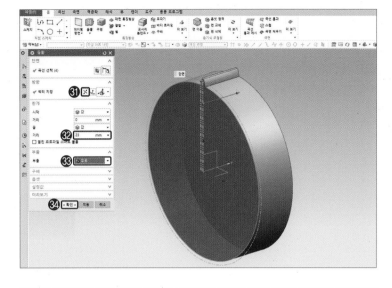

35 [🔧]을 클릭한다.

36 돌출을 선택한다.

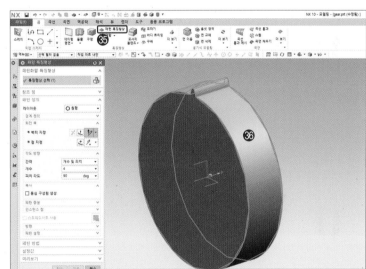

37 패턴 정의에서 **레이아웃**은 원형으로 선택한다.

38 회전 축에서 **벡터 지정**은 Y축을 입력한다.

39 각도 방향에서 개수는 50, 피치 각도 360/50을
입력한다.

40 [확인]을 클릭한다.

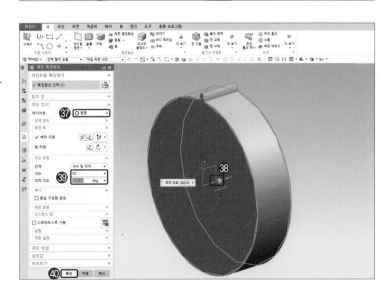

41 🔲 **결합** 을 클릭한다.

42 타겟에서 생성한 기어의 이 한 개를 클릭한다.

43 공구에서 마우스를 전체 드래그하여 나머지 49개의 이를 선택한다.

44 ◁ 확인 ▷ 을 클릭한다.

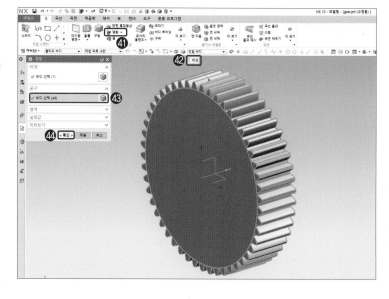

45 🔲 을 클릭한다.

46 Y, Z 평면을 클릭한다.

TIP • Zoon in/out : 마우스 스크롤

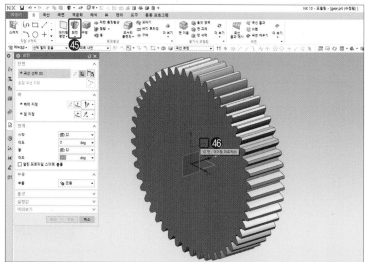

47 화면에서 마우스 오른쪽 버튼을 길게 누른 상태에서 🔲 **면 해석** 위에 커서를 옮긴 후 뗀다.

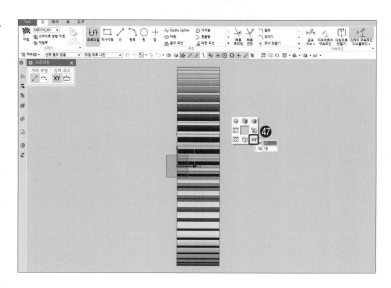

투상

기어암 부위를 작도한다.

- 측정치수 : ① 53/2 : **26.5mm**
  ② 79/2 : **39.5mm**
  ③ **7mm**

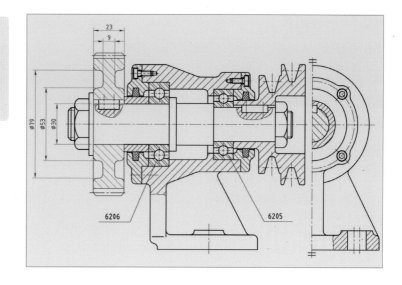

48 ☐ 을 클릭한다.

49 임의의 **사각형**을 스케치한다.

50 📷 를 클릭한다.

51 측정 **치수**를 구속한다.

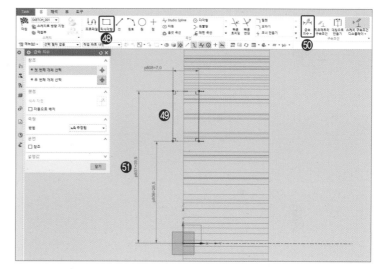

52 ⟋ 을 클릭한다.

53 ⟍ 을 클릭한다.

54 **구속할 지오메트리**에서 **구속할 개체 선택**은 Z축
을 선택하고 **구속할 대상 개체 선택**에서는 **직선**
을 선택 한다.

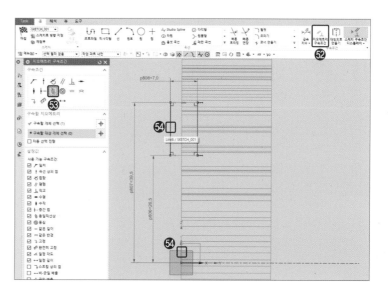

55 ▱ 을 클릭한다.

56 중심선으로 사용하기 위해 임의의 **선**을 스케치
한다.

57 ▱ 를 클릭한다.

58 Z축과 중심선을 11.5mm(23/2)로 구속한다.

59 중심선을 클릭한다.

60 마우스 커서를 올려놓고 오른쪽 버튼을 클릭
한 다음 **참조 치수로 변환**한다.

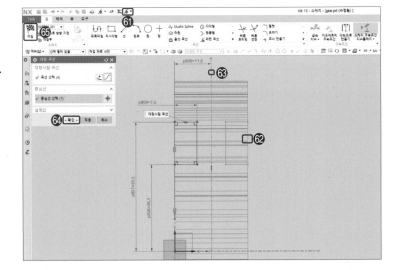

61 ▱ 을 클릭한다.

62 대칭시킬 곡선에서 **사각형**을 선택한다.

63 중심선에서 대칭 중심선의 **기준선**을 선택한다.

64 < 확인 > 을 클릭한다.

65 ▱ 을 클릭한다.

66 축에서 벡터 지정은 Y축을 클릭한다.

67 부울은 ▱ 빼기 로 변경한다.

68 < 확인 > 을 클릭한다.

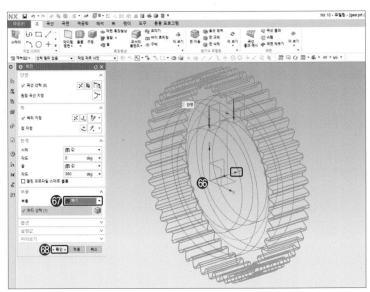

69 화면에서 마우스 오른쪽 버튼을 길게 누른 상
태에서 음영처리, 모서리 표시 위에 커서를
올린 후 땐다.

70 을 클릭한다.

71 축에서 **벡터 지정**을 클릭한다.

72 Y축을 클릭한다.

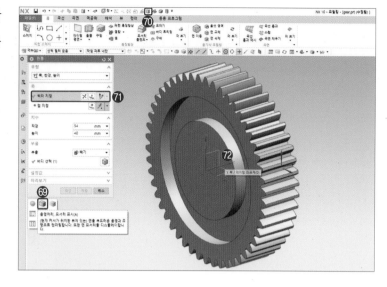

73 치수에서 **직경 30mm, 높이 30mm**를 입력한
다.

74 부울은 빼기 로 변경한다.

75 부울에서 **바디 선택**을 클릭한다.

76 확인 을 클릭한다.

> **TIP** 직경 30mm는 깊은 홈 볼베어링 6206 **내경(d)** 치수다.

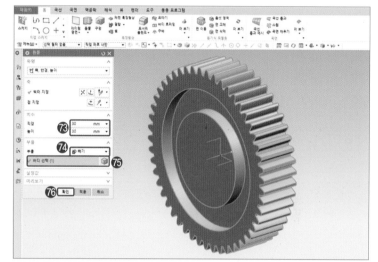

77 을 클릭한다.

78 **원통 면**을 클릭한다.

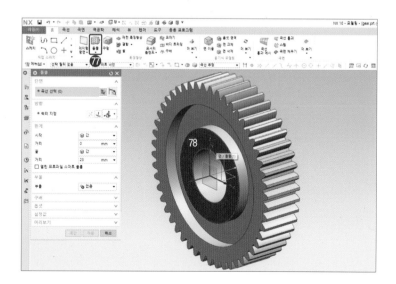

TIP 평행키 규격(KS B 1311)

• 적용치수
① 호칭치수(축) : 30mm
② t 2 : 3.3mm
③ b 2 : 8mm

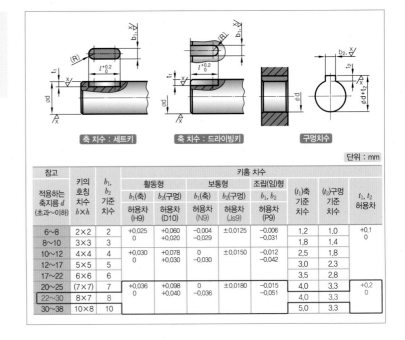

축 치수 : 세트키   축 치수 : 드라이빙키   구멍치수

단위 : mm

참고			키홈 치수							
적용하는 축지름 d (초과~이하)	키의 호칭 치수 b×h	b_1, b_2 기준 치수	활동형		보통형		조립(임)형	(t_1)축 기준 치수	(t_2)구멍 기준 치수	t_1, t_2 허용차
			b_1(축) 허용차 (H9)	b_2(구멍) 허용차 (D10)	b_1(축) 허용차 (N9)	b_2(구멍) 허용차 (Js9)	b_1, b_2 허용차 (P9)			
6~8	2×2	2	+0.025 0	+0.060 +0.020	-0.004 -0.029	±0.0125	-0.006 -0.031	1.2	1.0	+0.1 0
8~10	3×3	3						1.8	1.4	
10~12	4×4	4	+0.030 0	+0.078 +0.030	0 -0.030	±0.0150	-0.012 -0.042	2.5	1.8	
12~17	5×5	5						3.0	2.3	
17~22	6×6	6						3.5	2.8	
20~25	(7×7)	7	+0.036 0	+0.098 +0.040	0 -0.036	±0.0180	-0.015 -0.051	4.0	3.3	+0.2 0
22~30	8×7	8						4.0	3.3	
30~38	10×8	10						5.0	3.3	

79 □ 을 클릭한다.

80 임의의 **사각형**을 스케치한다.

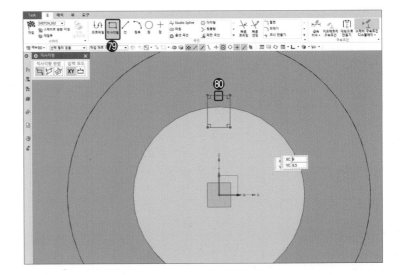

81 [아이콘]를 클릭한다.

82 다음과 같이 **평행 키 홈 규격 치수**를 구속한다.

ⓐ 30mm 구멍과 t_2 : **3.3 mm**

ⓑ Z축 과 $b_2/2$: **4mm**

ⓒ b_2 : **8mm**

83 [아이콘]을 클릭한다.

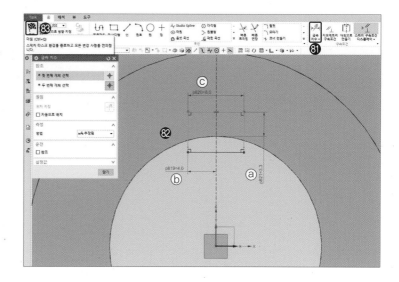

84 방향에서 [아이콘]을 클릭한다.

85 한계에서 **거리** 값을 **30mm**로 입력한다.

86 부울은 [빼기]로 변경한다.

87 < 확인 > 을 클릭한다.

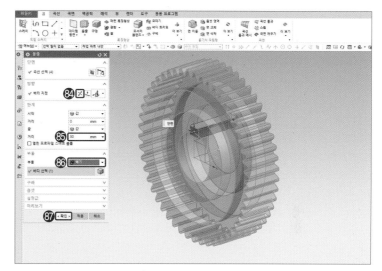

결과

평행키홈이 생성된 것을 확인할 수 있다.

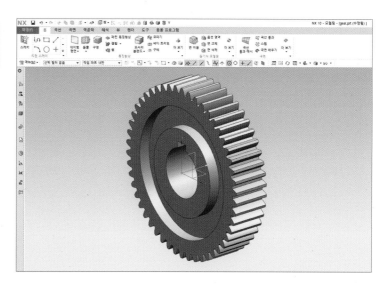

■ 스퍼기어 치형 모따기

01 ▣ 을 클릭한다.

02 **X, Z 평면**을 클릭한다.

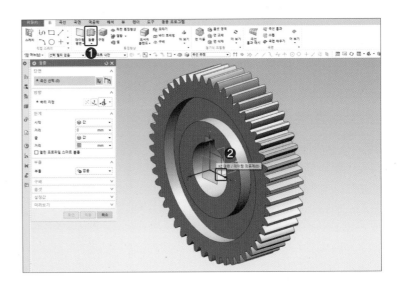

03 ◯ 을 클릭한다.

04 임의의 **원**을 스케치한다.

05 ▦ 를 클릭한다.

06 이끝원(∅104)으로 치수 구속한다.

07 ▨ 을 클릭한다.

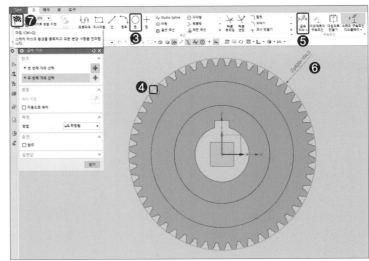

08 ▨ 을 클릭한다.

09 **거리** 값 **23mm**로 입력한다.

10 **부울**은 **없음**으로 변경한다.

11 ◁ **확인** ▷ 을 클릭한다.

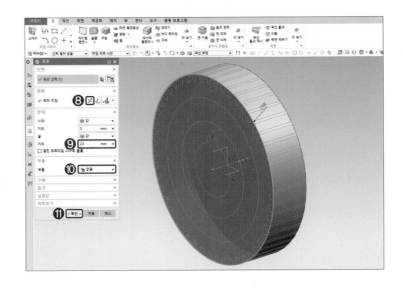

12 ⬛를 클릭한다.

13 양 끝 모서리를 클릭한다.

14 < 확인 > 을 클릭한다.

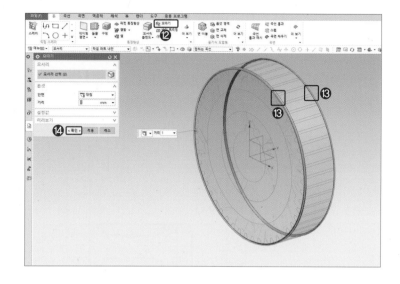

15 교차를 클릭한다.

16 타겟에서 **기어**를 클릭한다.

17 공구에서 **원통**을 클릭한다.

18 < 확인 > 을 클릭한다.

19 ⬛과 ⬛을 클릭해서 나머지 필렛 및 모따기를 처리한다.

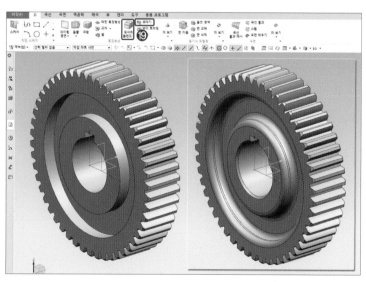

> **TIP** 필렛 및 모따기(주서 참조)
> ① 필렛 : R3
> ② 모따기 : C1

기능

질량값을 측정한다.

• 본체과정 참조

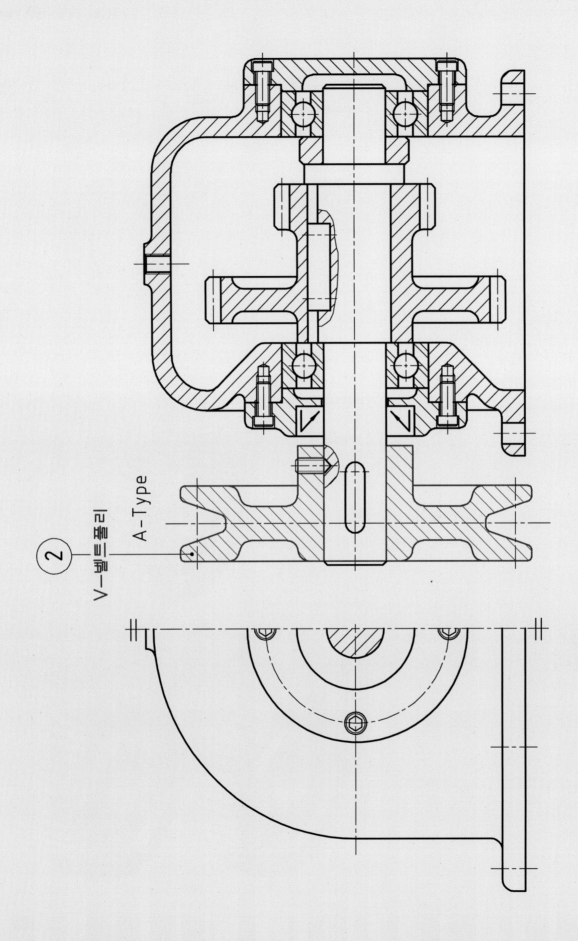

②

V—벨트풀리

A–Type

04 V-벨트풀리(V-belt Pulley)

따 · 라 · 하 · 기

01 UG를 실행하고 **새로 만들기**를 클릭한다.

02 **저장 위치**를 설정한다.

03 파일 이름을 **Vbelt**로 입력한다.

04 [확인] 을 클릭한다.

05 🛠 를 클릭한다.

06 Y, Z 평면을 클릭한다.

TIP 돌출 아이콘 밑에 있는 아래 화살표를 클릭하면 회전을 사용할 수 있다.

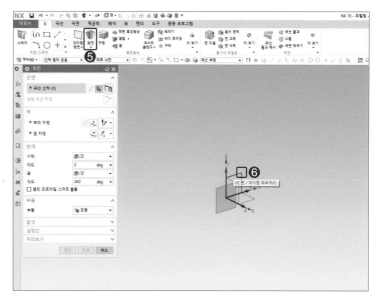

투상

V-벨트를 작도한다.

- 측정치수 : 도면 참조

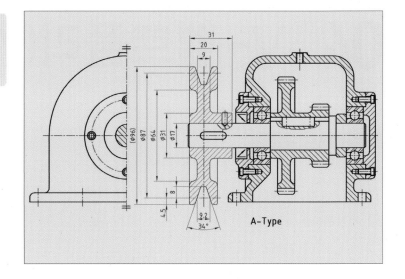

A-Type

TIP V-벨트풀리 주요 치수(KS B 1400)

① de : **96mm**

② k : **4.5mm**

③ k_0 : **8mm**

④ l_0 : **9.2mm**

⑤ f : **10mm**

※ 3D 모델링 작도 시 공차는 생략한다.

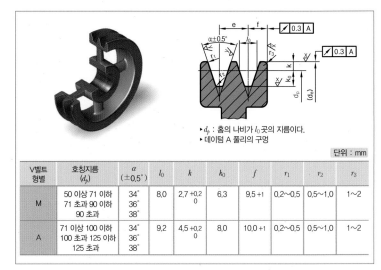

▶ d_p : 홈의 나비가 l_0곳의 지름이다.

▶ 데이텀 A 풀리의 구멍

단위 : mm

V벨트 형별	호칭지름 (d_p)	α $(\pm 0.5°)$	l_0	k	k_0	f	r_1	r_2	r_3
M	50 이상 71 이하 71 초과 90 이하 90 초과	34° 36° 38°	8.0	2.7 +0.2 0	6.3	9.5 +1	0.2~0.5	0.5~1.0	1~2
A	71 이상 100 이하 100 초과 125 이하 125 초과	34° 36° 38°	9.2	4.5 +0.2 0	8.0	10.0 +1	0.2~0.5	0.5~1.0	1~2

07 을 클릭한다.

08 임의의 **풀리 형상**을 스케치한다.

09 을 클릭한다.

10 을 클릭한다.

11 **구속할 지오메트리**에서 **구속할 개체 선택**은 **Z축**
을 선택하고 **구속할 대상 개체 선택**에서는 **직선**
을 선택한다.

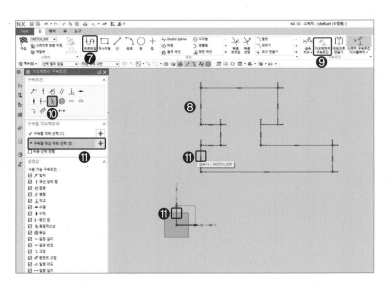

12 🔧 를 클릭한다.

13 풀리 외형의 **측정 치수**를 구속한다.

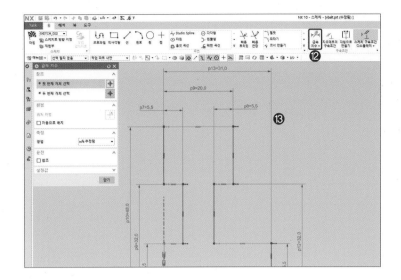

14 ✏ 을 클릭한다.

15 폭 **20mm**의 **중간점**을 클릭한다.

16 **중심선**으로 사용할 임의의 **선**을 아래로 스케치
한다.

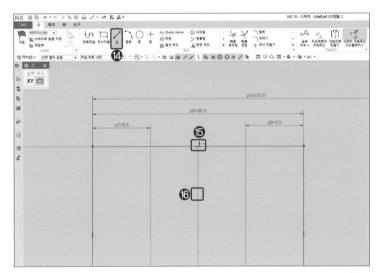

17 🔲 을 클릭한다.

18 **중심선**을 선택한다.

19 가로 방향으로 임의의 **l₀선**을 생성한다.

20 **바깥(de)선**을 선택한다.

21 세로 방향으로 임의의 **k, k₀ 선**을 생성한다.

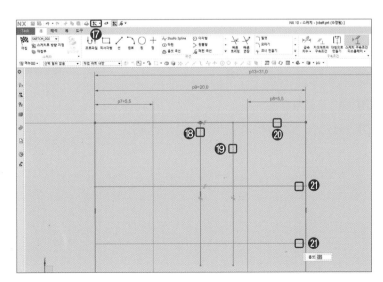

22 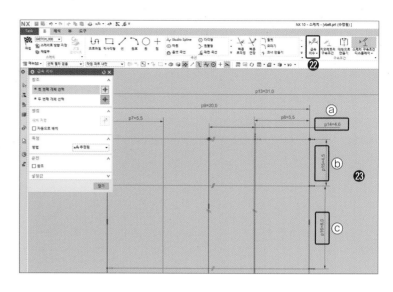 를 클릭한다.

23 **풀리 홈 치수**를 구속한다.

    ⓐ l_0 : **4.6mm**(9.2/2)

    ⓑ k : **4.5mm**

    ⓒ k_0 : **8mm**

24 을 클릭한다.

25 l_0와 k의 교차점을 클릭한다.

26 임의의 **사선**을 아래로 스케치한다.

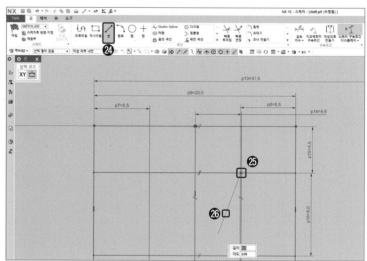

27 을 클릭한다.

28 **중심선**과 **사선**을 클릭한다.

29 **각도 34/2(17°)**로 구속한다.

30 을 클릭한다.

31 **사선**을 클릭해서 **de**와 k_0 **선**까지 연장시킨다.

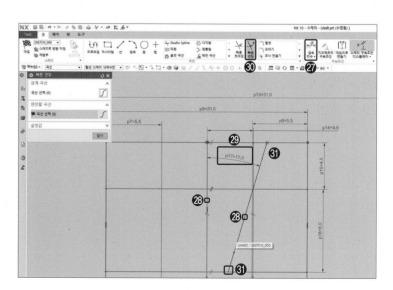

32 🔲 을 클릭한다.

33 대칭시킬 곡선에서 **사선**을 클릭한다.

34 **중심선**에서 **대칭 중심선**의 **기준선**을 클릭한다.

35 **< 확인 >** 을 클릭한다.

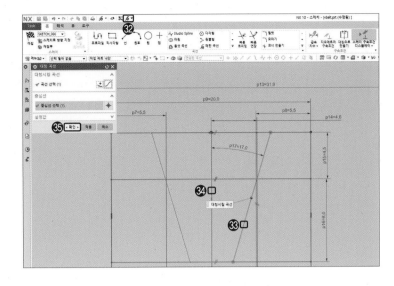

36 I_0 선과 k 선을 클릭한다.

37 마우스 커서를 올려놓고 오른쪽 버튼을 클릭한 다음 **참조 치수로 변환**한다.

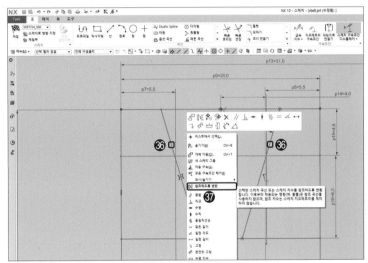

38 🔲 을 클릭한다.

39 불필요한 선을 **트리밍**한다.

40 🏁 을 클릭한다.

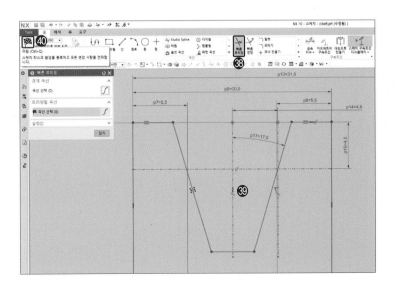

41 Y축을 클릭한다.

42 < 확인 > 을 클릭한다.

TIP 한계에서 끝 각도는 기본 360도로 설정되어 있다.

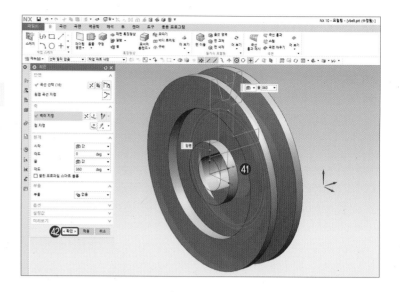

결과

1차적으로 풀리 외형이 생성된 것을 확인할 수 있다.

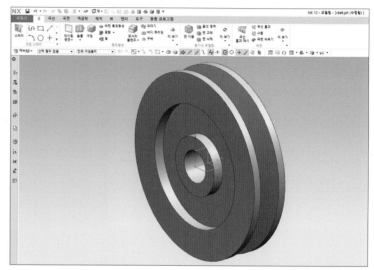

투상

멈춤나사 홈부를 작도한다.

• 측정치수 : 홈 위치 25mm

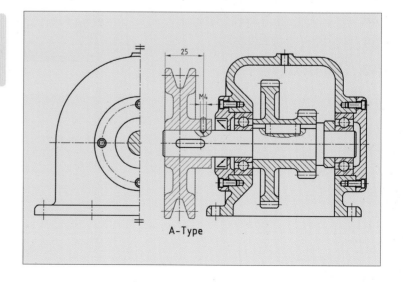

43 □ 을 클릭한다.

44 X, Y 평면을 클릭한다.

45 옵셋에서 거리 값을 31/2로 입력한다.

46 < 확인 > 을 클릭한다.

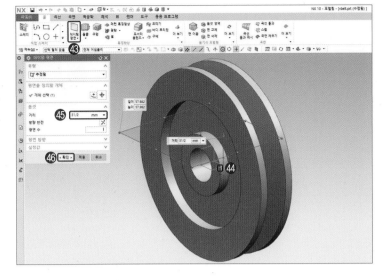

47 ▣ 을 클릭한다.

48 데이텀 평면을 클릭한다.

TIP 멈춤나사 치수 구속 시 점과 X좌표를 구속한다.
기존에 생성된 점은 삭제한다.

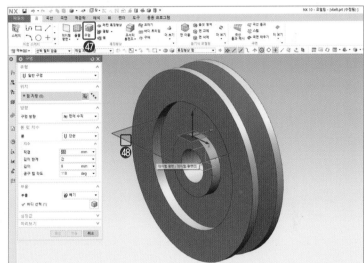

49 풀리 위에 임의의 위치에 점을 생성한다.

50 을 클릭한다.

51 멈춤나사 홈 위치 측정 치수 25mm로 구속한다.

52 을 클릭한다.

53 구속조건 을 클릭한다.

54 구속할 지오메트리에서 구속할 개체 선택은 Y축
을 선택하고 구속할 대상 개체 선택에서는 축을
선택한다.

55 을 클릭한다.

TIP 멈춤나사 치수 구속 시 점과 X좌표를 구속한다.
기존에 생성된 점은 삭제한다.

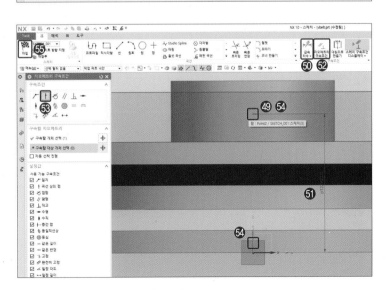

TIP 멈춤나사 규격을 적용한다.
- 호칭치수 : M4

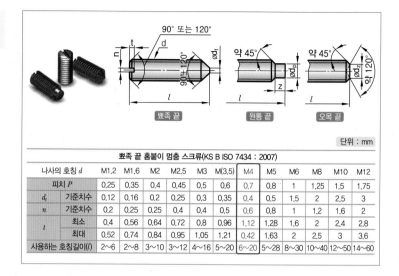

단위 : mm

뾰족 끝 홈붙이 멈춤 스크류(KS B ISO 7434 : 2007)

나사의 호칭 d		M1.2	M1.6	M2	M2.5	M3	M(3,5)	M4	M5	M6	M8	M10	M12
피치 P		0.25	0.35	0.4	0.45	0.5	0.6	0.7	0.8	1	1.25	1.5	1.75
d_t	기준치수	0.12	0.16	0.2	0.25	0.3	0.35	0.4	0.5	1.5	2	2.5	3
n	기준치수	0.2	0.25	0.25	0.4	0.4	0.5	0.6	0.8	1	1.2	1.6	2
t	최소	0.4	0.56	0.64	0.72	0.8	0.96	1.12	1.28	1.6	2	2.4	2.8
	최대	0.52	0.74	0.84	0.95	1.05	1.21	0.42	1.63	2	2.5	3	3.6
사용하는 호칭길이(l)		2~6	2~8	3~10	3~12	4~16	5~20	6~20	5~28	8~30	10~40	12~50	14~60

56 폼 및 치수에서 **직경 3.3mm, 깊이 15mm**를 입력한다.

57 부울은 [빼기]로 변경한다.

58 부울에서 **바디 선택**을 클릭한다.

59 [< 확인 >]을 클릭한다.

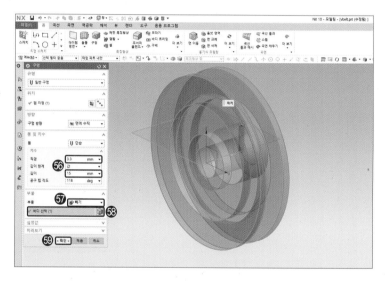

60 [⬛]을 클릭한다.

61 스레드 유형을 **상세**로 변경한다.

62 **볼트 구멍**을 클릭한다.

63 **데이텀 평면**을 클릭한다.

64 [확인]을 클릭한다.

TIP 회전 : 마우스 스크롤

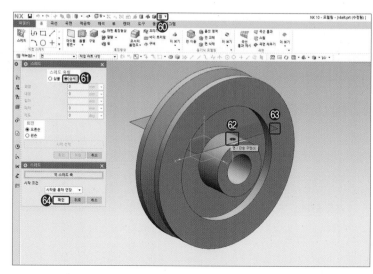

65 길이(깊이)를 15mm로 입력한다.

66 확인 을 클릭한다.

67 데이텀 평면을 숨긴다.

> TIP 데이텀 평면 숨기는 방법
> ① Ctrl + W → 데이텀 평면 숨기기(–) 클릭
> ② 데이텀 평면에서 마우스 우측 버튼 클릭 → 숨기기

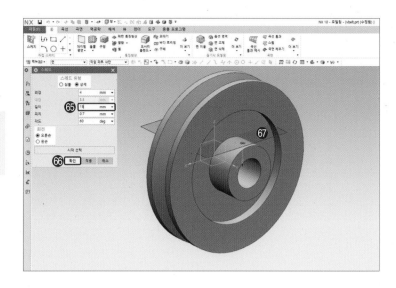

68 🗖 을 클릭한다.

69 원통의 평면을 클릭한다.

> TIP • 사투상도 View : Home
> • 등각투상 View : End

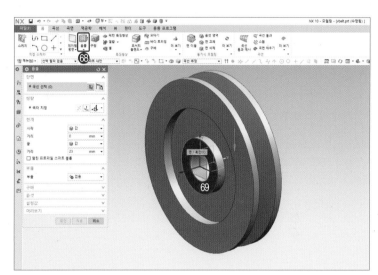

> TIP 평행키 규격(KS B 1311)
> • 적용치수
> ① 호칭치수(축) : 17mm
> ② t 2 : 2.3 mm
> ③ b 2 : 5mm

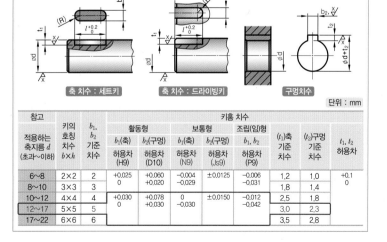

| 축 치수 : 세트키 | 축 치수 : 드라이빙키 | 구멍치수 |

단위 : mm

참고			키홈 치수						
적용하는 축지름 d (초과~이하)	키의 호칭 치수 b×h	b_1, b_2 기준 치수	활동형		보통형		조립(임)형	(t_1)축 기준 치수	(t_2)구멍 기준 치수	t_1, t_2 허용차
			b_1(축) 허용차 (H9)	b_2(구멍) 허용차 (D10)	b_1(축) 허용차 (N9)	b_2(구멍) 허용차 (Js9)	b_1, b_2 허용차 (P9)			
6~8	2×2	2	+0.025 0	+0.060 +0.020	−0.004 −0.029	±0.0125	−0.006 −0.031	1.2	1.0	+0.1 0
8~10	3×3	3						1.8	1.4	
10~12	4×4	4	+0.030 0	+0.078 +0.030	0 −0.030	±0.0150	−0.012 −0.042	2.5	1.8	
12~17	5×5	5						3.0	2.3	
17~22	6×6	6						3.5	2.8	

70 ☐ 을 클릭한다.

71 임의의 **사각형**을 스케치한다.

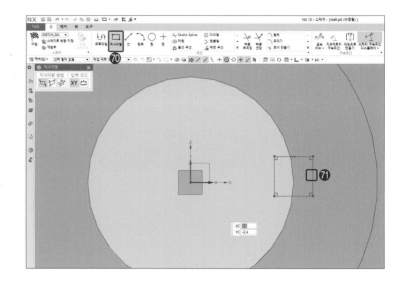

72 ⚡ 을 클릭한다.

73 다음과 같이 평행 키 홈 규격 치수를 구속한다.

ⓐ 17mm 구멍과 t_2 : **2.3mm**

ⓑ X축과 $b_2/2$: **2.5mm**

ⓒ b_2 : **5mm**

74 🏁 을 클릭한다.

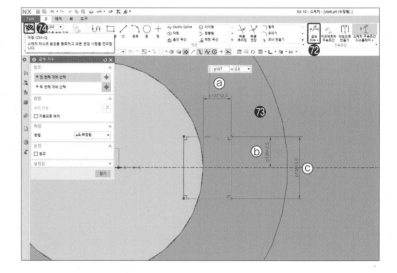

75 **방향**에서 ✗ 을 클릭한다.

76 **한계**에서 **거리 40mm**로 입력한다.

77 **부울**은 🔘 **빼기** 로 변경한다.

78 < 확인 > 을 클릭한다.

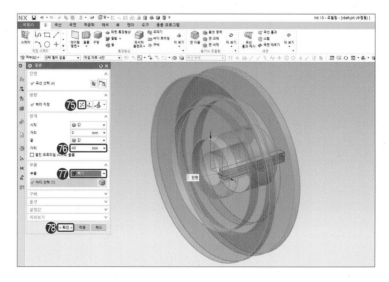

결과

평행키홈이 생성된 것을 확인할 수 있다.

TIP • 사투상도 View : Home

• 등각투상 View : End

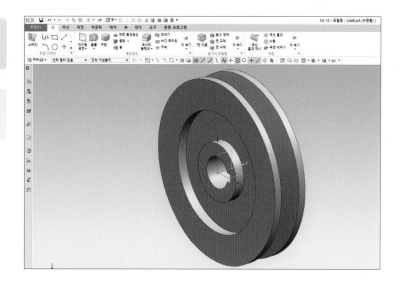

79 과 을 클릭해서 필렛 및 모따기를 처리한다.

TIP 필렛 및 모따기(주서 참조)
① 필렛 : R3(필렛처리가 안 될 경우 R2)
② 모따기 : C1
③ V벨트 홈 필렛 : r1, r2 = 0.5, r3 = 1

기능

질량값을 측정한다.

• 본체과정 참조

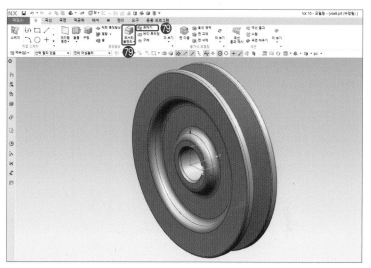

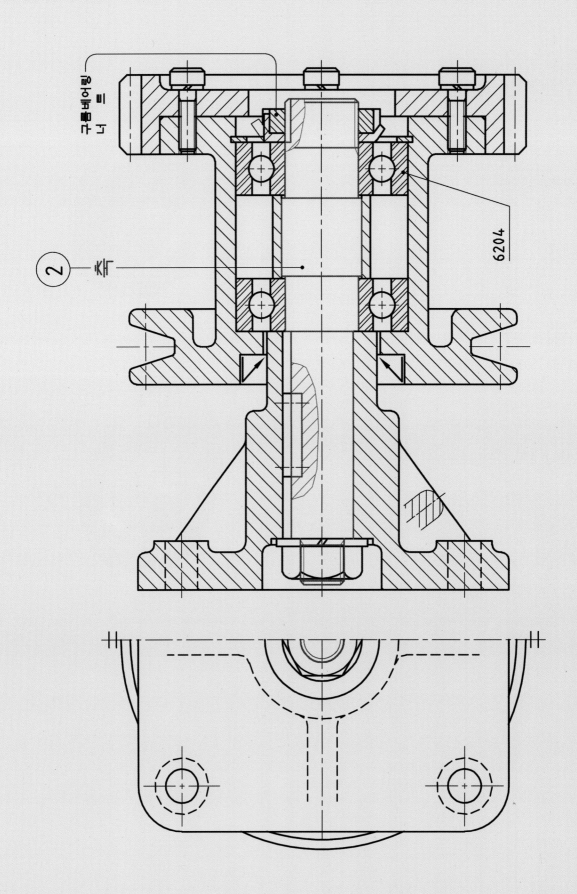

구름베어링
너트

6204

②

05 | 축(Shaft)

따 · 라 · 하 · 기

01 UG를 실행하고 **새로 만들기**를 클릭한다.

02 **저장 위치**를 설정한다.

03 파일 이름을 Shaft로 입력한다.

04 [확인] 을 클릭한다.

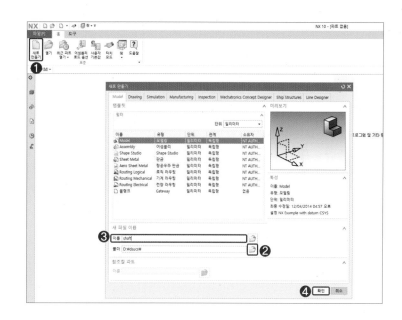

투상

축을 작도한다.

• 측정치수 : 도면 참조

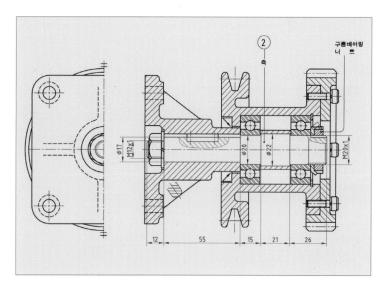

05 🔾 을 클릭한다.

06 **축**에서 **점 지정**은 원점(0,0)을 클릭한다.

07 **축**에서 **벡터 지정**을 선택하고 **X축**을 클릭한다.

08 **치수**에서 **직경 12mm, 높이**(길이) 12mm를 입력한다.

09 적용 을 클릭한다.

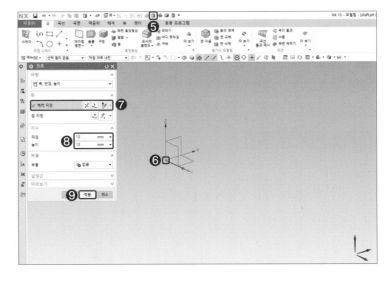

10 **원통**의 **모서리**를 클릭한다.

11 **축**에서 **벡터 지정**을 선택하고 **X축**을 클릭한다.

12 **치수**에서 **직경 17mm, 높이**(길이) 55mm를 입력한다.

13 적용 을 클릭한다.

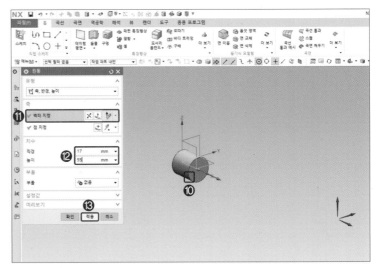

기능

도면을 보고 동일한 방법으로 축의 외형을 생성한다.

TIP 마지막 원통은 확인 을 클릭한다.

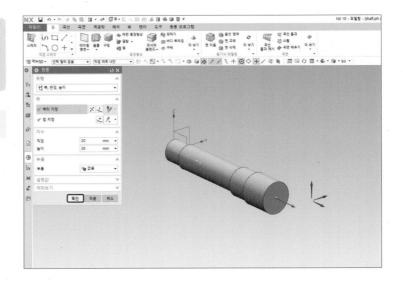

14 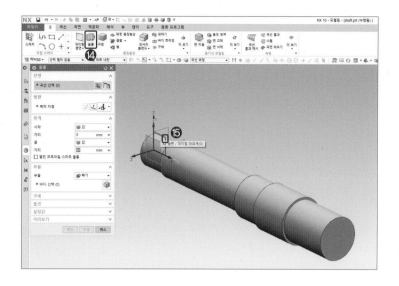 을 클릭한다.

15 X, Z **평면**을 클릭한다.

투상

축의 평행키 홈 부위를 작도한다.

• 측정치수 : 도면 참조

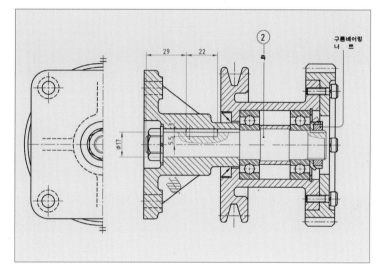

TIP 평행키 규격(KS B 1311)

• 적용치수

① 호칭치수(축) : **17mm**

② t 1 : **3mm**

③ b1 : **5mm**

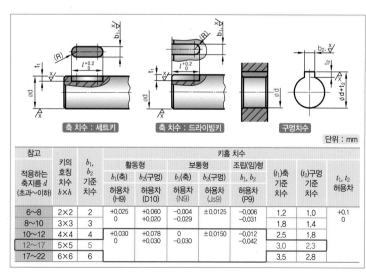

참고			키홈 치수							
적용하는 축지름 d (초과~이하)	키의 호칭 치수 $b×h$	$b_1,$ b_2 기준 치수	활동형		보통형		조립(임)형	(t_1)축 기준 치수	(t_2)구멍 기준 치수	t_1, t_2 허용차
			b_1(축) 허용차 (H9)	b_2(구멍) 허용차 (D10)	b_1(축) 허용차 (N9)	b_2(구멍) 허용차 (Js9)	b_1, b_2 허용차 (P9)			
6~8	2×2	2	+0.025 0	+0.060 +0.020	−0.004 −0.029	±0.0125	−0.006 −0.031	1.2	1.0	+0.1 0
8~10	3×3	3						1.8	1.4	
10~12	4×4	4	+0.030 0	+0.078 +0.030	0 −0.030	±0.0150	−0.012 −0.042	2.5	1.8	
12~17	5×5	5						3.0	2.3	
17~22	6×6	6						3.5	2.8	

16 ▭ 을 클릭한다.

17 임의의 **사각형**을 스케치한다.

18 를 클릭한다.

19 **측정 치수**를 구속한다.

    ⓐ Z축 ⇨ 키 홈 끝 : 29mm

    ⓑ 키 홈 길이 : 22mm

    ⓒ X축 ⇨ t_1 : 5.5mm

20 을 클릭한다.

> **TIP** 평행키 단품길이는 규격이 따로 정해져 있다. 실무에서는 해당 규격을 적용한다. 그러나 자격검정에서는 자로 측정한 값을 적용한다.

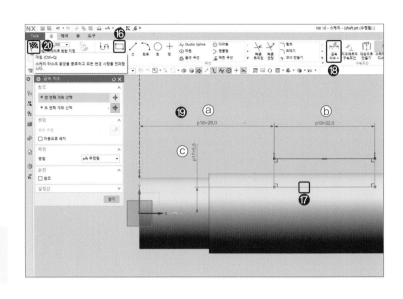

21 한계에서 **끝**을 **대칭 값**으로 변경한다.

22 한계에서 **거리**는 2.5mm로 입력한다.

23 **부울**은 빼기 로 변경한다.

24 **바디 선택**은 키 홈을 생성할 **축단 원통**을 클릭한다.

25 적용 을 클릭한다.

> **TIP** 한계에서 거리를 대칭값으로 변경한 이유는 b1 값이 5mm이기 때문이다.

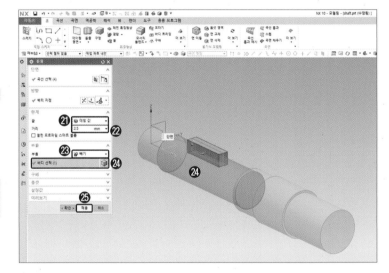

투상

로크너트 홈을 작도한다.

• 측정치수 : 도면 및 규격 참조

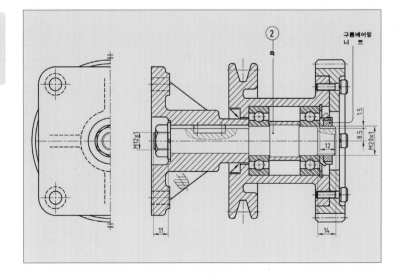

168

TIP 로크너트 KS규격(KS B 2004)
① 나사호칭 : M20×1
② f1 : 4mm
③ M : 18.5mm

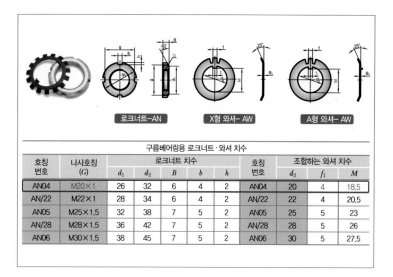

로크너트–AN   X형 와셔– AW   A형 와셔– AW

호칭 번호	나사호칭 (G)	로크너트 치수					호칭 번호	조합하는 와셔 치수		
		d_1	d_2	B	b	h		d_3	f_1	M
AN04	M20×1	26	32	6	4	2	AN04	20	4	18.5
AN/22	M22×1	28	34	6	4	2	AN/22	22	4	20.5
AN05	M25×1.5	32	38	7	5	2	AN05	25	5	23
AN/28	M28×1.5	36	42	7	5	2	AN/28	28	5	26
AN06	M30×1.5	38	45	7	5	2	AN06	30	5	27.5

구름베어링용 로크너트·와셔 치수

26 X, Z 평면을 클릭한다.

TIP 명령을 빠져나왔다면 ▯ 을 클릭한 후 X, Z 평면을 클릭한다.

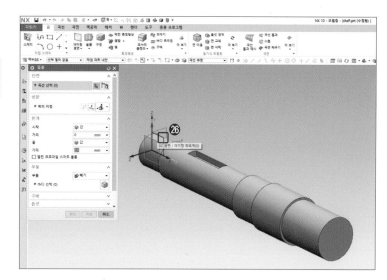

27 ▯ 을 클릭한다.

28 임의의 **사각형**을 스케치한다.

TIP 곡선 투영
스케치 평면상에서 선을 투영해 기준선을 만들 때 사용한다.

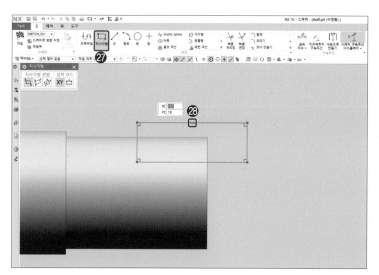

29 ⌷ 를 클릭한다.

30 **측정 치수**를 구속한다.

31 ⌷ 을 클릭한다.

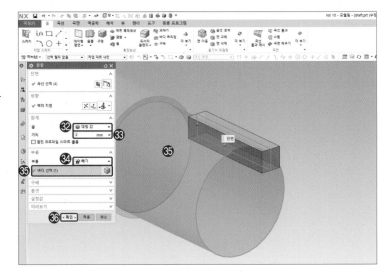

32 한계에서 **끝**을 **대칭 값**으로 변경한다.

33 한계에서 **거리**를 **2mm**로 입력한다.

34 **부울**은 ⌷ **빼기** 로 변경한다.

35 **바디 선택**은 로크너트 홈을 생성할 **축단 원통**을 클릭한다.

36 ⌷ **확인** 을 클릭한다.

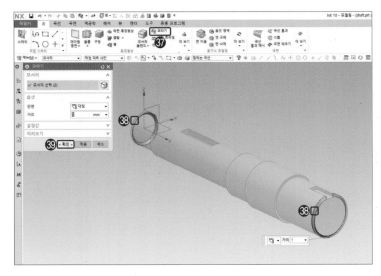

37 ⌷ 을 클릭한다.

38 축의 **양끝단 선**을 클릭한다.

39 ⌷ **확인** 을 클릭한다.

> **TIP** 축 양끝단 모따기 값은 C1이다.

40 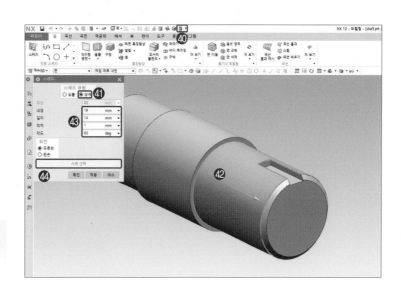을 클릭한다.

41 **스레드 유형**을 **상세**로 변경한다.

42 **로크너트 홈**이 생성된 **원통**을 클릭한다.

43 **측정 치수**를 입력한다.

ⓐ 내경 : 19mm

ⓑ 피치 : 1mm

ⓒ 길이 : 14mm

44 **시작 선택**을 클릭한다.

> TIP ① 길이 : 도면의 완전 나사부(자로 측정)
> ② 내경 : 미터 가는 나사의 골지름

45 **원통의 측면**을 클릭한다.

46 확인 을 클릭한다.

47 확인 을 클릭한다.

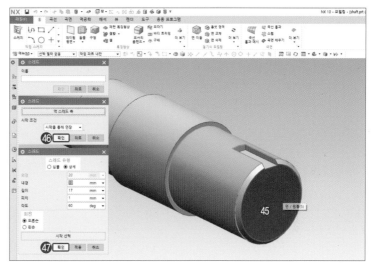

결과 1

로크너트 홈에 수나사가 생성된 것을 확인할 수 있다.

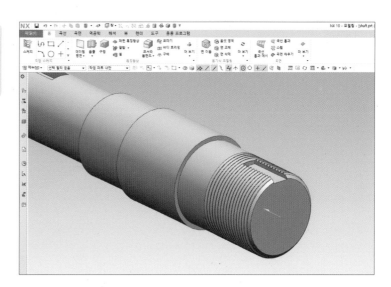

48 축을 회전시킨 다음 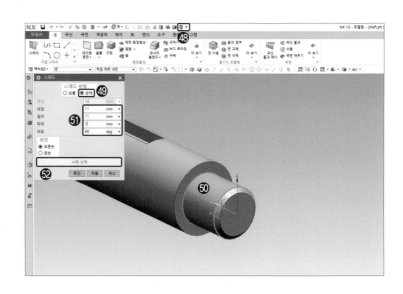 을 클릭한다.

49 스레드 유형을 **상세**로 변경한다.

50 원통을 클릭한다.

51 **측정 치수**를 입력한다.

    ⓐ 내경 : 11mm

    ⓑ 피치 : 1mm

    ⓒ 길이 : 11mm

52 **시작 선택**을 클릭한다.

53 원통의 **측면**을 클릭한다.

54 확인 을 클릭한다.

55 확인 을 클릭한다.

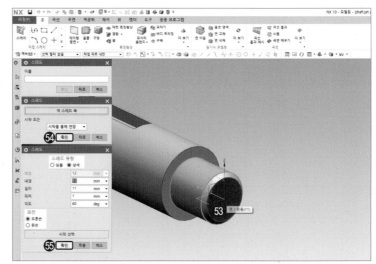

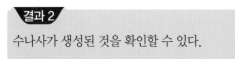

결과 2

수나사가 생성된 것을 확인할 수 있다.

TIP
• 사투상도 View : Home

• 등각투상 View : End

• 전체화면 : Ctrl + F

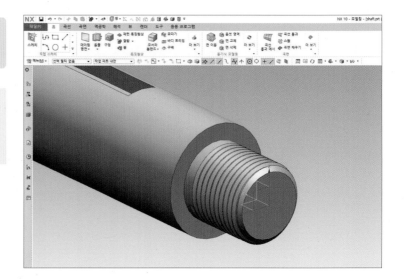

56 을 클릭한다.

57 타겟에서 **첫 번째 원통**을 클릭한다.

58 공구에서 **나머지 원통**을 모두 클릭한다.

59 **< 확인 >** 을 클릭한다.

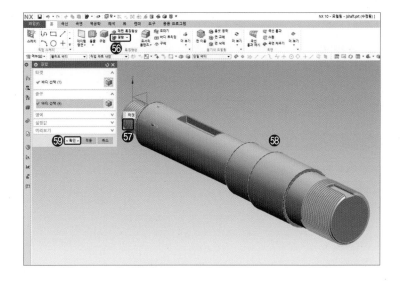

60 및 을 클릭하여 필렛 및 모따기를 처리한다.

> **TIP** 필렛 및 모따기(주서 참조)
> - 필렛
>   ① 키홈 : R2.5
>   ② 로크너트 홈 : R2
> - 모따기 : C0.2 ~ C1

기능

질량값을 측정한다.

- 본체과정 참조

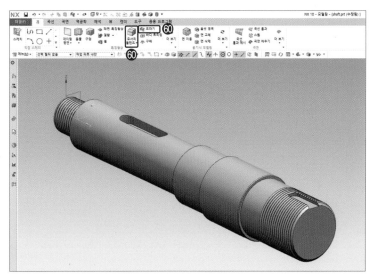

06 | 편심 축(Cam_Shaft)

기능

새로 만들기 과정은 생략하고 편심축 생성과정만
설명하겠다.

01 🗄 을 클릭한다.

02 **축**에서 **점 지정**은 원점(0,0)을 클릭한다.

03 **축**에서 **벡터 지정**을 선택하고 **X축**을 클릭한다.

04 **치수**에서 **직경 20mm**, **높이**(길이) **15mm**를 입
력한다.

05 [적용] 을 클릭한다.

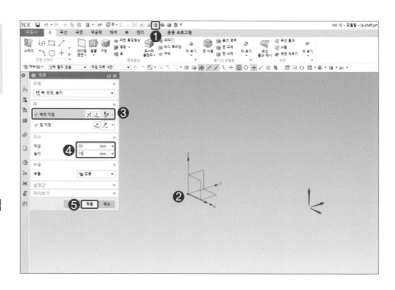

06 **축**에서 ⊞ 을 클릭한다.

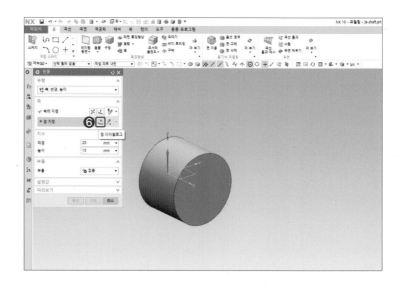

07 원통의 **모서리**를 클릭한다.

08 **좌표**에서 ZC 값을 −2mm로 입력한다.

09 확인 을 클릭한다.

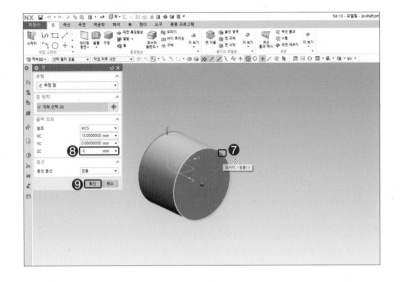

10 축에서 **벡터 지정**을 선택한다.

11 **파란색** 좌표 X축을 클릭한다.

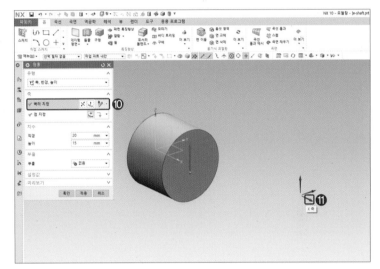

12 치수에서 **직경 24mm, 높이**(길이) **15mm**를 입력한다.

13 **부울**은 없음 으로 변경한다.

14 적용 을 클릭한다.

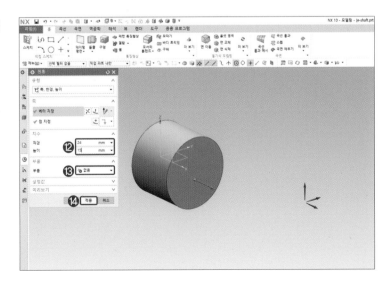

15 축에서 🔁 을 클릭한다.

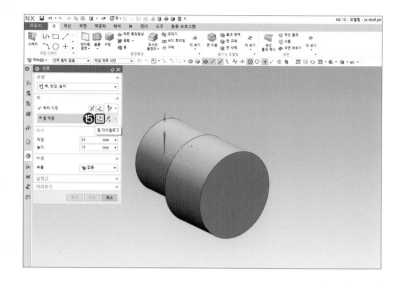

16 원통의 **모서리**를 클릭한다.

17 **좌표**에서 ZC값을 0mm로 입력한다.

18 확인 을 클릭한다.

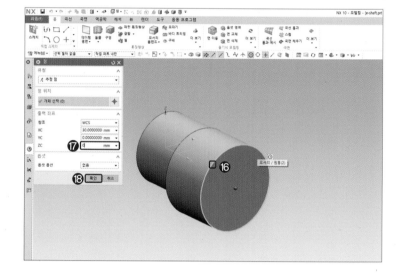

19 축에서 **벡터 지정**을 선택한다.

20 **파란색** 좌표 X축을 클릭한다.

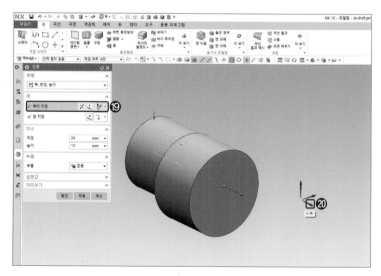

21 치수에서 **직경 20mm, 높이**(길이) **15mm**를 입력한다.

22 부울은 없음 으로 변경한다.

23 확인 을 클릭한다.

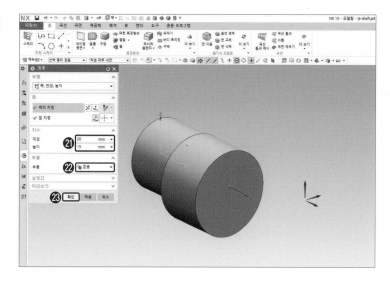

24 을 클릭해서 모두 결합한다.

결과

편심축이 생성된 것을 확인할 수 있다. 과제도면에서 편심축은 작업과정으로 작도하면 된다.

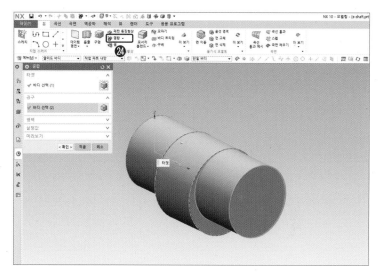

■ 센터 파내기

01 축 끝에 센터 모양을 파기 위해 ◭ 을 클릭한다.

02 **축**에서 **벡터 지정**은 **축의 모서리**를 클릭한다.

03 ✖ 를 클릭한다.

04 **치수**에서

　① 기준 직경 : **4.25mm**

　② 윗면 직경 : **0**

　③ 높이 : **4mm**

05 **부울**은 ⛁ **빼기** 으로 변경한다.

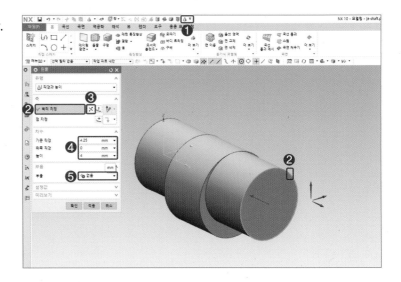

06 **바디 선택**을 센터를 파낼 **축단**을 클릭한다.

07 ⬜ **확인** 을 클릭한다.

> **TIP 1** KS A ISO 6411-A2/4.25란
>
> ① A형 60°센터
>
> ② 센터지름 : 2mm
>
> ③ 카운터싱크 지름 : 4.25mm

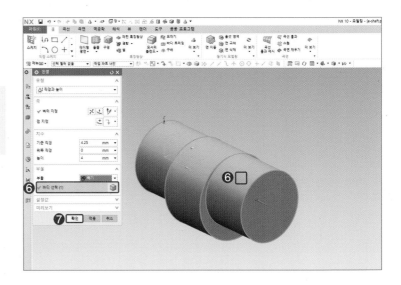

TIP 2 1. 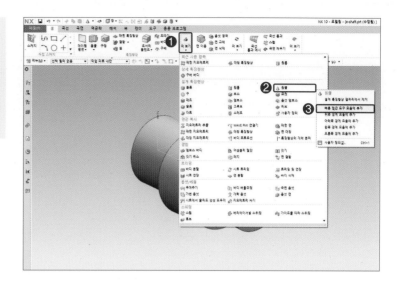 이 없을 경우 꺼내는 방법

① ▪ (도구 모음 옵션) 클릭

② 버튼 추가 또는 제거 → 특징형상 클릭

2. 원뿔을 클릭한다.

3. 툴바가 안 보일 경우 마우스를 클릭해서 옆으로 이
동시킨다.

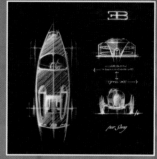

3D 및 2D
부품도 배치

BRIEF SUMMARY

이 장에서는 기계기사/산업기사/기능사 실기시험에서 제출해야 할 3D 부품을 PDF 파일로 출력하는 방법과, 2D 부품을 AutoCAD 파일 형식인 dwg로 내보는 과정을 상세하게 따라 해 보도록 하겠다.

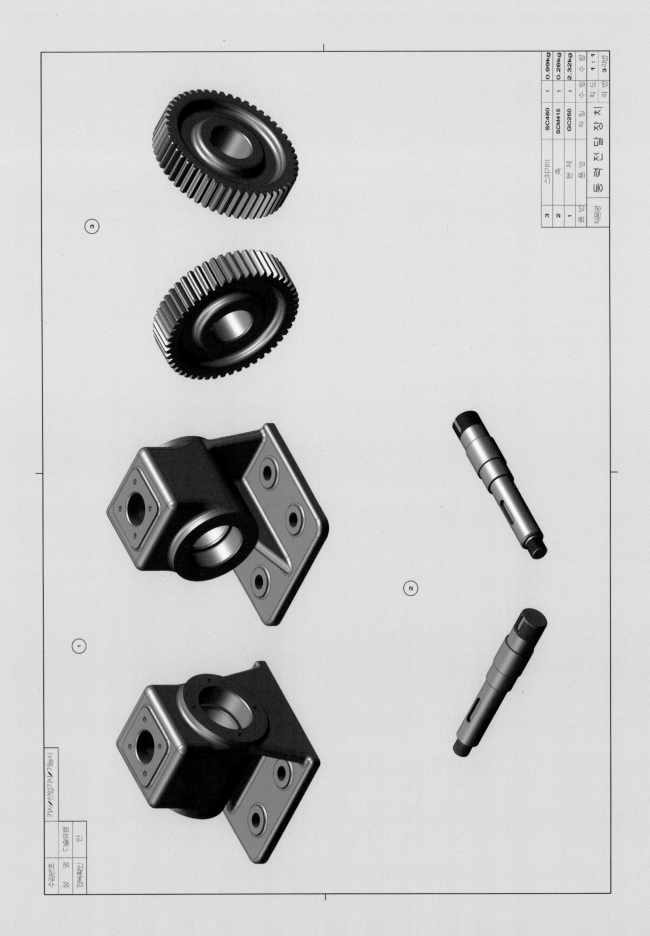

01 | 3D 부품도 배치

■ 도면 틀 작성하기

01 UG를 실행하고 **열기**를 클릭한다.

02 **파일 형식(T)**에서 **(*.dwg)**를 선택한다.

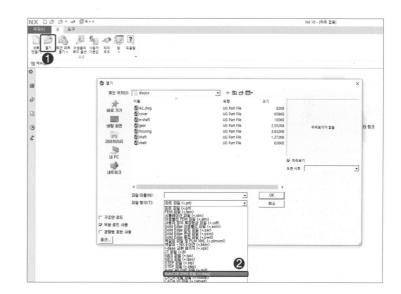

03 미리 작성한 **도면 틀**을 선택한다.

04 ☐ **OK** ☐ 를 클릭한다.

> **TIP** ① CAD에서 도면틀 저장 시
> • AutoCAD2007 이하로 저장한다.
> ② 3d용 도면 사이즈
> • 기설계산업기사 : A2(594×420)
> • 기계기사/기능사 : A3(420×297)

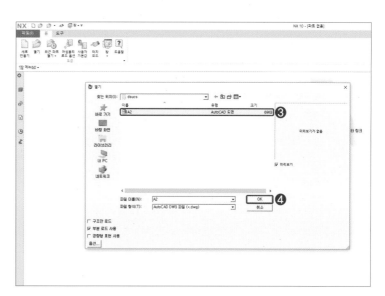

05 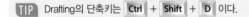 를 클릭한다.

06 테스트 가로 세로 비율을 **DXF/DWG 폭 계수 사용**으로 변경한다.

07 NX 폰트를 전체 **굴림**으로 변경한다.

08 마침 을 클릭한다.

TIP 폰트를 굴림으로 설정해야 글자 깨짐을 방지할 수 있다.

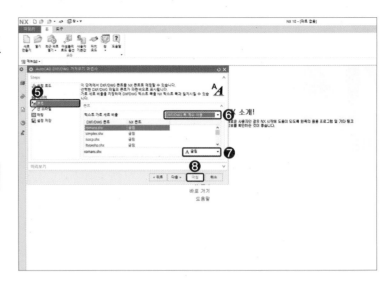

09 Ctrl + F (전체화면 표시)를 누른다.

10 파일(F) ⇨ 시작에서 Drafting(D)을 클릭한다.

11 시트에서 취소 를 클릭한다.

TIP Drafting의 단축키는 Ctrl + Shift + D 이다.

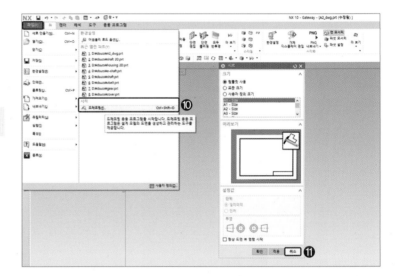

12 Ctrl + A (도면 틀 전체 선택)를 누른다.

13 메뉴(M) ⇨ 편집(E) ⇨ 개체 디스플레이 편집(J)를 클릭한다.

TIP 개체 디스플레이 편집(J)의 단축키는 Ctrl + J 이다.

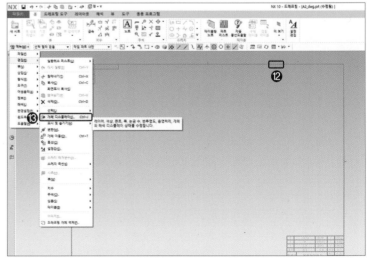

14 기본에서 **색상**을 **검은색**으로 변경한다.

15 기본에서 **폭**은 0.13mm로 변경한다.

16 적용 을 클릭한다.

17 새 개체 선택을 클릭한다.

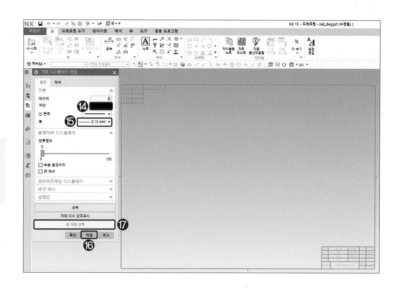

TIP 각 선들의 굵기는 아래 내용을 참조한다.
  • 윤곽선 : 0.25mm
  • 외형선, 중심마크 : 0.18mm
  • 그 외의 선 : 0.13mm

18 중심마크(4개)를 선택한다.

19 수검란에 **외형선** 부분을 선택한다.

20 표제란에 **외형선** 부분 및 **글자**를 선택한다.

21 확인 을 클릭한다.

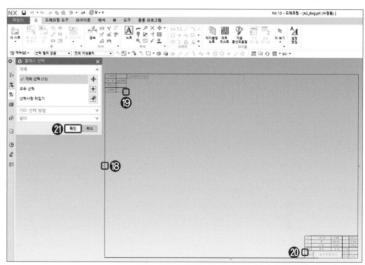

TIP • 평면 View : Ctrl + Alt + T
  • 정면 View : Ctrl + Alt + F
  • 우측 View : Ctrl + Alt + R
  • 좌측 View : Ctrl + Alt + L

22 기본에서 **폭**은 0.18mm로 변경한다.

23 적용 을 클릭한다.

24 새 개체 선택을 클릭한다.

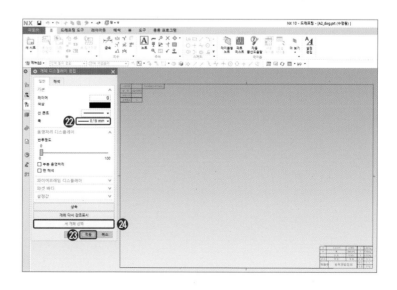

25 **윤곽선**을 선택한다.

26 확인 을 클릭한다.

27 **기본**에서 **폭**은 **0.25mm**로 변경한다.

28 확인 을 클릭한다.

> **TIP** ① 이동(P)
> • 마우스 휠 + 마우스 오른쪽 버튼
> • 화면에서 마우스 오른쪽 버튼 ⇨ **이동(P)**
> ② 이동(P) 기능 사용 중 화면이 회전될 때 조치사항
> • 화면에서 마우스 오른쪽 버튼 ⇨ **뷰 교체(V)** ⇨ **위쪽(T)**

29 수검란, 표제란, 부품란에서 문자가 깨지거나 **폭 비율**이 맞지 않는 글자는 마우스 왼쪽 버튼으로 더블 클릭한다.

30 **포맷팅**에서 문자를 **수정** 또는 **폭 비율**을 조율한다.

31 닫기 를 클릭한다.

> **TIP** AutoCAD에서 수검란, 표제란, 부품란을 작성할 때 **굴림체**를 사용하면 문자의 깨짐 현상을 방지할 수 있다.

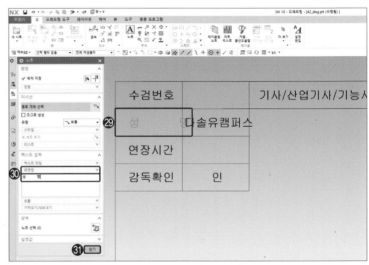

32 **포맷팅**에서 수정한 **문자의 폭 비율**을 확인할 수 있다.

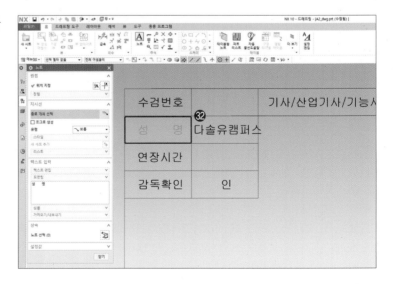

33 수검란에 문자 중 폭이 안맞는 문자를 클릭한다.

34 마우스 오른쪽 버튼을 클릭한다.

35 **설정값**을 클릭한다.

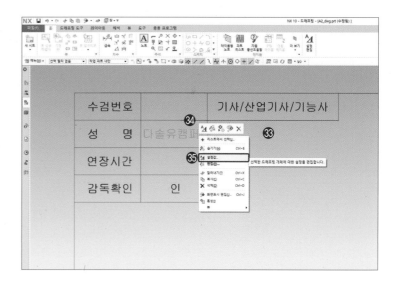

36 가로 세로 비율을 0.9로 수정한다.

37 닫기 를 클릭한다.

TIP ① 가로 세로 비율은 알맞게 수정한다.
② 문자가 틀 밖으로 나오면 문자를 마우스 왼쪽 버튼을 클릭한 상태에서 중앙으로 배치한다.

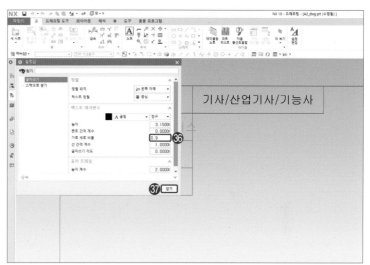

38 표제란에서 **틀 밖**으로 나온 **문자**와 **중심이 안맞는 문자**를 클릭한다.

39 선택된 문자를 마우스 왼쪽 버튼을 클릭한 상태에서 정렬시키고 중앙으로 배치시킨다.

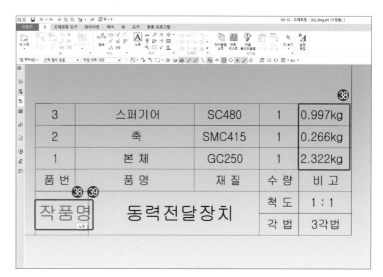

40 중앙으로 배치된 것을 확인할 수 있다.

TIP ① 선들이 함께 선택되면 Shift 키를 누른 상태에서 선택 해제한다.

② 문자가 틀 밖으로 나오면 문자를 마우스 왼쪽 버튼을 클릭한 상태에서 중앙으로 배치한다.

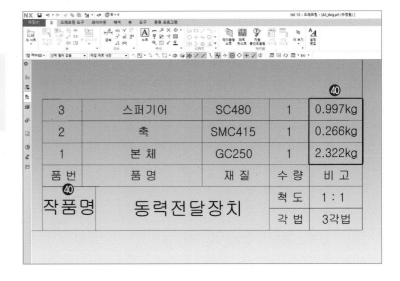

품 번	품 명	재 질	수 량	비 고
3	스퍼기어	SC480	1	0.997kg
2	축	SMC415	1	0.266kg
1	본 체	GC250	1	2.322kg
품 번	품 명	재 질	수 량	비 고

작품명	동력전달장치	척 도	1 : 1
		각 법	3각법

■ 3D 모델링 배치

01 🔲 을 클릭한다.

02 **표준 크기**를 클릭한다.

03 용지의 **크기** : A2

04 **배율** : 1:1

05 확인 을 클릭한다.

> **TIP** **자격검정에서 3D 작업 및 출력 용지크기**
> ① 전산응용기계제도 기능사
>   • 작업 : A3   • 출력 : A3
> ② 기계설계산업기사
>   • 작업 : A2   • 출력 : A3
> ③ 일반기계/건설기계설비기사
>   • 작업 : A3   • 출력 : A3

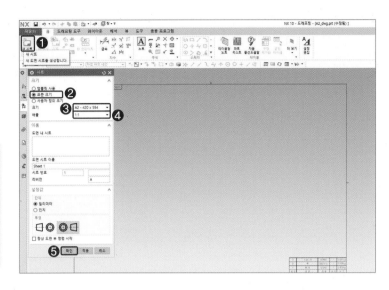

06 🔲 를 클릭한다.

07 A2_dwg를 클릭한다.

08 OK 를 클릭한다.

> **TIP** AutoCAD 파일명에서 뒤에 _dwg로 저장된 파일을 클릭한다.

09 작성된 **도면 틀을 중앙**에 배치(클릭)시킨다.

10 🔲 를 클릭한다.

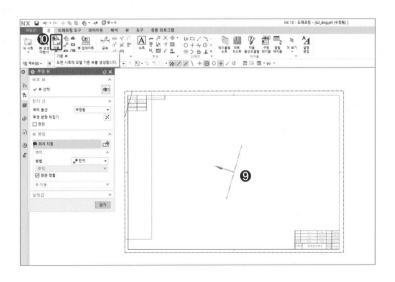

11 파트를 클릭한다.

12 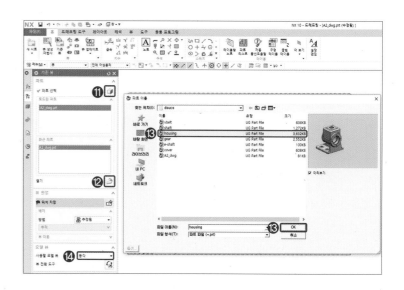 를 클릭한다.

13 Housing 선택, OK 클릭한다.

14 모델 뷰에서 **등각**으로 변경한다.

15 도면 틀 좌측 상단에 배치한다.

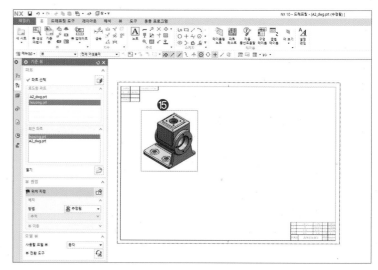

16 를 클릭한다.

17 파트에서 Housing을 선택한다.

18 모델 뷰에서 **등각**으로 변경한다.

19 을 클릭한다.

20 뷰 전환 화면에서 Z축을 클릭한다.

21 각도에 90을 입력한다.

22 Enter 를 누른다.

23 확인 을 클릭한다.

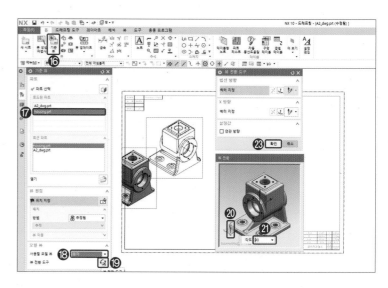

24 도면 틀의 모델링 오른쪽에 배치한다.

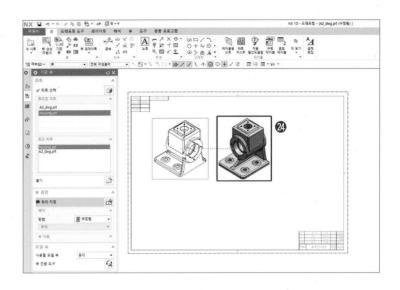

25 아래에서 본 형상을 표현하려면 **뷰 전환 화면**에서 마우스 휠을 누르고 약간 회전시킨 다음, **원통 면**을 클릭한다.

26 **정면 뷰**로 전환된 것을 확인한다.

27 Y축을 클릭한다.

28 각도에 30을 입력한다.

29 Enter 를 누른다.

30 Z축을 클릭한다.

31 각도에 −45를 입력한다.

32 Enter 를 누른다.

33 확인 을 클릭한다.

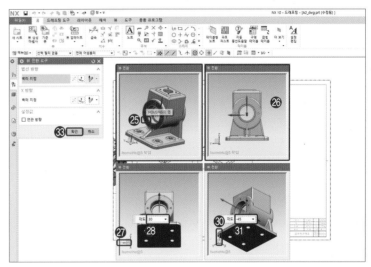

34 도면 틀의 모델링 오른쪽에 배치한다.

TIP 기계기사/기계설계산업기사/전산응용기계제도기능사 실기에서 3D 도면 배치는 부품당 각각 다른 View로 2개소로 배치한다. 하우징 같은 경우, 베이스 바닥쪽 형상이 복잡하면 아래서 본 형상을 선택해야 바람직하다.

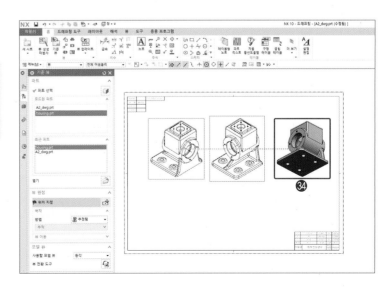

35 동일한 방법으로 Shaft와 Gear를 배치시킨다.

36 경계선을 클릭한 상태에서 적당한 위치에 부품들을 배치시킨다.(V-belt 배치는 생략했다.)

TIP 도면 배치 시 바람직한 배치법
① 본체 : 좌측 상단 배치
② 기어, 풀리, 커버 등 회전체 : 우측 상단 배치
③ 축 : 하단 중앙 또는 좌측 배치
④ 부품 수가 4개일 때 커버 : 하단 우측 배치

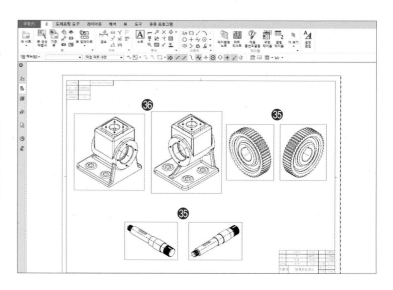

37 불필요한 중심선을 모두 선택하고 Delete 키를 눌러 삭제한다.

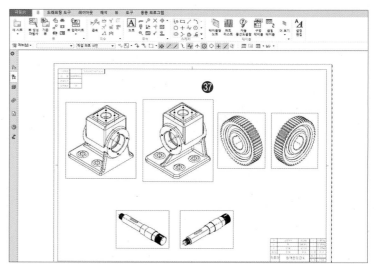

38 경계선 전체를 선택하고 마우스 오른쪽 버튼을 클릭한다.

39 설정값(S) 을 클릭한다.

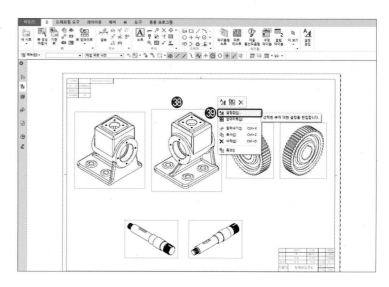

40 공통에서 보이는 선은 **검은색**으로 변경하고
　　 확인 을 클릭한다.

41 **공통 음영처리**
　　 ① 렌더링 스타일 : **전체 음영처리**
　　 ② 음영처리 공차 : **표준** 또는 **정교**

42 확인 을 클릭한다.

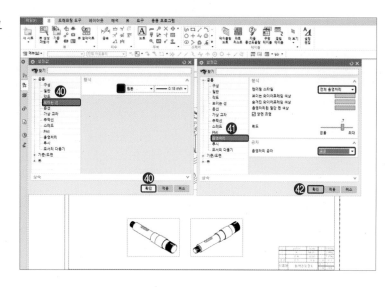

43 🔍 를 클릭한다.

44 풍선 도움말에서 유형은 **원**, 텍스트 값은 **1**, 설
　　 정값 크기는 **10**으로 설정한다.

45 설정값에서 🄰 를 클릭한다.

46 텍스트 매개변수에서 색상은 **검정**, 폰트는 **굴림**
　　 으로 설정한다.

47 닫기 를 클릭한다.

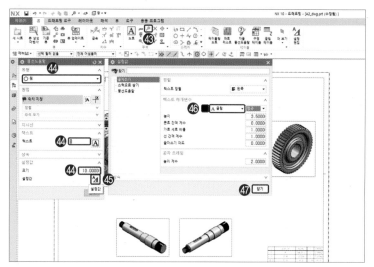

48 **1번 부품 위**에 배치한다.

49 계속해서 **풍선 도움말**에서
　　 ① 텍스트 : **2** 입력 후 해당 부품 위에 배치한다.
　　 ② 텍스트 : **3** 입력 후 해당 부품 위에 배치한다.

50 부품 번호를 모두 표기한 후 닫기 를 클릭
　　 한다.

TIP 심벌 크기나 굵기가 모두 초기에 결정되면 그 다음부
터는 텍스트만 바꿔서 표기하면 된다.

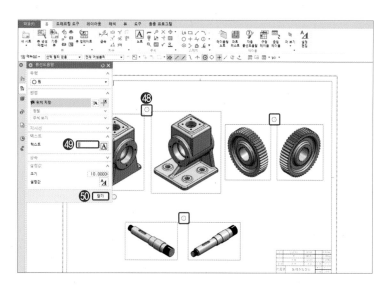

51 메뉴(M) ⇨ 환경설정(P) ⇨ Drafting(D)을 클릭
한다.

52 뷰를 클릭하고 **경계**에서 **디스플레이를 해제**한다.

53 확인 을 클릭한다.

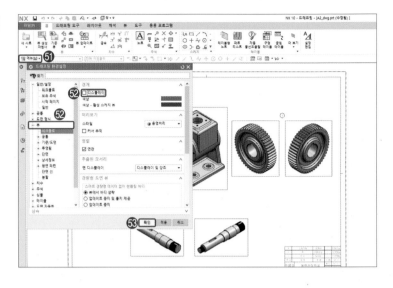

54 메뉴(M) ⇨ 파일(F) ⇨ 내보내기(L)를 클릭한다.

55 PDF를 클릭한다.

56 **PDF 내보내기**에서

① 목적지 : PDF 파일 저장 경로를 지정한다.

② 도면 시트 : 이미지 해상도를 중간으로 지정
한다.

57 확인 을 클릭한다.

> TIP PDF 파일명은 영문으로 한다.

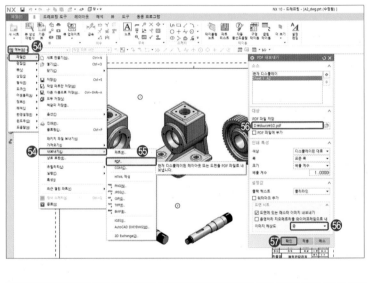

58 출력 결과를 제출한다(**V-belt** 배치는 생략했다).

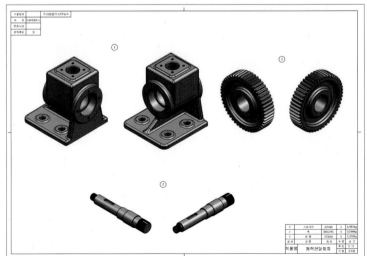

MEMO

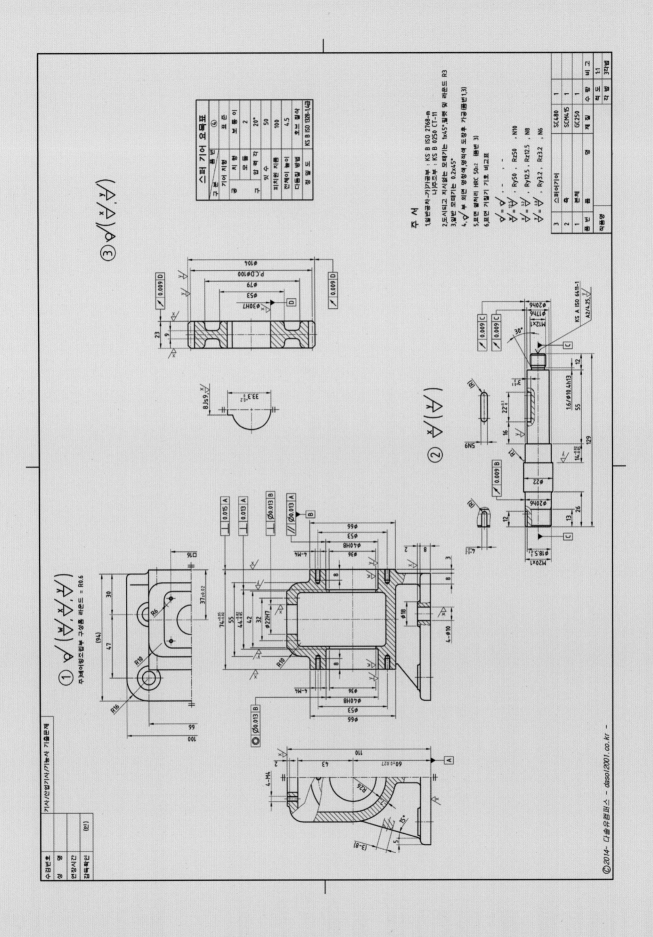

02 | 2D 부품도 배치

따 · 라 · 하 · 기

작업순서

① 상세 스레드(암, 수나사)로 작업된 부품들은 복사하여 동일한 파일을 하나 더 생성한다.

② **스레드**를 모두 **심볼 형태**로 변경한다.

③ **Drafting** 화면에서 부품들을 불러들여 **투상도**를 배치한다.

④ 부품들을 단면(전단면, 부분단면)한다.

⑤ 용도에 따라 색상을 변경한다.

⑥ dwg 파일로 변환하여 AutoCAD로 넘긴다.

⑦ AutoCAD에서 선 및 투상도를 정리한다.

---

01 Housing, Shaft 파일의 **복사본으로** Housing
2D, Shaft 2D를 각각 하나씩 더 생성한다.

(`Ctrl` + `C` , `Ctrl` + `V`)

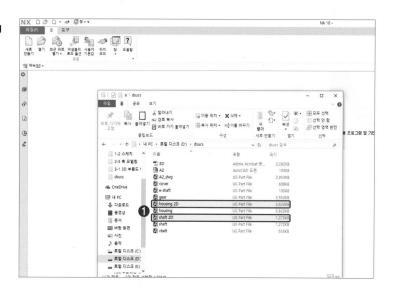

02 UG를 실행하고 ◻를 클릭한다.

03 Housing 2D를 선택한다.

04 ◻ OK ◻ 를 클릭한다.

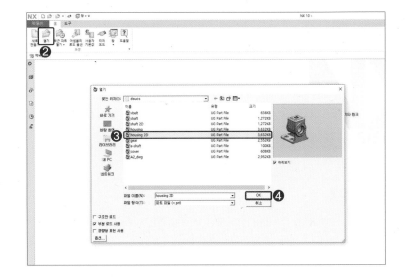

05 ◻를 클릭한다.

06 **모델 히스토리**에서 **스레드**만 모두 **체크 해제**한다.

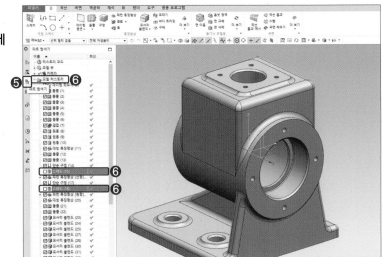

07 ◻를 클릭한다.

08 **스레드 유형**을 **심볼**로 변경한다.

09 본체 위의 볼트 구멍들을 모두 클릭한다.

10 길이를 15mm로 입력한다.

11 ◻ 적용 ◻ 을 클릭한다.

> **TIP** • 길이값은 본체 작업 시 적용된 길이와 동일하다.
> • 스레드 경고창이 나오면 확인을 계속 클릭한다.

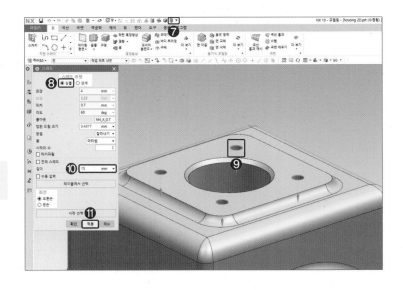

12 본체 좌/우측면 볼트 구멍들을 모두 **클릭**한다.

13 길이를 7mm로 입력한다.

14 확인 을 **클릭**한다.

15 을 **클릭**한다.

16 파일(F) ⇨ 를 **클릭**한다.

17 Shaft 2D 를 선택한다.

18 OK 를 **클릭**한다.

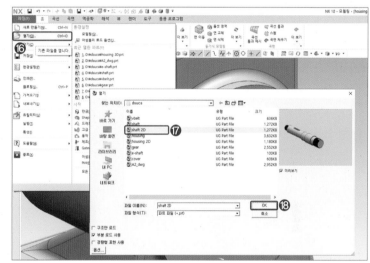

19 를 **클릭**한다.

20 모델 히스토리에서 스레드만 모두 **체크 해제**한다.

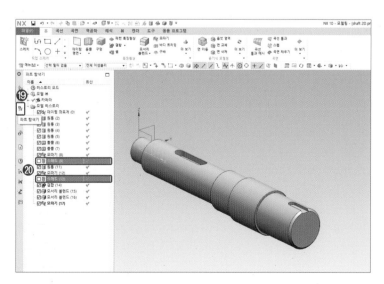

21 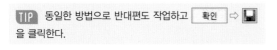를 클릭한다.

22 스레드 유형을 **심볼**로 변경한다.

23 **원통**을 클릭한다.

24 **원통의 측면**을 클릭한다.

25 **역 스레드 축**을 클릭한다.

26 길이를 **14mm**로 입력한다.

27 적용 을 클릭한다.

TIP 동일한 방법으로 반대편도 작업하고 확인 ⇨ 🖬
을 클릭한다.

28 파일(F) ⇨ 시작에서 Drafting(F)을 클릭한다.

29 **표준 크기**를 클릭한다.

30 크기에서 용지 크기는 **A2(420×594)**로 선택한다.

31 확인 을 클릭한다.

TIP Drafting의 단축 키는 Ctrl + Shift + D 이다.

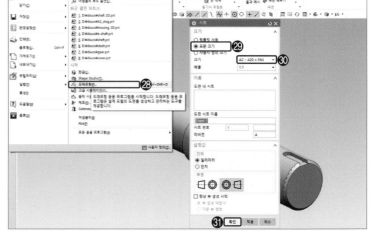

32 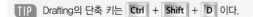를 클릭한다.

33 **모델 뷰**는 **앞쪽**으로 변경한다.

34 **도면 틀 안**의 임의 위치에 클릭해서 배치한다.

35 마우스를 움직여 **평면도**를 배치한다.

TIP 마우스 스크롤을 클릭한 상태에서 화면이동, 밀고/당
겨 ZOOM(in/out) 기능을 이용할 수 있다.

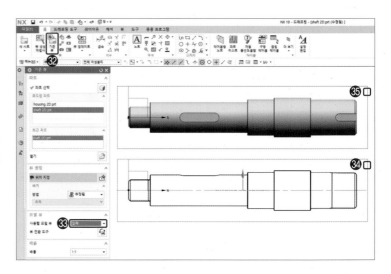

36 [아이콘]를 클릭한다.

37 Housing 2D를 선택한다.

38 모델 뷰는 **앞쪽**으로 변경한다.

39 **도면 틀 안**의 임의 위치에 **클릭**해서 배치한다.

40 마우스를 움직여 **평면도**를 배치한다.

> **TIP** 파트에 로드된 파일이 없으면 **열기**에서 불러들인다.

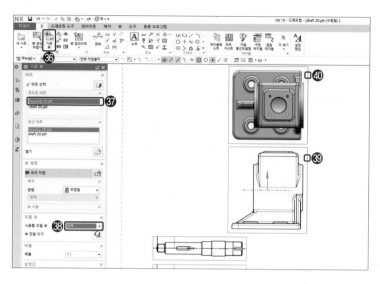

41 [아이콘]를 클릭한다.

42 단면 선 세그먼트에서 [아이콘]을 클릭한다.

43 a, b, c 순으로 세그먼트를 클릭한다.

> **TIP1** 단면할 때 중심을 클릭할 때는 화면을 확대해서 정확히 클릭해야 오류가 없다.

> **TIP2**
> a : 본체 윗면의 중심을 정확히 선택하고 확인을 클릭한다.
>   a를 선택하고 [아이콘]를 클릭하여 다시 b, c 순으로 수행한다.
> b : 본체의 중심을 정확히 클릭하고 확인을 클릭한다.
> c : 베이스의 우측 구멍 센터를 정확히 클릭하고 확인을 클릭한다.

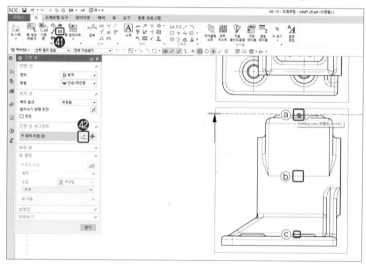

44 **뷰 원점**에서 **위치 지정**을 클릭한다.

45 작성된 단면도를 **좌측**에 배치한다.

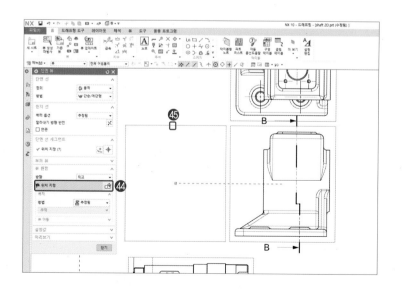

46 ▨를 클릭한다.

47 파트에서 ▨을 **클릭한다.**

48 작업한 **Gear**를 **더블 클릭한다.**

49 모델 뷰는 **앞쪽**으로 변경한다.

50 **도면 틀 안**의 임의 위치에 클릭해서 배치한다.

51 ▨를 클릭한다.

52 기어 정면도 **중심**을 정확히 클릭한다.

53 작성된 **단면도**를 **우측**에 배치한다.

> TIP 도면틀을 움직여 적당한 위치에 도면을 배치한다.

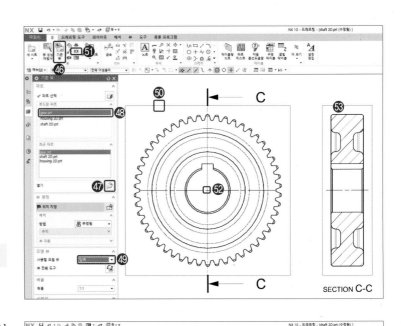

54 부분 단면을 하기 위해 **본체** 정면도 **도면 틀**에서
마우스 오른쪽 버튼을 **클릭한다.**

55 **활성 스케치 뷰**를 클릭한다.

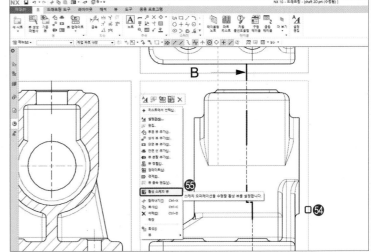

56 ▨을 클릭한다.

57 **단면할 부분**에 스플라인을 생성한다.

58 스플라인 마지막 연결부분에서 **닫힘**을 체크
한다.

59 차수를 **2mm**로 변경한다.

60 < 확인 > 을 **클릭한다.**

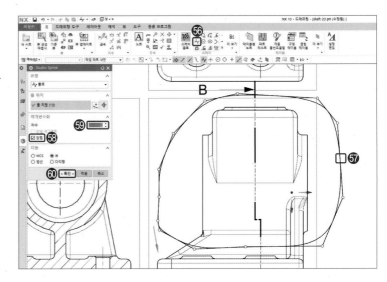

61 🖰 을 클릭한다.

62 **도면 틀**을 클릭한다.

63 🖰 을 클릭한다.

64 하우징 좌측 **구멍 중심**을 클릭한다.

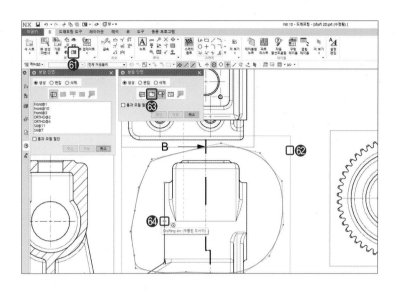

65 🖰 을 클릭한다.

66 **스플라인**을 클릭한다.

67 적용 을 클릭한다.

68 단면도가 생성된 것을 확인한다.

69 취소 를 클릭한다.

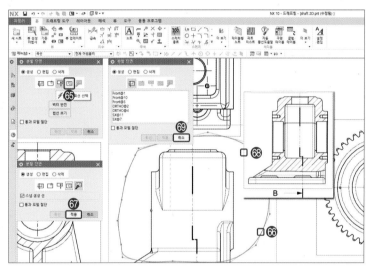

■축 단면도 작도하기

01 축을 부분 단면하기 위해 정면도 **도면 틀**에서
마우스 오른쪽 버튼을 클릭한다.

02 **활성 스케치 뷰**를 클릭한다.

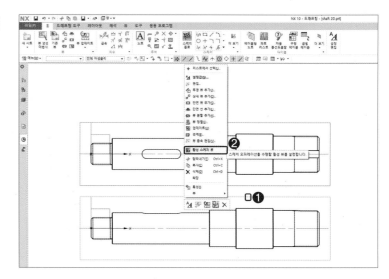

03 을 클릭한다.

04 **닫힘**을 **해제**하고 **차수**를 1로 변경한다.

05 **단면할 부분**에 스플라인을 생성한다.

06 스플라인 마지막 연결 부분에서 **닫힘**을 체크
하고 **차수**를 2로 변경한다.

07 적용 을 클릭한다.

> **TIP** 스케치 메뉴에 이 없다면 를 클릭하여 을
> 선택한다.

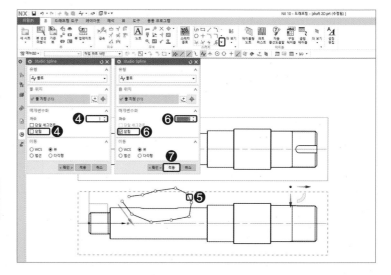

08 닫힘을 해제하고 **치수**를 1mm로 변경한다.

09 **단면할 부분**에 스플라인을 생성한다.

10 스플라인 마지막 연결 부분에서 **닫힘**을 체크하고 **치수**를 2mm로 변경한다.

11 < 확인 > 을 클릭한다.

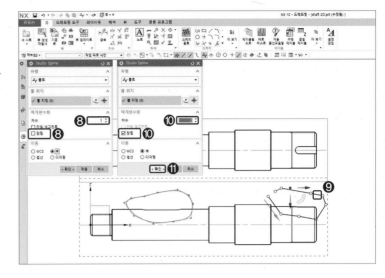

12 을 클릭한다.

13 **도면 틀**을 클릭한다.

14 을 클릭한다.

15 좌측 **축 중심**을 클릭한다.

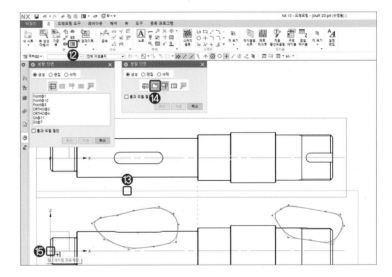

16 을 클릭한다.

17 **스플라인**을 클릭한다.

18 적용 을 클릭한다.

19 단면도가 생성된 것을 확인한다.

20 동일한 방법으로 오른쪽 홈도 단면한다.

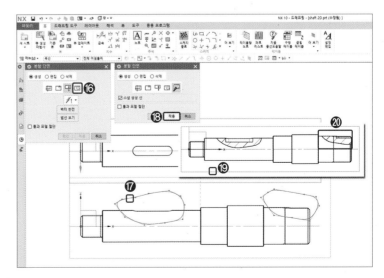

■ AutoCAD 파일(dwg)로 만들기

01 **도면 틀**을 모두 선택한다.

02 본체 정면도 **도면 틀 위**에서 마우스 오른쪽 버튼을 클릭한다.

03 을 클릭한다.

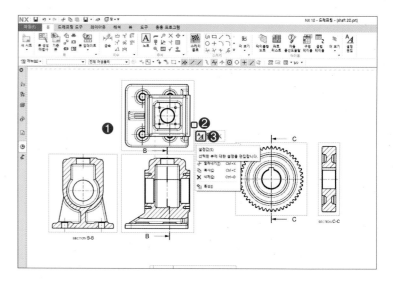

04 모서리 다듬기 : 체크 해제

05 확인 을 클릭한다.

TIP 불필요한 선(Line)이 모두 정리된 것을 확인할 수 있다.

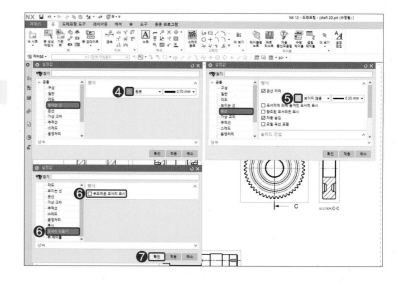

06 메뉴(M) ⇨ 환경설정(P) ⇨ Drafting(D)을 클릭한다.

07 뷰에서 **디스플레이**를 **체크 해제**한다.

08 확인 을 클릭한다.

09 ▶◀ 을 클릭한다.

10 좌표계 ▬ 을 클릭한다.

11 닫기 을 클릭한다.

TIP 도면 틀, 좌표계 모두 Hide된 것을 확인할 수 있다.

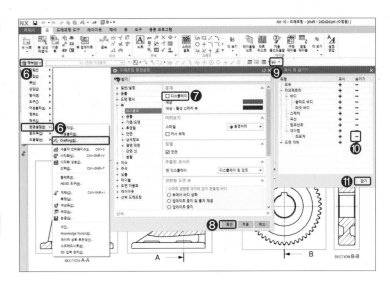

12 메뉴(M) ⇨ 파일(F) ⇨ 내보내기(L) ⇨ AutoCAD
DXF/DWG(W)를 클릭한다.

13 입력 및 출력에서 **저장 폴더, 파일명**을 지정한다.

14 마침 을 클릭한다.

TIP1 저장 폴더와 파일명은 반드시 영문으로 해야 한다.

TIP2
- AutoCAD에서 도면을 불러들여 미흡한 투상도를 다듬는다.
- 중심선은 다시 작성하는 것이 보기 좋다.
- 기타 치수, 거칠기, 공차, 기하공차 등을 작성한다.
- 주석문, 표제란 부품란을 작성하고 2D 도면을 마무리한다.
- 특히 선 색상은 절대 틀리지 않도록 한다.
- AutoCAD를 Open하고 형상을 전체 선택한 다음 선 종류, 선 색상을 Bylayer로 변경한다.

TIP3 중심선, 파단선, 나사 골지름 선은 CAD로 넘긴 후 반드시 색상을 바꿔줘야 한다. 시험에서 선색상(굵기)이 틀리면 투상점수와 동일한 감점을 적용받게 된다.

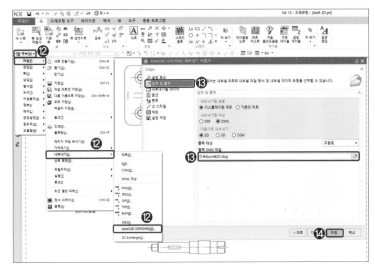

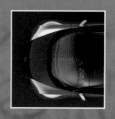

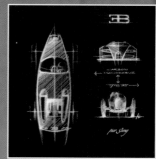

모델링에 의한
과제도면 해석

BRIEF SUMMARY

이 장에서는 일반기계기사/건설기계설비기사/기계설계산업기사/전산응용기계제도기능사 실기시험에서 출제빈도가 높은 과제도면들을 부품 모델링. 각 부품에서 중요한 치수들을 체계적으로 구성해 놓았다.

참고 : 과제도면에 따른 해답도면은 다솔유캠퍼스에서 작도한 참고 모범답안이며 해석하는 사람에 따라 다를 수 있다.

- 기본 투상도법은 3각법을 준수했고, 여러 가지 단면기법을 적용했다.
- 베어링 끼워맞춤공차는 적용 (KS B 2051 : 규격폐지)
- 기타 KS 규격치수를 준수했다.
- 기하공차는 IT5급을 적용했다.
- 표면거칠기 : 산술(중심선), 평균거칠기(Ra), 최대높이(Ry), 10점평균거칠기(Rz) 적용
- 중심거리 허용차 KS B 0420 2급을 적용했다.

01 과제명 해설

과제명	해설
동력전달장치	원동기에서 발생한 동력을 운전하려는 기계의 축에 전달하는 장치
편심왕복장치	원동기에서 발생한 회전운동을 수직왕복 운동으로 바꿔주는 기계장치
펀칭머신(Punching machine)	판금에 펀치로 구멍을 내거나 일정한 모양의 조각을 따내는 기계
치공구(治工具)	어떤 물건을 고정할 때 사용하는 공구를 통틀어 이르는 말
지그(Jig)	기계의 부품을 가공할 때에 그 부품을 일정한 자리에 고정하여 공구가 닿을 위치를 쉽고 정확하게 정하는 데에 쓰는 보조용 기구
클램프(Clamp)	① 공작물을 공작기계의 테이블 위에 고정하는 장치 ② 손으로 다듬을 때에 작은 물건을 고정하는 데 쓰는 바이스
잭(Jack)	기어, 나사, 유압 등을 이용해서 무거운 것을 수직으로 들어올리는 기구
바이스(Vice)	공작물을 절단하거나 구멍을 뚫을 때 공작물을 끼워 고정하는 공구

02 표면처리

표면처리법	해설
알루마이트 처리	알루미늄합금(ALDC)의 표면처리법
파커라이징 처리	강의 표면에 인산염의 피막을 형성시켜 부식을 방지하는 표면처리법

03 도면에 사용된 부품명 해설

부품명(품명)	해설
가이드(안내, Guide)	절삭공구 또는 기타 장치의 위치를 올바르게 안내하는 부속품
가이드부시(Guide bush)	본체와 축 사이에 끼워져 안내 역할을 하는 부시. 드릴지그에서 삽입부시를 안내하는 부시
가이드블록(Guide block)	안내 역할을 하는 사각형 블록
가이드볼트(Guide bolt)	안내 역할을 하는 볼트

부품명(품명)	해설
가이드축(Guide shaft)	안내 역할을 하는 축
가이드핀(Guide pin)	안내 역할을 하는 핀
기어축(Gear shaft)	기어가 가공된 축
고정축(Fixed shaft)	부품 또는 제품을 고정하는 축
고정부시(Fixed bush)	드릴지그에서 본체에 압입하여 드릴을 안내하는 부시
고정라이너(Fixed liner)	드릴지그에서 본체와 삽입부시 사이에 끼워놓은 얇은 끼움쇠
고정대	제품 또는 부품을 고정하는 부분 또는 부품
고정조(오)(Fixed jaw)	바이스 또는 슬라이더에서 제품을 고정하기 위해 움직이지 않고 고정되어 있는 조
게이지축(Gauge shaft)	부품의 위치와 모양을 정확하게 결정하기 위해 설치하는 축
게이지판(Gauge sheet)	부품의 모양이나 치수 측정용으로 사용하기 위해 설치한 정밀한 강판
게이지핀(Gauge pin)	부품의 위치를 정확하게 결정하기 위해 설치하는 핀
드릴부시(Drill bush)	드릴, 리머 등을 공작물에 정확히 안내하기 위해 이용되는 부시
레버(Lever)	지지점을 중심으로 회전하는 힘의 모멘트를 이용하여 부품을 움직이는 데 사용되는 막대
라이너(끼움쇠, Liner)	두 개의 부품 관계를 일정하게 유지하기 위해 끼워놓은 얇은 끼움쇠 베어링 커버와 본체 사이에 끼우는 베어링라이너, 실린더 본체와 피스톤 사이에 끼우는 실린더 라이너 등이 있다.
리드스크류(Lead screw)	나사 붙임축
링크(Link)	운동(회전, 직선)하는 두 개의 구조품을 연결하는 기계부품
롤러(Roller)	원형단면의 전동체로 물체를 지지하거나 운반하는 데 사용한다.
본체(몸체)	구조물의 몸이 되는 부분(부품)
베어링커버(Cover)	내부 부품을 보호하는 덮개
베어링하우징(Bearing housing)	기계부품 및 베어링을 둘러싸고 있는 상자형 프레임
베어링부시(Bearing bush)	원통형의 간단한 베어링 메탈
베이스(Base)	치공구에서 부품을 조립하기 위해 기반이 되는 기본 틀
부시(Bush)	회전운동을 하는 축과 본체 또는 축과 베어링 사이에 끼워넣는 얇은 원통
부시홀더(Bush holder)	드릴지그에서 부시를 지지하는 부품
브래킷(브라켓, Bracket)	벽이나 기둥 등에 돌출하여 축 등을 받칠 목적으로 쓰이는 부품
V-블록(V-block)	금긋기에서 둥근 재료를 지지하여 그 중심을 구할 때 사용하는 V자형 블록
서포터(Support)	지지대, 버팀대
서포터부시(Support bush)	지지 목적으로 사용되는 부시
삽입부시(Spigot bush)	드릴지그에 부착되어 있는 가이드부시(고정라이너)에 삽입하여 드릴을 지지하는 데 사용하는 부시
실린더(Cylinder)	유체를 밀폐한 속이 빈 원통 모양의 용기. 증기기관, 내연기관, 공기 압축기관, 펌프 등 왕복 기관의 주요부품

부품명(품명)	해설
실린더 헤드(Cylinder head)	실린더의 윗부분에 씌우는 덮개. 압축가스가 새는 것을 막기 위하여 실린더 블록과의 사이에 개스킷(gasket) 또는 오링(O-ring)을 끼워 볼트로 고정한다.
슬라이드, 슬라이더(Slide, Slider)	홈, 평면, 원통, 봉 등의 구조품 표면을 따라 끊임없이 접촉 운동하는 부품
슬리브(Sleeve)	축 등의 외부에 끼워 사용하는 길쭉한 원통 부품. 축이음 목적으로 사용되기도 한다.
새들(Saddle)	① 선반에서 테이블, 절삭 공구대, 이송 장치, 베드 등의 사이에 위치하면서 안내면을 따라서 이동하는 역할을 하는 부분 또는 부품 ② 치공구에서 가공품이 안내면을 따라 이동하는 역할을 하는 부분 또는 부품
섹터기어(Sector gear)	톱니바퀴 원주의 일부를 사용한 부채꼴 모양의 기어. 간헐 기구(間歇機構) 등에 이용된다.
센터(Center)	주로 선반에서 공작물 지지용으로 상용되는 끝이 원뿔형인 강편
이음쇠	부품을 서로 연결하거나 접속할 때 이용되는 부속품
이동조(오)	바이스 또는 슬라이더에서 제품을 고정하기 위해 움직이는 조
어댑터(Adapter)	어떤 장치나 부품을 다른 것에 연결시키기 위해 사용되는 중계 부품
조(오)(Jaw)	물건(제품) 등을 끼워서 집는 부분
조정축	기계장치나 치공구에서 사용되는 조정용 축
조정너트	기계장치나 치공구에서 사용되는 조정용 너트
조임너트	기계장치나 치공구에서 사용되는 조임과 풀림을 반복하는 너트
중공축	속이 빈 봉이나 관으로 만들어진 축. 안에 다른 축을 설치할 수 있다.
커버(Cover)	덮개, 씌우개
칼라(Collar)	간격 유지 목적으로 주로 축이나 관 등에 끼워지는 원통모양의 고리
콜릿(Collet)	드릴이나 엔드밀을 끼워넣고 고정시키는 공구
크랭크판(Crank board)	회전운동을 왕복운동으로 바꾸는 기능을 하는 판
캠(Cam)	회전운동을 다른 형태의 왕복운동이나 요동운동으로 변환하기 위해 평면 또는 입체적으로 모양을 내거나 홈을 파낸 기계부품
편심축(Eccentric shaft)	회전운동을 수직운동으로 변환하는 기능을 가지는 축
피니언(Pinion)	① 맞물리는 크고 작은 두 개의 기어 중에서 작은 쪽 기어 ② 래크(rack)와 맞물리는 기어
피스톤(Piston)	실린더 내에서 기밀을 유지하면서 왕복운동을 하는 원통
피스톤로드(Piston rod)	피스톤에 고정되어 피스톤의 운동을 실린더 밖으로 전달하는 작용을 하는 축 또는 봉
핑거(Finger)	에어척에서 부품을 직접 쥐는 손가락 모양의 부품
펀치(Punch)	판금에 구멍을 뚫기 위해 공구강으로 만든 막대모양의 공구
펀칭다이(Punching die)	펀치로 구멍을 뚫을 때 사용되는 안내 틀
플랜지(Flange)	축 이음이나 관 이음 목적으로 사용되는 부품
하우징(Housing)	기계부품을 둘러싸고 있는 상자형 프레임
홀더(지지대, Holder)	절삭공구류, 게이지류, 기타 부속품 등을 지지하는 부분 또는 부품

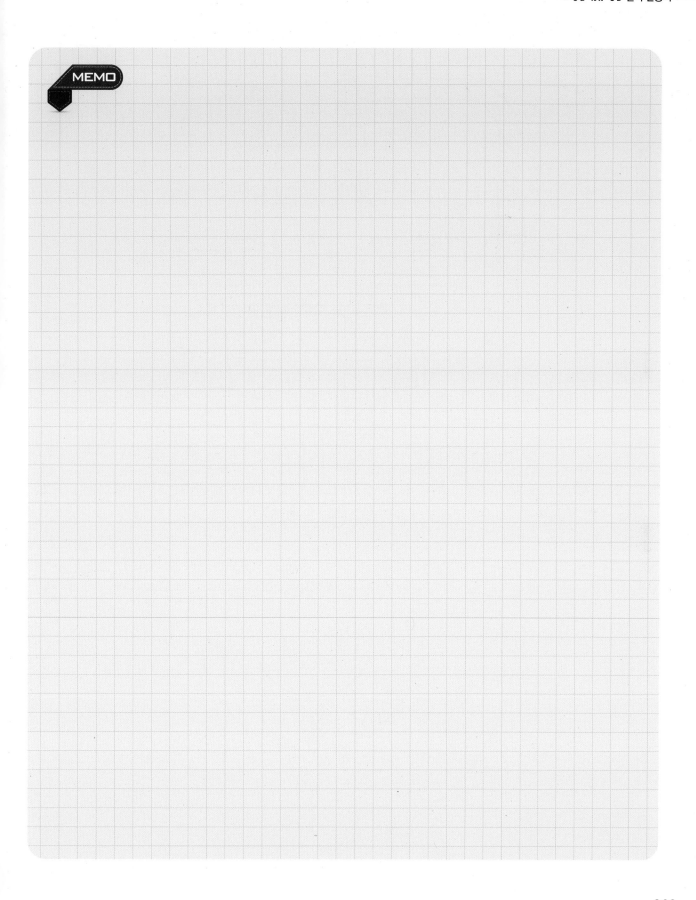

MEMO

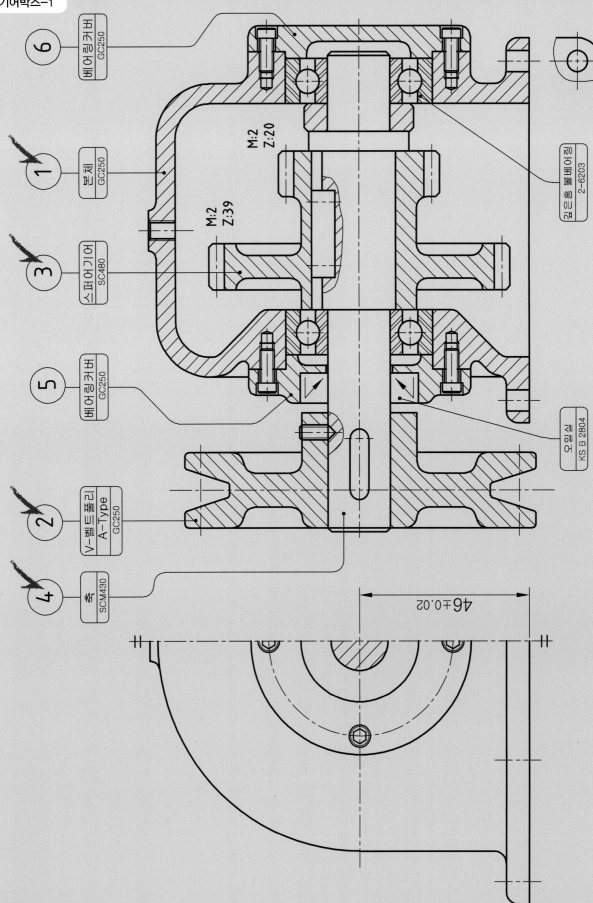

⑥ 베어링커버 GC250

① 본체 GC250

M:2
Z:20

③ 스퍼기어 SC480

M:2
Z:39

⑤ 베어링커버 GC250

② V-벨트풀리 A-Type GC250

④ 축 SCM430

깊은홈볼베어링 2-6203

오일실 KS B 2804

46±0.02

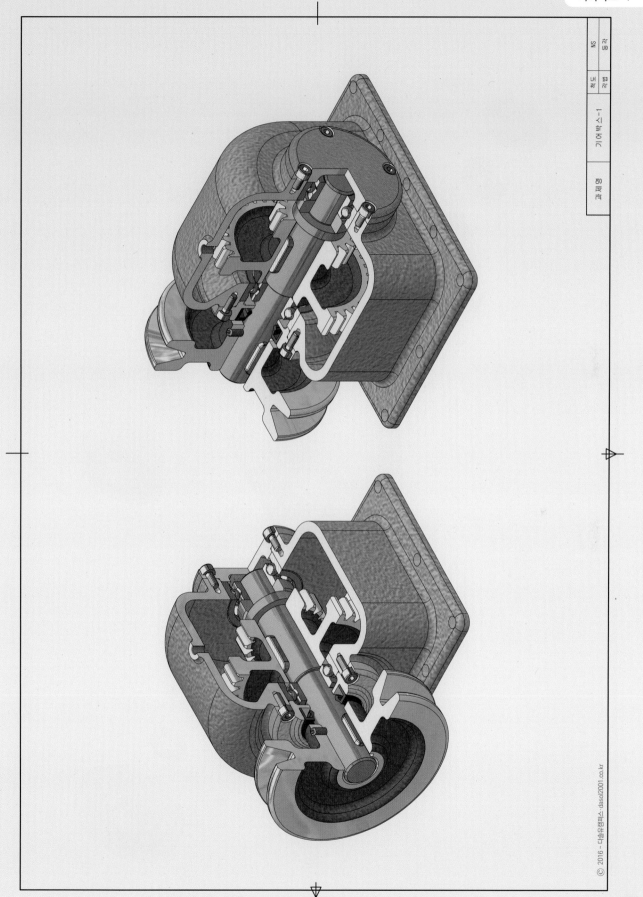

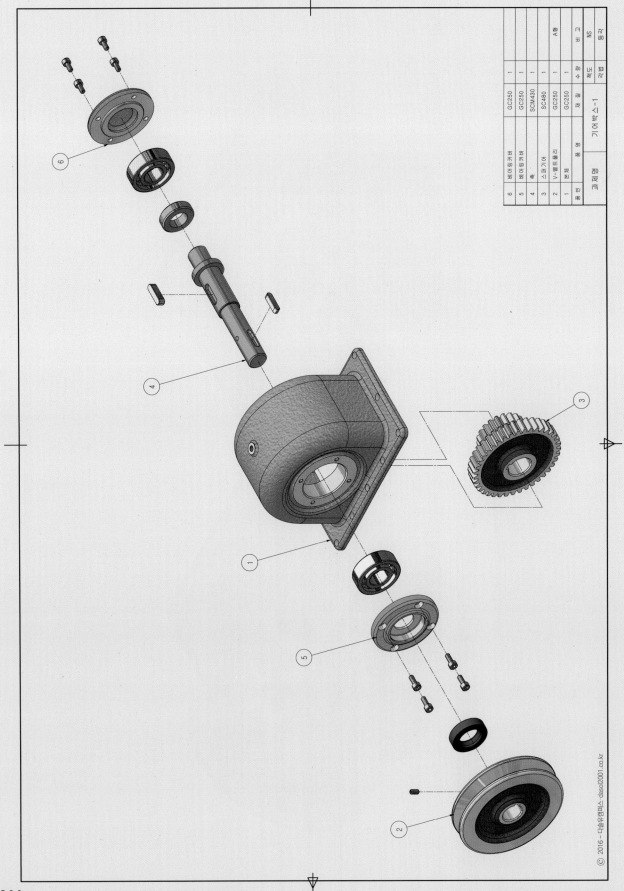

품번	품명	재질	수량	비고
6	베어링커버	GC250	1	
5	베어링커버	GC250	1	
4	축	SCM430	1	
3	스퍼기어	SC480	1	
2	V-벨트풀리	GC250	1	
1	본체	GC250	1	

기어박스-1

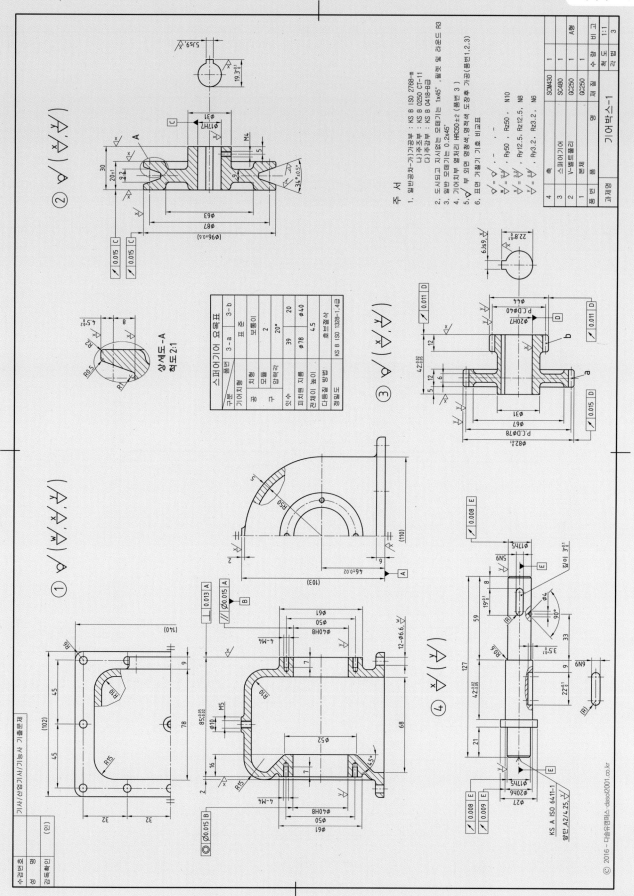

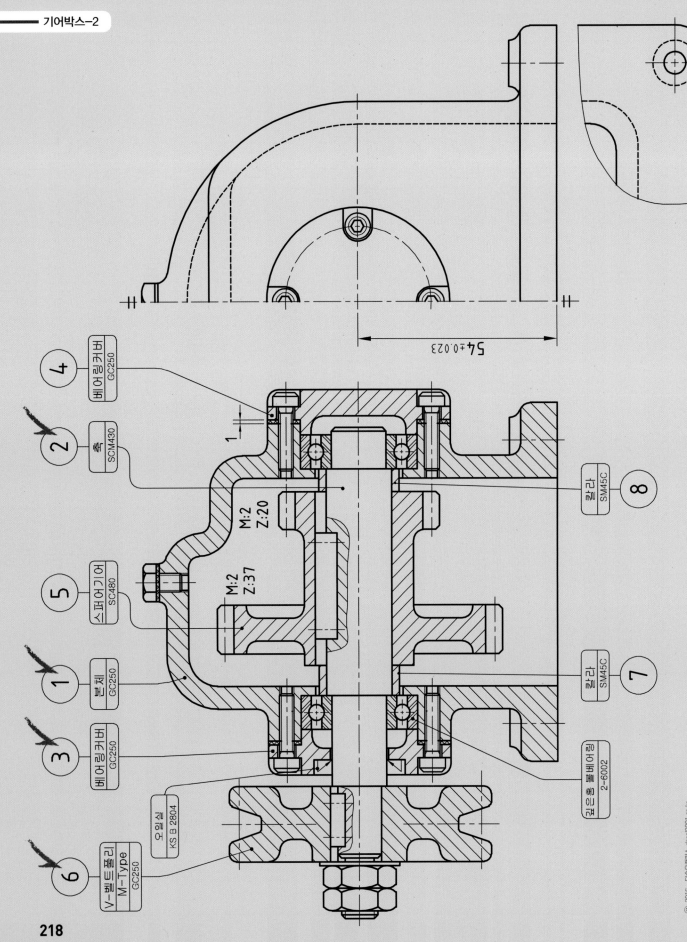

4	베어링커버	GC250
2	축	SCM430
5	스퍼어기어	SC480
1	본체	GC250
3	베어링커버	GC250
6	V-벨트풀리 M-Type	GC250
8	칼라	SM45C
7	칼라	SM45C

오일실 KS B 2804

깊은홈볼베어링 2-6002

M:2 Z:20

M:2 Z:37

54±0.023

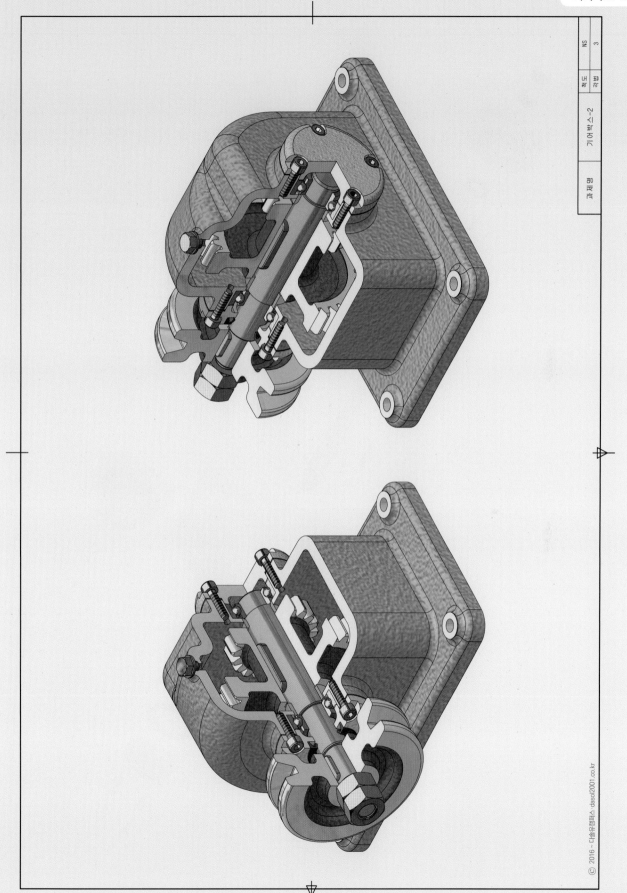

ⓒ 2016 - 다솔유캠퍼스 - dasol2001.co.kr

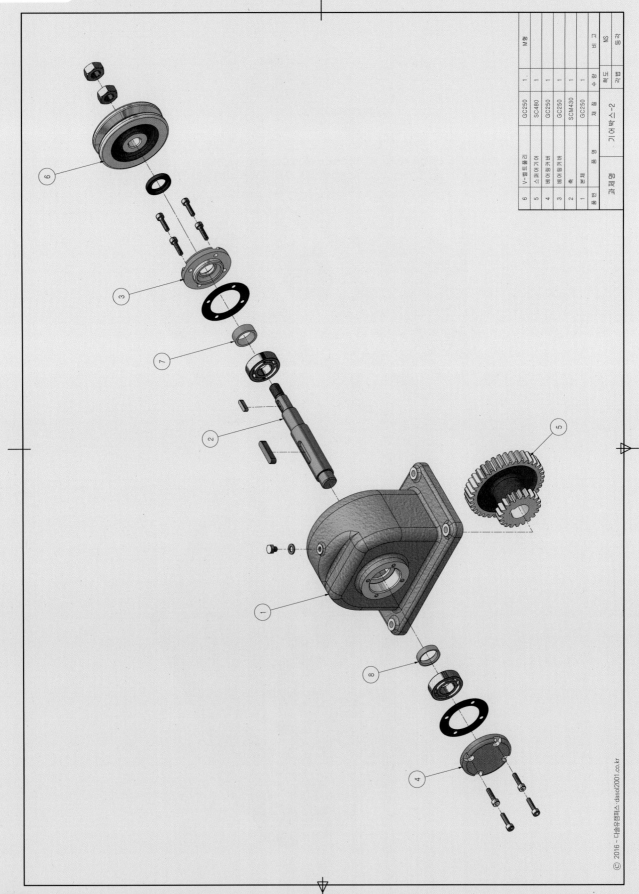

6	V-벨트 풀리	GC250	1	M형
5	스퍼어기어	SC480	1	
4	베어링커버	GC250	1	
3	베어링커버	GC250	1	
2	축	SCM430	1	
1	본체	GC250	1	
품번	품명	재질	수량	비고

기어박스-2

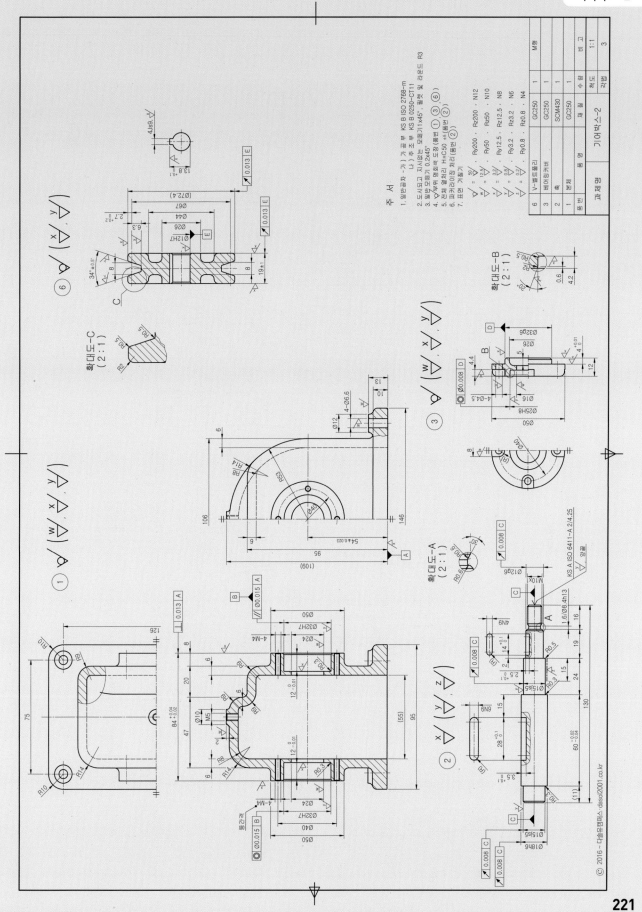

주 서

1. 일반공차 -가) 가 공 물 KS B ISO 2768-m
   나) 주 조 품 KS B 0250-CT11
2. 도시되고 지시없는 모떼기 0.2x45°, 필렛 및 라운드 R3
3. 날카로운 모떼기 0.2x45°
4. 열처리 HrC50 ±5 (품번 ②)
5. 파커라이징 처리(품번 ②)
6. 표면 거칠기

기어박스-2

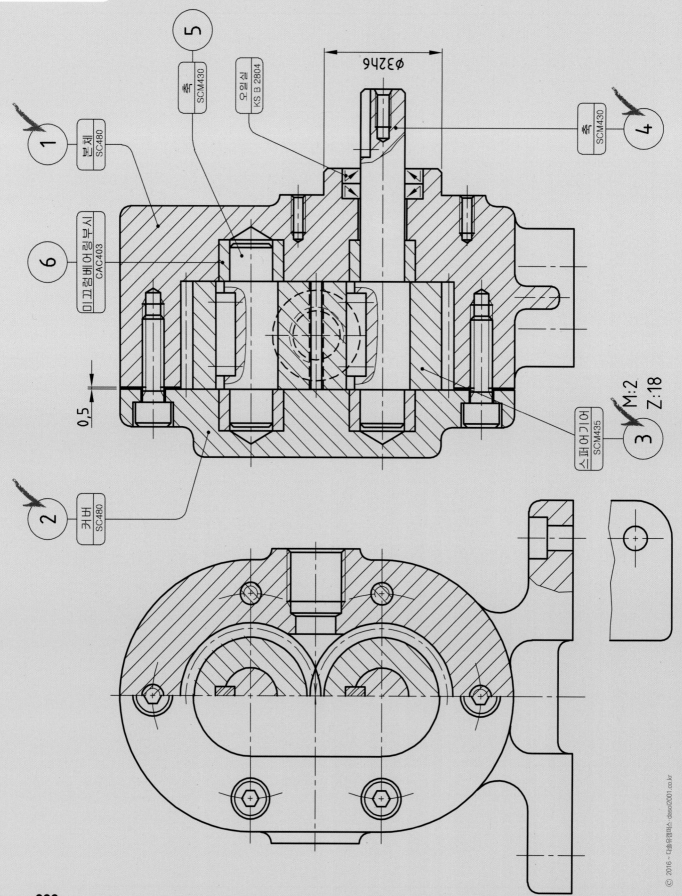

1 본체 SC480

6 미끄럼베어링부시 CAC403

5 축 SCM430

오일실 KS B 2804

φ32h6

0,5

2 커버 SC480

4 축 SCM430

3 스퍼어기어 SCM435

M:2
Z:18

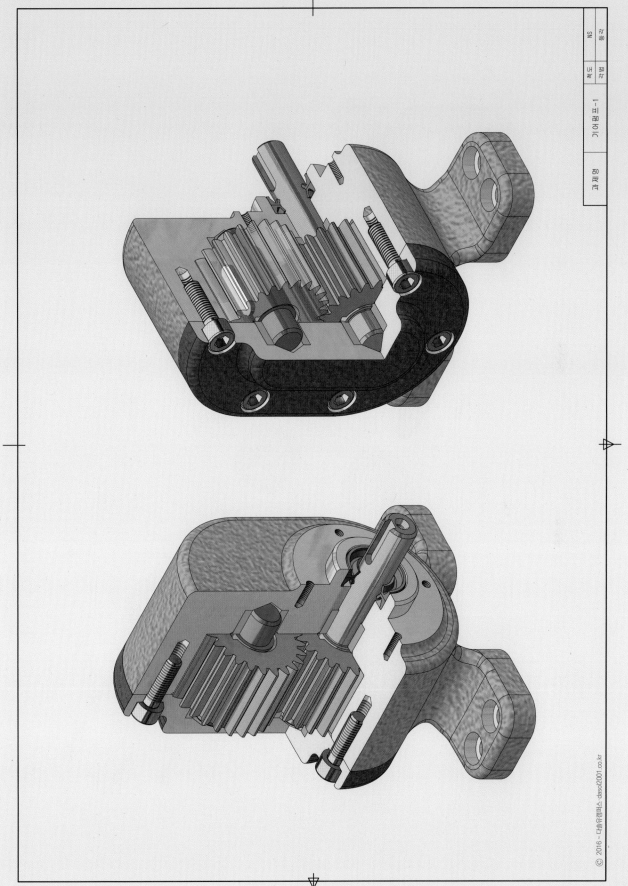

기어펌프-1

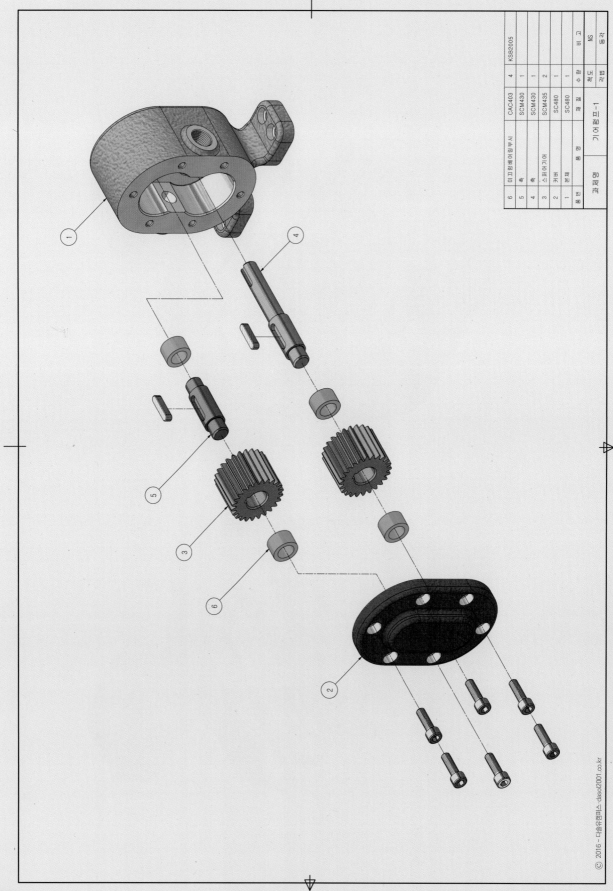

품번	품 명	재 질	수 량	비 고
6	미끄럼베어링부시	CAC403	4	KSB2005
5	축	SCM430	1	
4	축	SCM430	1	
3	스퍼기어	SCM435	2	
2	커버	SC480	1	
1	본체	SC480	1	

과제명 : 기어펌프-1

척도 : NS

각법 : 3각

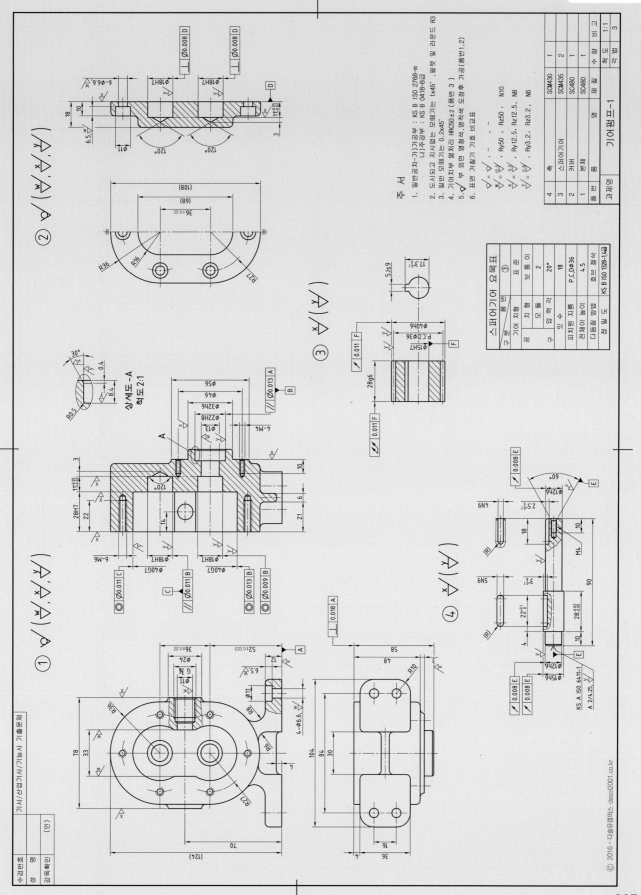

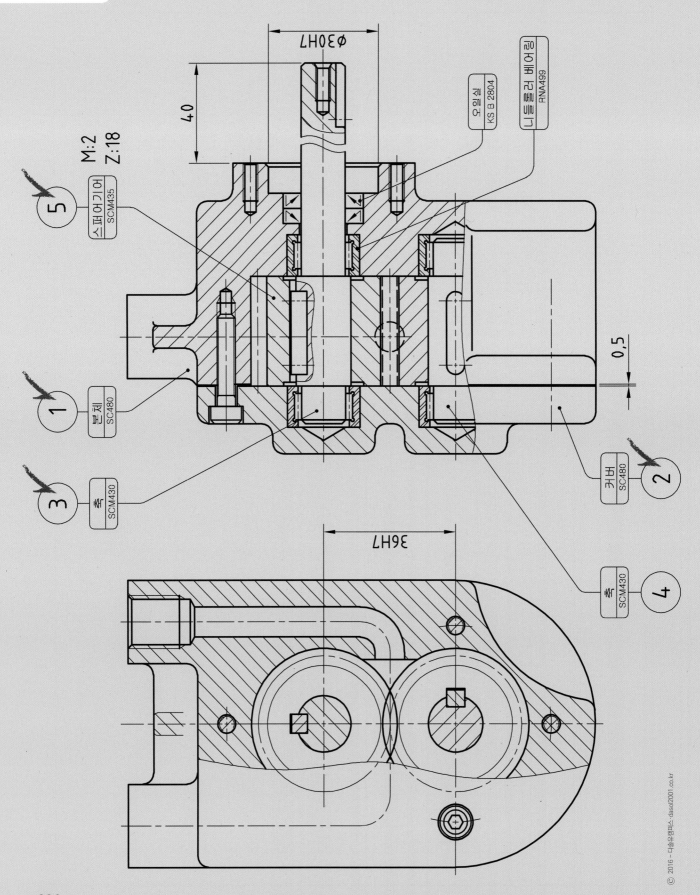

M:2
Z:18

φ30H7

40

오일실
KS B 2804

니들롤러 베어링
RNA499

스퍼어기어
SCM435

5

본체
SC480

1

축
SCM430

3

0,5

커버
SC480

2

36H7

축
SCM430

4

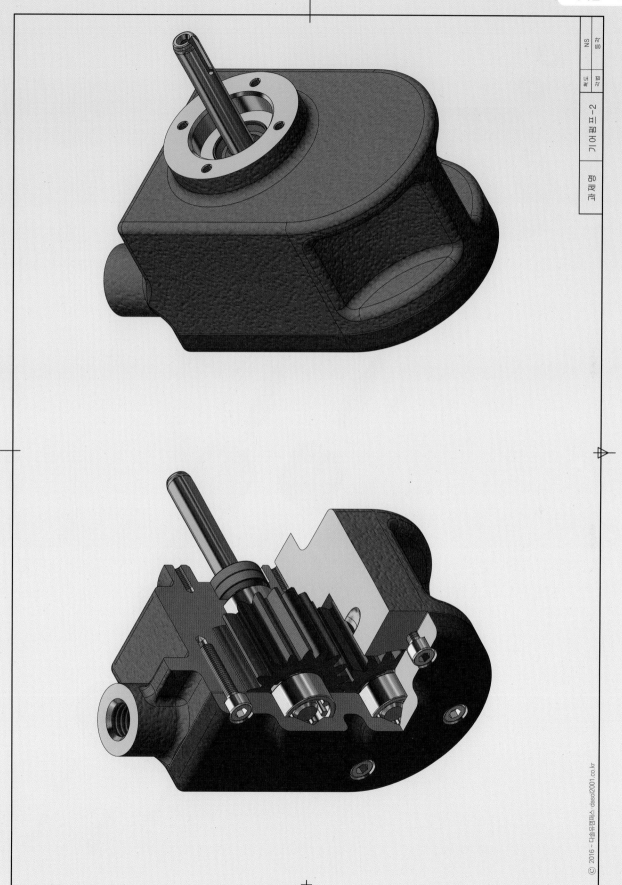

NS 품번

조척 품명

기어펌프-2

과제명

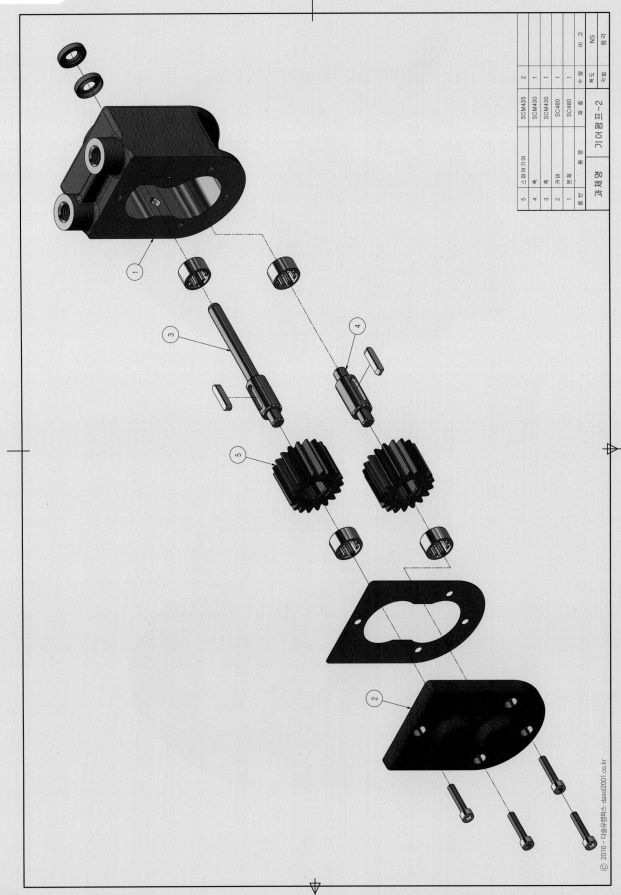

품번	품명	재질	수량	고비
5	스퍼어기어	SCM435	2	
4	축	SCM430	1	
3	축	SCM430	1	
2	커버	SC480	1	
1	본체	SC480	1	
품번	품명	재질	수량	고비

척도	NS
각법	3각법

기어펌프-2

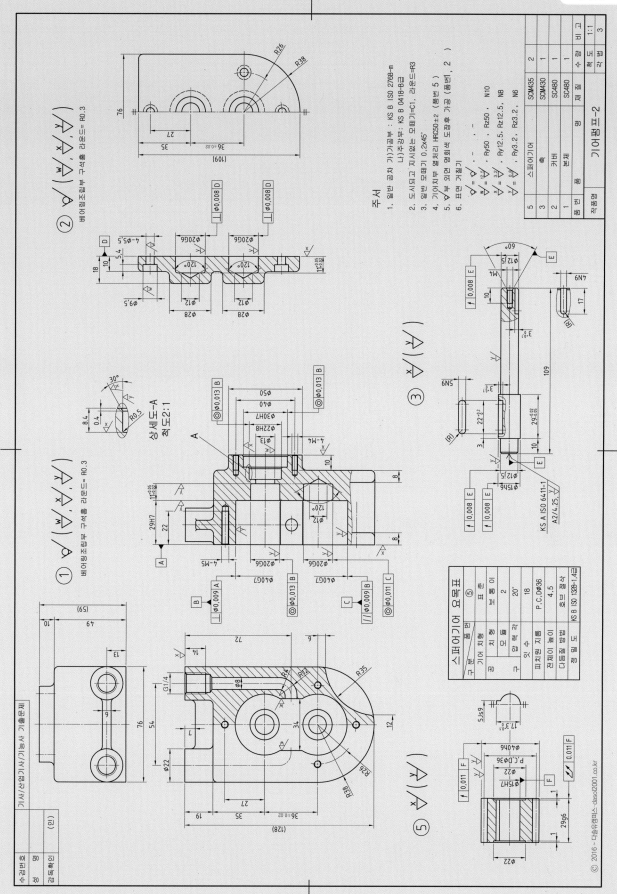

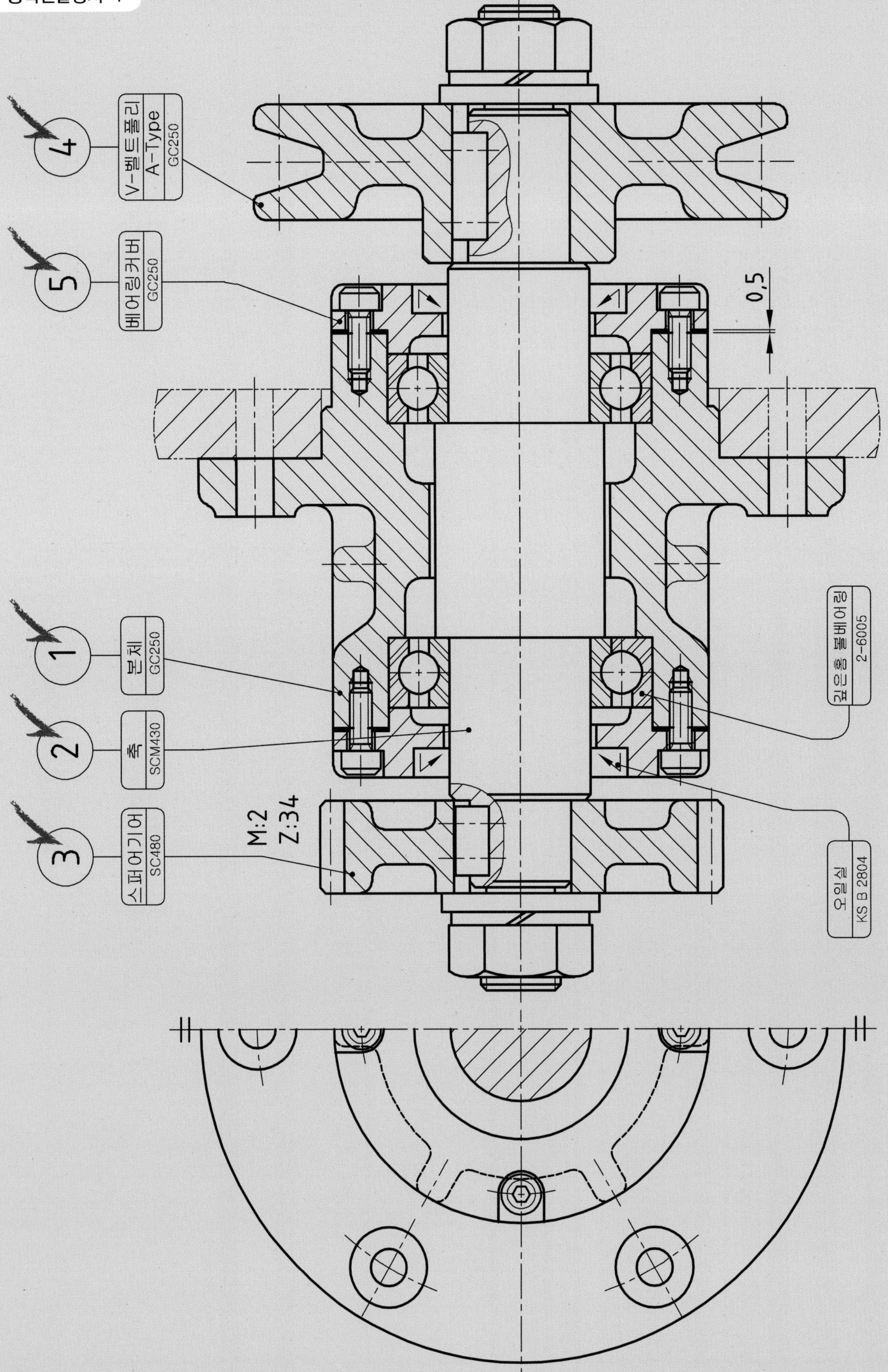

④ V-벨트풀리 A-Type GC250

⑤ 베어링커버 GC250

① 본체 GC250

② 축 SCM430

③ 스퍼어기어 SC480

M:2 Z:34

0,5

깊은홈볼베어링 2-6005

오일실 KS B 2804

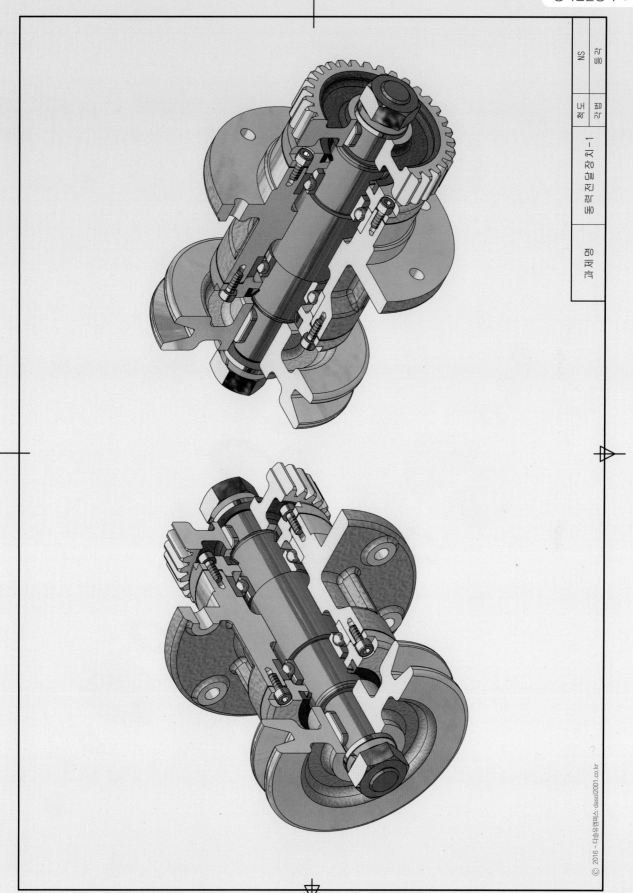

NS | 등급

척도 | 각법

동력전달장치-1

과제명

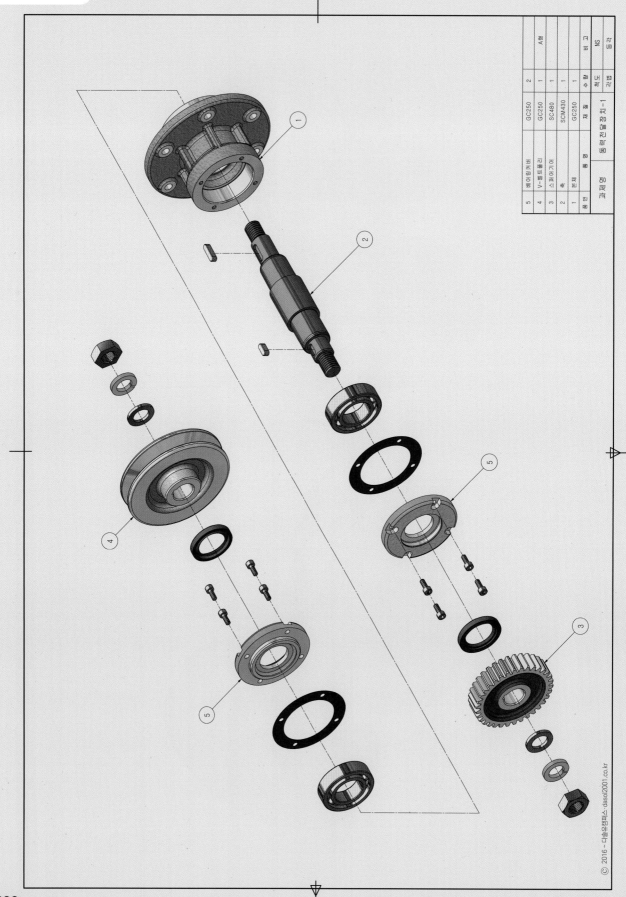

5	베어링커버	GC250	2	A형
4	V-벨트풀리	GC250	1	
3	스퍼어기어	SC480	1	
2	축	SCM430	1	
1	본체	GC250	1	
품번	품명	재질	수량	비고

과제명 | 동력전달장치-1 | 척도 | NS | 각법 | 3각법

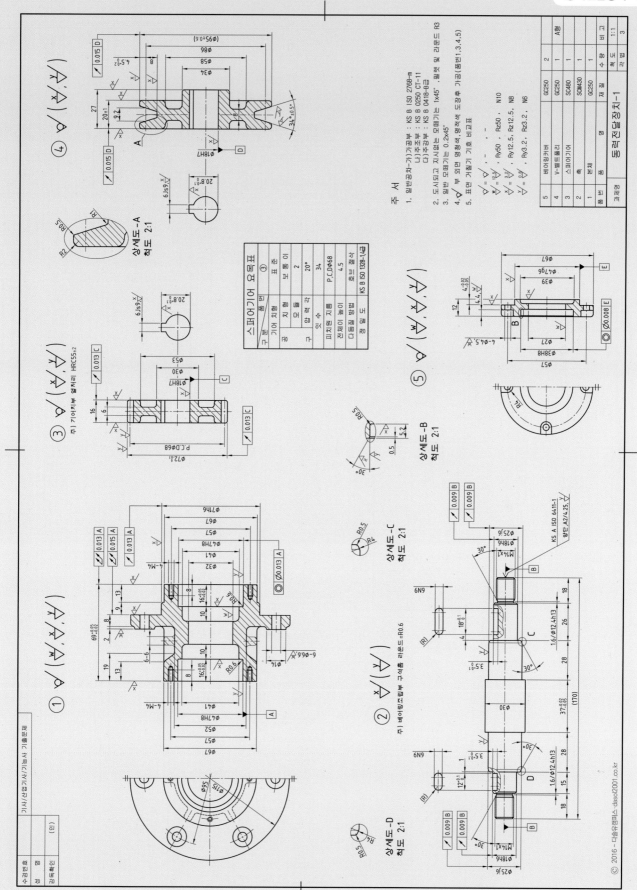

© 2016 - 다솔유캠퍼스-dasol2001.co.kr

스퍼기어 요목표

기어 치형	표준	
공구	치형	보통이
	모듈	2
	압력각	20°
잇수		34
피치원 지름		P.C.D∅68
전체이 높이		4.5
다듬질 방법		호브절삭
정밀도		KS B ISO 1328-1급

주 서

1. 일반공차-가)가공부 : KS B ISO 2768-m
   나)주조부 : KS B 0250 CT-11
   다)주강부 : KS B 0418-B급
2. 도시되고 지시없는 모떼기는 1x45°, 필렛 및 라운드 R3
3. 일반 모떼기는 0.2x45°
4. ∇부 외면 명청색, 영적색 도장후 기유(품번1,3,4,5)
5. 표면 거칠기 기호 비교표

품번	품명	재질	수량	비고
5	베어링커버	GC250	2	A형
4	V-벨트풀리	GC250	1	
3	스퍼어기어	SC480	1	
2	축	SCM430	1	
1	본체	GC250	1	

과제명	동력전달장치-1	척도	1:1
		각법	3

상세도-A
척도 2:1

상세도-B
척도 2:1

상세도-C
척도 2:1

상세도-D
척도 2:1

주) 기어치부 열처리 HRC55±2

주) 베어링조립부 구석홈 라운드=R0.6

KS A ISO 6411-1

일반 A2/4.25

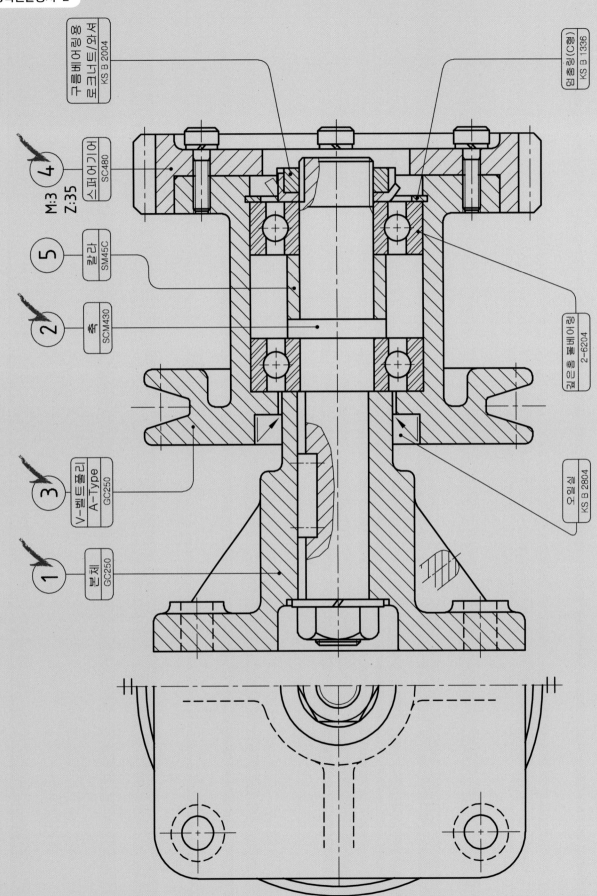

구름베어링용
로크너트/와셔
KS B 2004

멈춤링(C형)
KS B 1336

M:3
Z:35
스퍼어기어
SC480
④

칼라
SM45C
⑤

축
SCM430
②

깊은홈볼베어링
2-6204

V-벨트풀리
A-Type
GC250
③

오일실
KS B 2804

본체
GC250
①

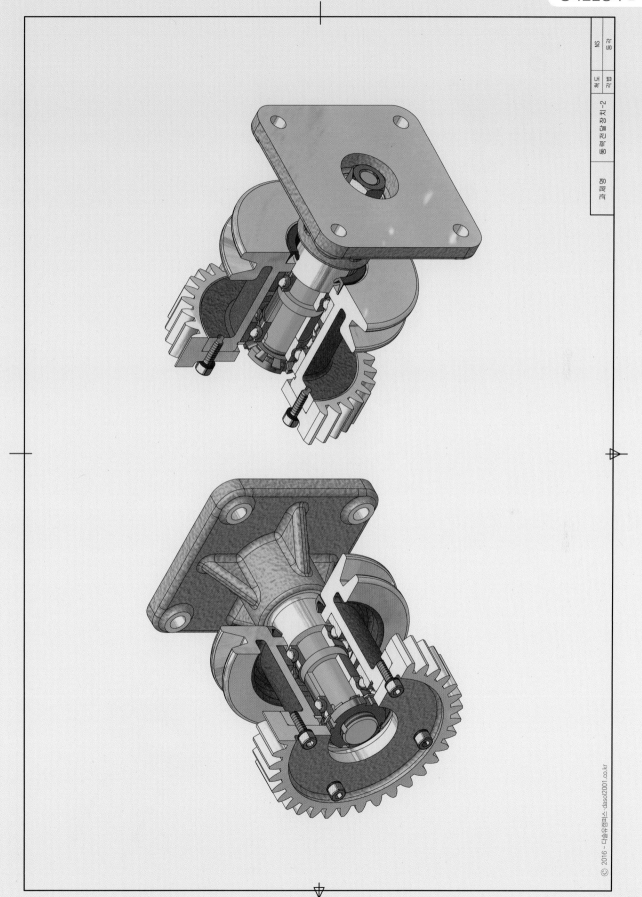

NS | 동길
척도 | 각법
동력전달장치-2
과제명 09

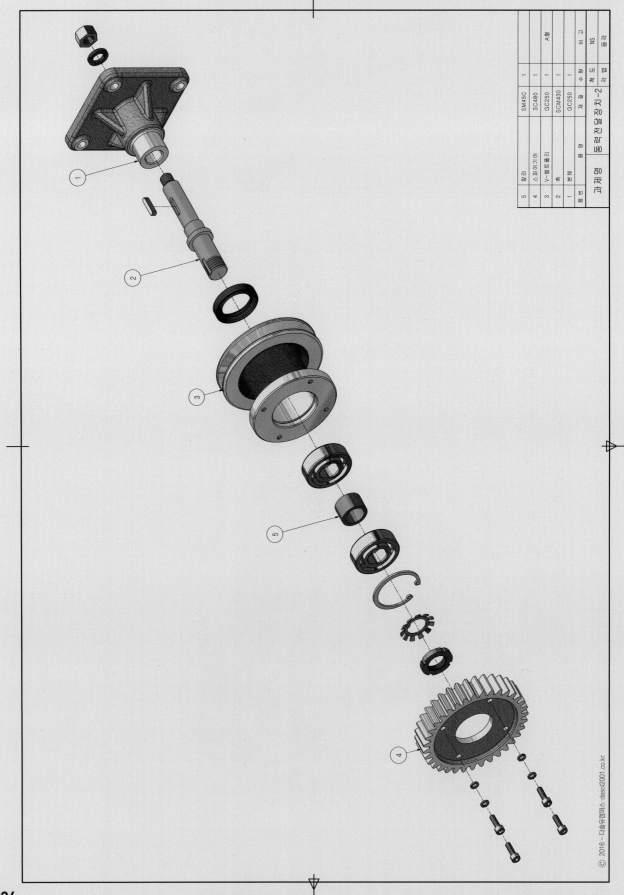

품번	품명	재질	수량	비고
5	칼라	SM45C	1	
4	스퍼어기어	SC480	1	A형
3	V-벨트풀리	GC250	1	
2	축	SCM430	1	
1	본체	GC250	1	
품번	품명	재질	수량	비고

과제명	동력전달장치-2	척도	NS
		각법	3각법

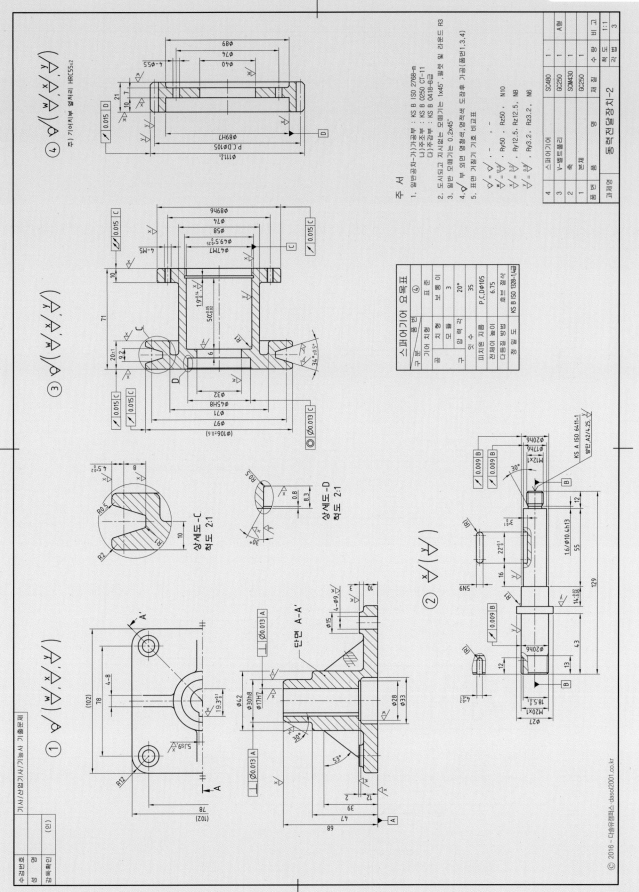

주) 기어치부 열처리 HRC55±2

주 서

1. 일반공차-가-가공부 : KS B ISO 2768-m
   주조부 : KS B 0250 CT-11
   나사부-수나사 : 6g
   암나사 : 6H
2. 도시되지 않은 모떼기는 1×45°, 필릿 및 라운드 R3
3. 일반 모떼기는 0.2×45°
4. ⑨ 부 외면 명청색, 명적색 도장후 도장붙 기름(품번1,3,4)
5. 표면 거칠기 기호 비교표

스퍼기어 요목표		
구분	품번	④
기어 치형		표준
공구	치형	보통이
	모듈	3
	압력각	20°
잇수		35
피치원 지름		P.C.D Ø105
전체이 높이		6.75
다듬질 방법		호브 절삭
정밀도		KS B ISO 1328-1 4급

과제명	동력전달장치-2			
4	스퍼기어	SC480	1	
3	V-벨트풀리	GC250	1	A형
2	축	SCM430	1	
1	본체	GC250	1	
품번	품 명	재 질	수량	비고
		척도	1:1	
		각법	3	

© 2016 - 다솔유캠퍼스 - dasol2001.co.kr

상세도-C 척도 2:1

상세도-D 척도 2:1

단면 A-A'

주 : 일반공차 가-가공부

기사/산업기사/기능사 기출문제

(1인) 다솔유캠퍼스

237

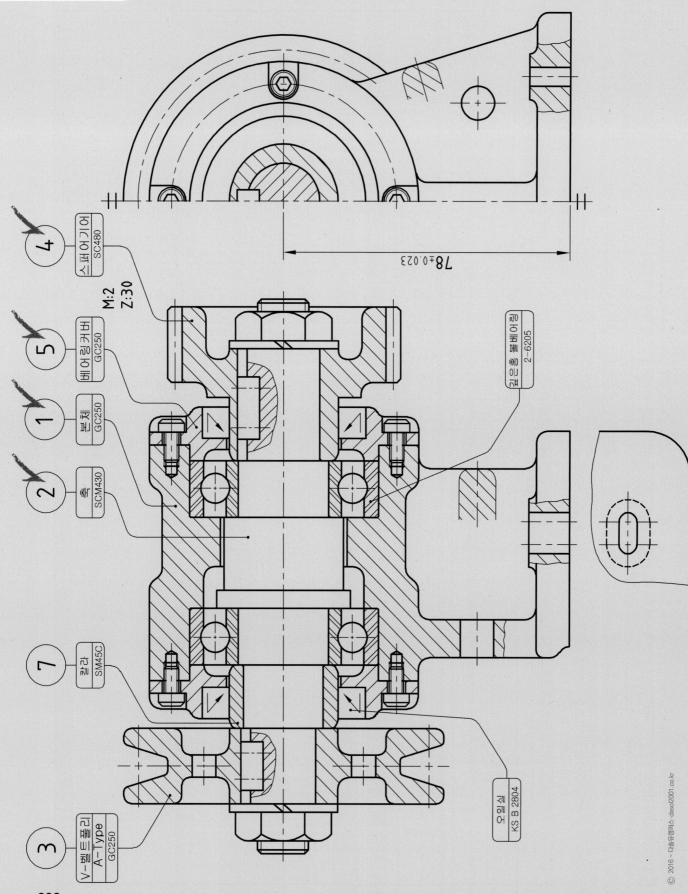

④ 스퍼어기어 SC480

⑤ 베어링커버 GC250

① 본체 GC250

② 축 SCM430

⑦ 칼라 SM45C

③ V-벨트풀리 A-Type GC250

M:2 Z:30

깊은홈볼베어링 2-6205

오일실 KS B 2804

78±0.023

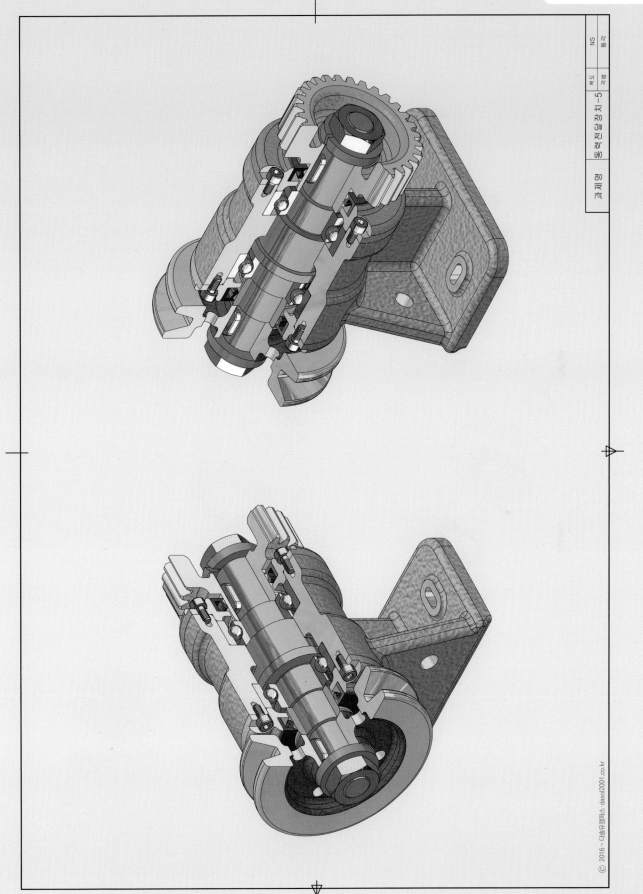

과제명 | 동력전달장치-5 | 척도 | NS
척도 | 각법 | 3각법

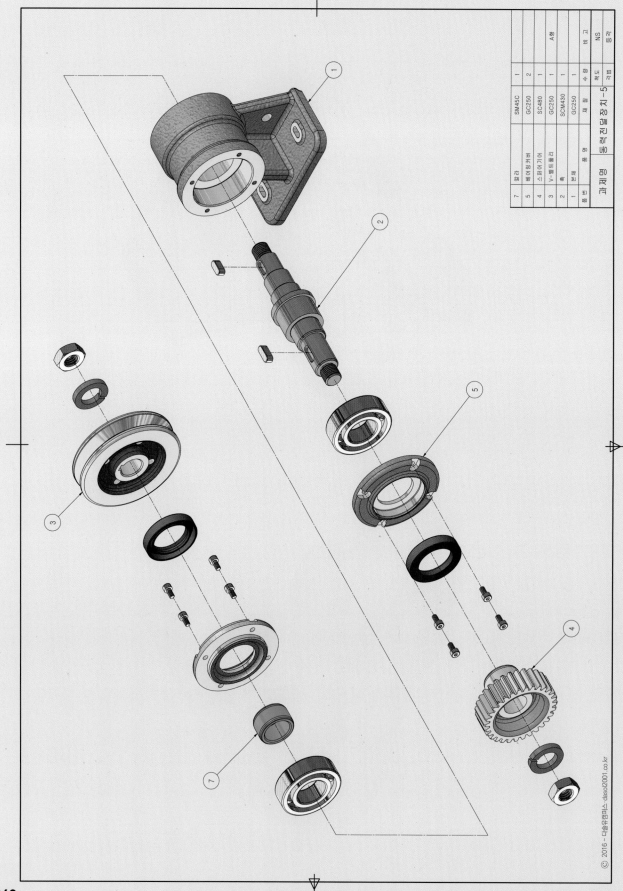

품번	품명	재질	수량	비고
7	칼라	SM45C	1	
5	베어링커버	GC250	2	
4	스퍼어기어	SC480	1	A형
3	V-벨트풀리	GC250	1	
2	축	SCM430	1	
1	본체	GC250	1	

과제명 동력전달장치-5 척도 NS
각법 3각법

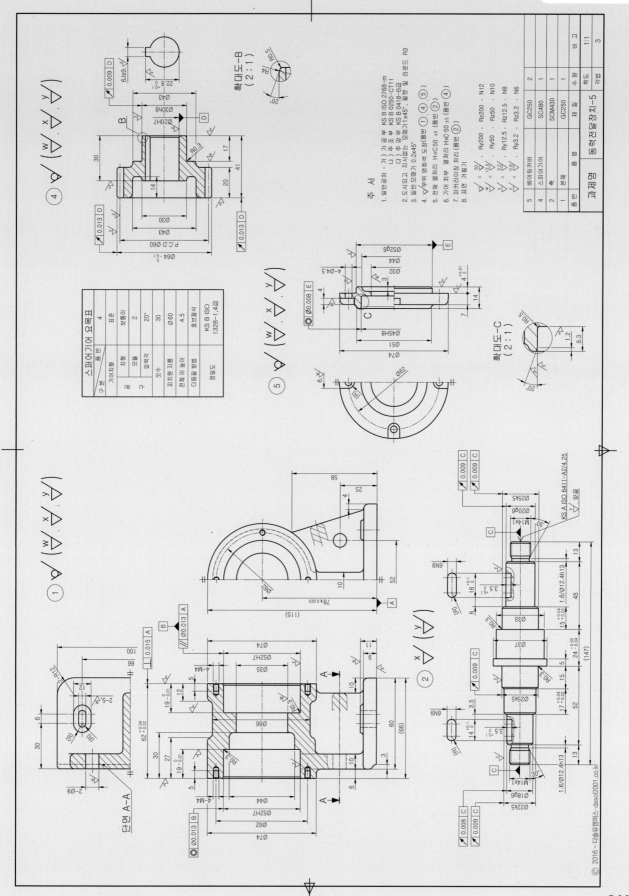

확대도-B (2:1)

확대도-C (2:1)

단면 A-A

주 서

1. 일반공차 - 가) 가공부 보통급   KS B ISO 2768-m
              나) 주조부 보통급   KS B 0250-CT11
              다) 주강 탭사없는 모떼기가45°, 필렛 및 라운드 R3
2. 도시되고 지시없는 모떼기가 0.2x45°
3. 일반 모떼기가 0.2x45°
4. ▽부위 명칭은 도장(동번 ① ④ ⑤)
5. 전체 열처리 H₂C50 ±5 (동번 ②)
6. 기어 이부 열처리 H₂C50 ±5 (동번 ④)
7. 파커라이징 처리 (동번 ②)
8. 표면 거칠기

스퍼어기어 요목표		
기어치형		표준
공구	치형	보통이
	모듈	2
	압력각	20°
잇수		30
피치원 지름		Ø60
전체 이 높이		4.5
다듬질방법		호브절삭
정밀도		KS B ISO 1328-1,4급

품번	품 명	재 질	수 량	비 고
5	베어링커버	GC250	2	
4	스퍼어기어	SC480	1	
2	축	SCM430	1	
1	본체	GC250	1	
품번	품 명	재 질	수 량	비 고
과제명	동력전달장치-5		척도	1:1
			각법	3

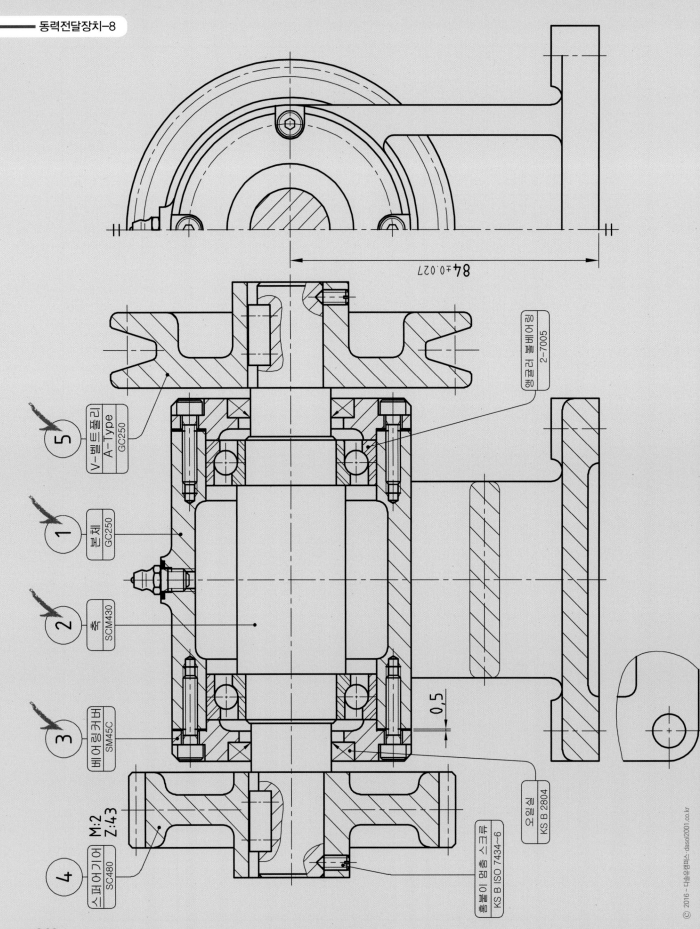

84±0.027

V-벨트풀리
A-Type
GC250

5

본체
GC250

1

축
SCM430

2

베어링커버
SM45C

3

스퍼어기어 M:2
Z:43
SC480

4

0,5

앵귤러볼베어링
2-7005

오일실
KS B 2804

홈붙이 멈춤스크류
KS B ISO 7434~6

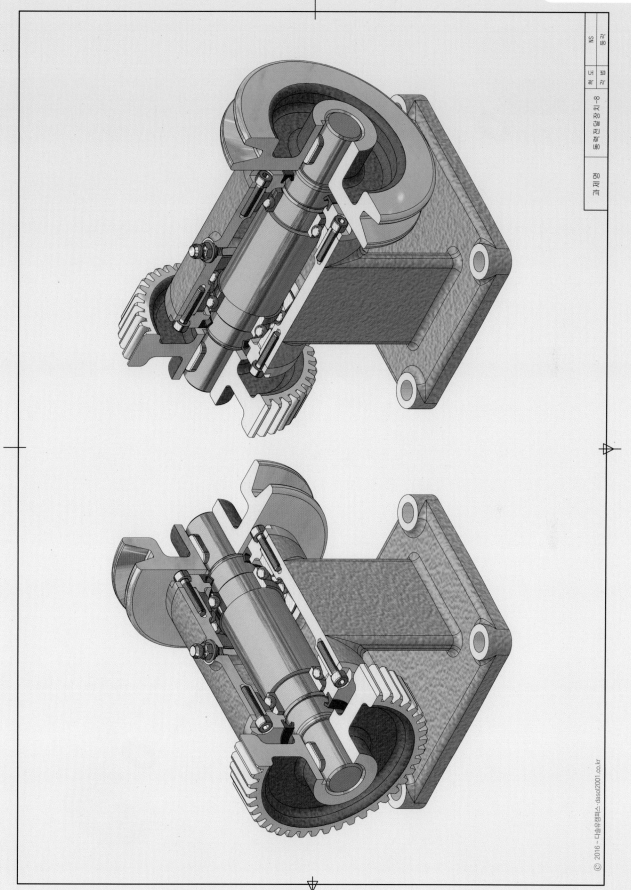

© 2016 - 다솔유캠퍼스-dasol2001.co.kr

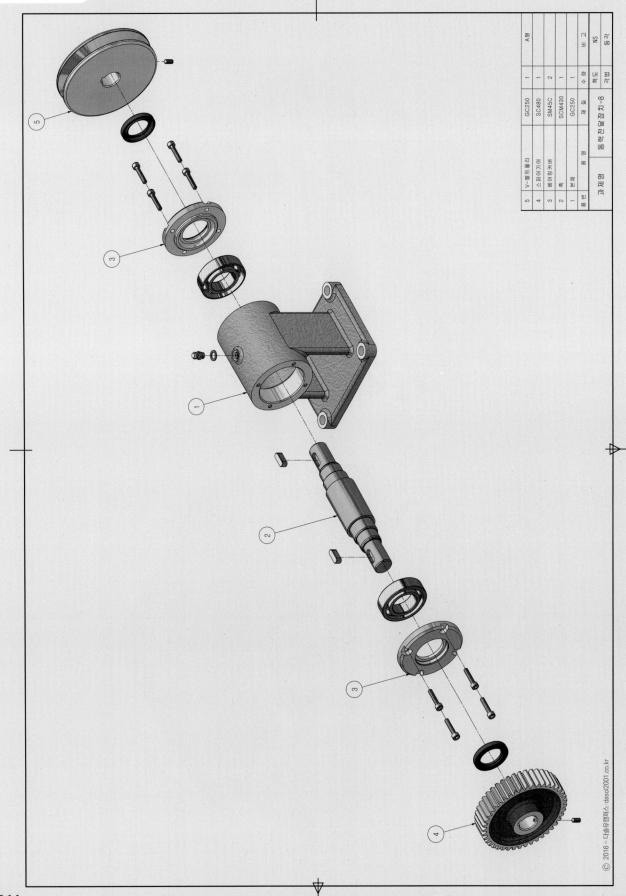

5	V-벨트풀리		GC250	1	A형
4	스퍼어기어		SC480	1	
3	베어링커버		SM45C	2	
2	축		SCM430	1	
1	본체		GC250	1	
품번	품명		재질	수량	비고
	도명	동력전달장치-8		척도	NS
				각법	동각

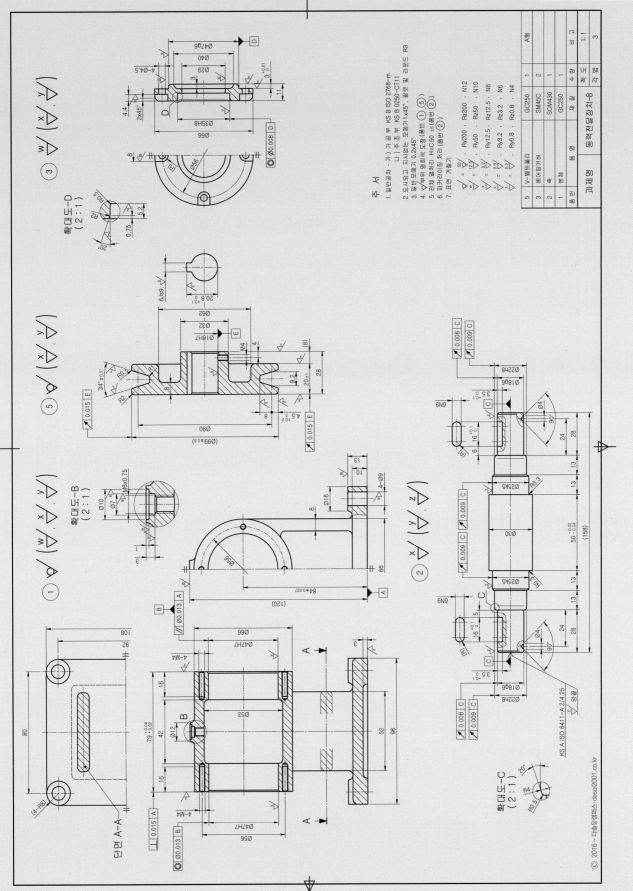

주 서

1. 일반공차 - 가) 가공부 KS B ISO 2768-m
          나) 주조부 KS B 0250-CT11
2. 도시되고 지시없는 모떼기1x45˚, 필렛 및 라운드 R3
3. 일반모떼기 0.2x45˚
4. √부위 영힌식 도장 (동번 ① ⑤)
5. 전체 열처리 HrC50 ±5 (동번 ②)
6. 파커라이징 처리 (동번 ②)
7. 표면 거칠기

5	V-벨트풀리	1	GC250	A형
4	베어링커버	2	SM45C	
2	축	1	SCM430	
1	본체	1	GC250	
품 번	품 명	수 량	재 질	비 고

	과제명	동력전달장치-8	척 도	1:1
			각 법	3

단면 A-A
확대도-B (2:1)
확대도-D (2:1)
확대도-C (2:1)

© 2016 · 다솔유캠퍼스·dasol2001.co.kr

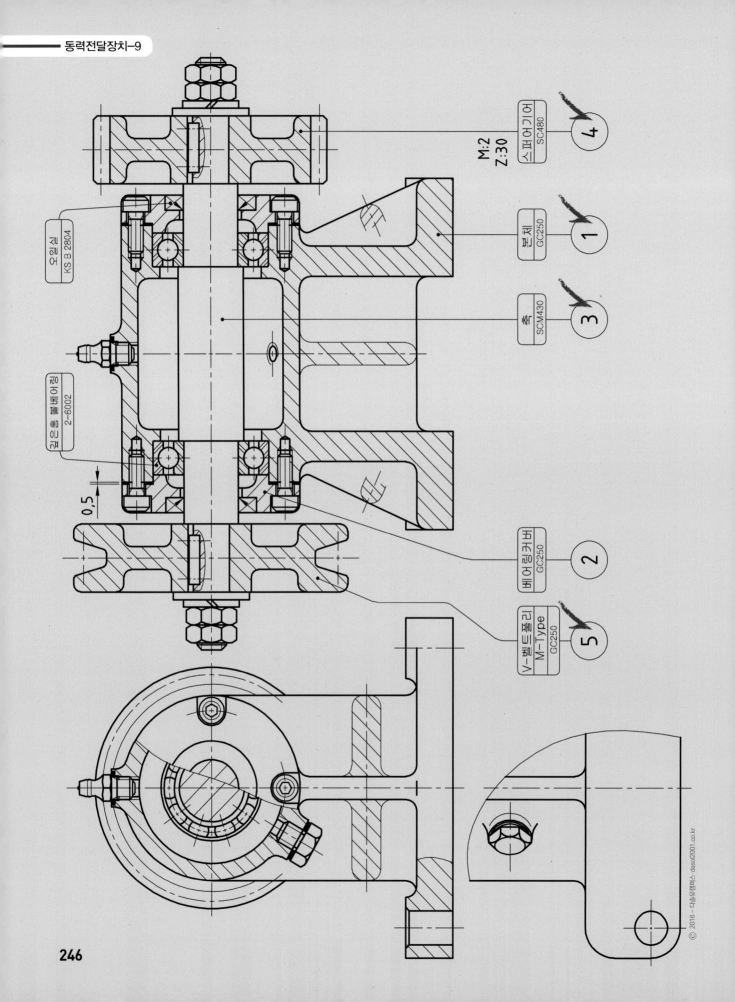

오일실
KS B 2804

멈춤링축용
2-6002

0.5

스퍼어기어
SC480
M:2
Z:30
4

본체
GC250
1

축
SCM430
3

베어링커버
GC250
2

V-벨트풀리
M-Type
GC250
5

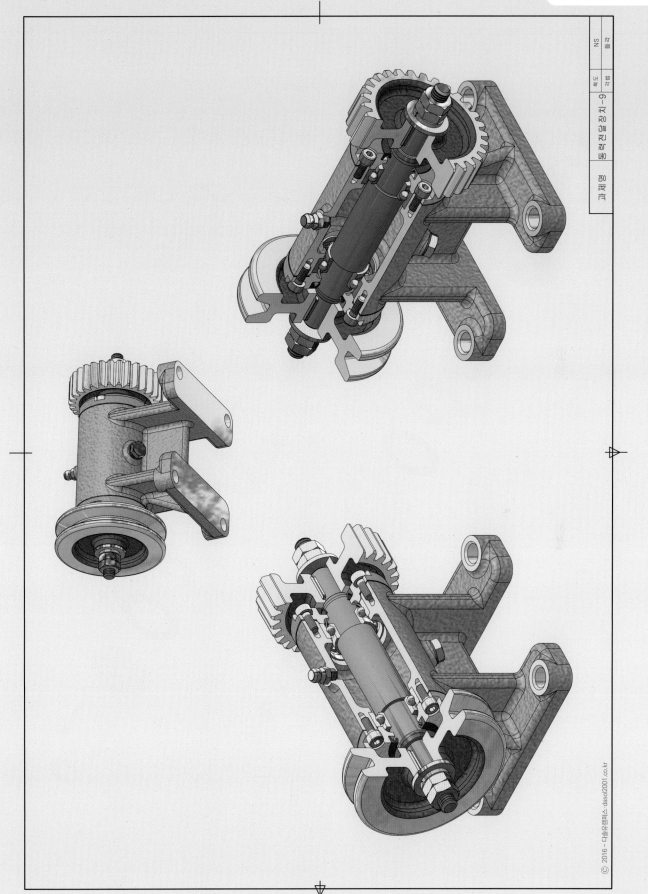

NS 명칭

척도 재질

동력전달장치-9

품명 규격

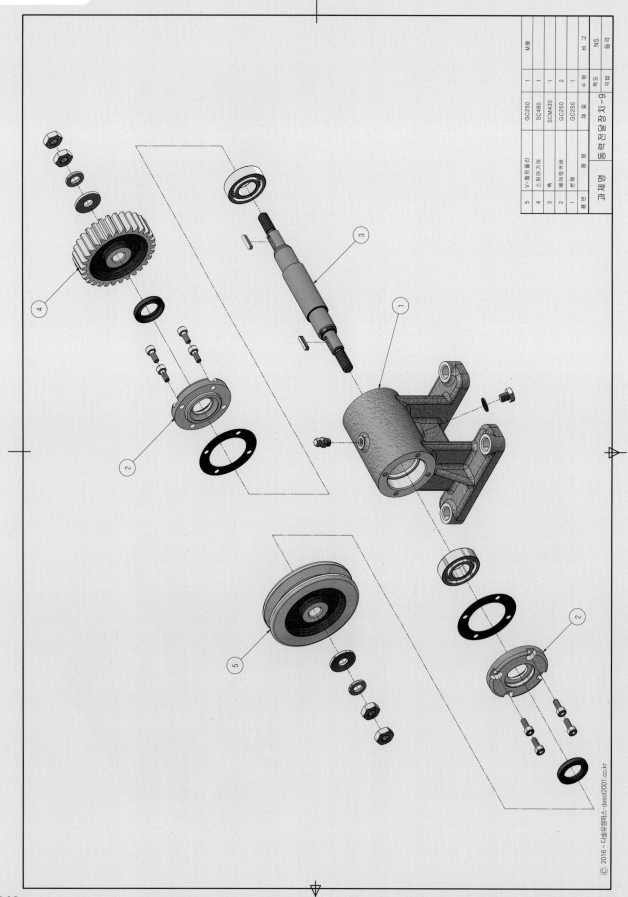

5	V-벨트풀리	GC250	1		M형
4	스퍼어기어	SC480	1		
3	축	SCM430	1		
2	커버	GC250	2		
1	본체	GC250	1		
품번	품명	재질	수량	척도	NS	비고	각법	1각법

과제명 동력전달장치-9

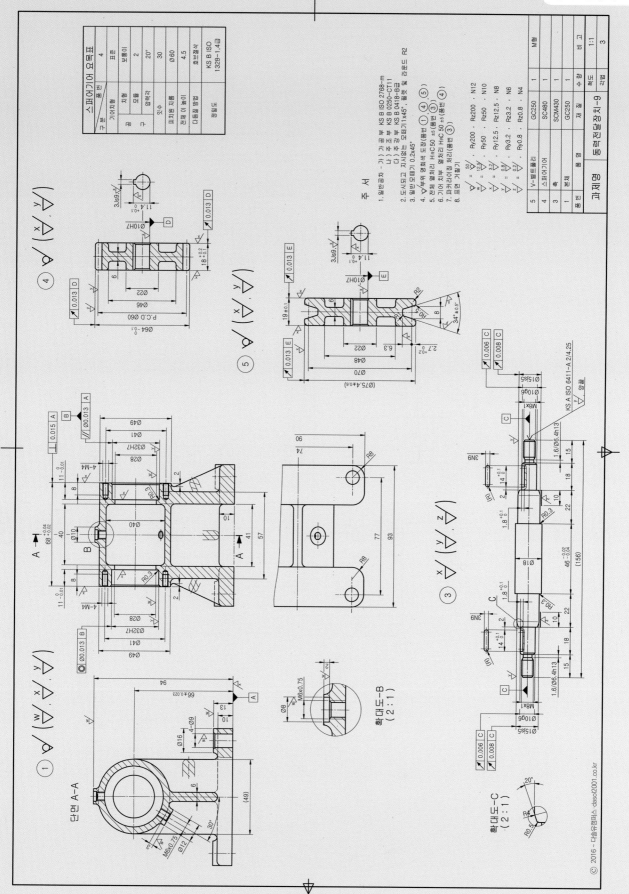

스퍼기어 요목표

구분	기어치형	표준
	모듈	4
공구	치형	표준
	압력각	20°
잇수		30
피치원 지름		Ø60
전체 이 높이		4.5
다듬질 방법		호브절삭
정밀도		KS B ISO 1328-1.4급

주 서

1. 일반공차 - 가) 가 공 부 누 KS B ISO 2768-m
   나) 주 조 부 누 KS B 0250-CT11
   다) 주 조 부 누 KS B 0418-B급
2. 도시되고 지시 없는 모떼기1×45°, 필렛 및 라운드 R2
3. 일반 모떼기 0.2×45°
4. ▽부위 영화석 도장(품번 ① ④ ⑤)
5. 전체 열처리 HrC50 ±5(품번 ③)
6. 기어 치부 열처리 HrC 50 ±5(품번 ④)
7. 파커라이징 처리(품번 ③)
8. 표면 거칠기

✓ = $\frac{50}{w}$	▽	Ry200 - Rz200 - N12
	▽	Ry50 - Rz50 - N10
	▽▽	Ry12.5 - Rz12.5 - N8
	▽▽▽	Ry3.2 - Rz3.2 - N6
	▽▽▽▽	Ry0.8 - Rz0.8 - N4

5	V-벨트풀리		GC250	1	
4	스퍼기어		SC480	1	
3	축		SCM430	1	
	본체		GC250	1	
			M형		
품번	품 명		재 질	수량	비 고

과제명	동력전달장치-9	척도	1:1
		각법	3

단면 A-A

확대도-B
(2:1)

확대도-C
(2:1)

① ▽ (▽ · ▽ · ▽)
w x y

① ▽ (▽ · ▽ · ▽)
w x y

③ ▽ (▽ · ▽ · ▽)
x y z

④ ▽ (▽ · ▽)
x y

⑤ ▽ (▽ · ▽)
x y

KS A ISO 6411-A 2/4.25

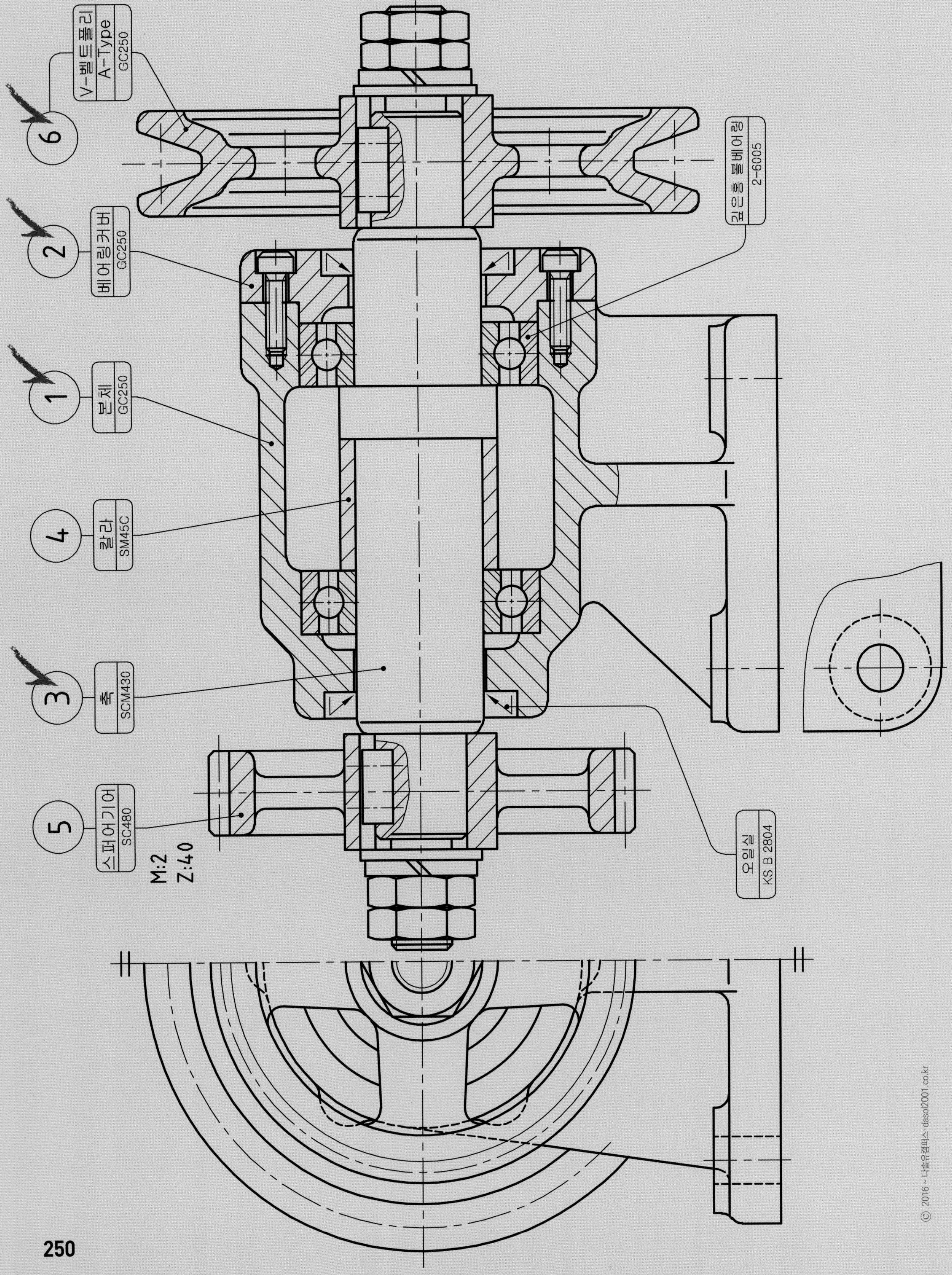

⑥ V-벨트풀리 A-Type GC250

② 베어링커버 GC250

① 본체 GC250

④ 칼라 SM45C

③ 축 SCM430

⑤ 스퍼기어 SC480

M:2
Z:40

2-6005 깊은홈볼베어링

오일실 KS B 2804

NS
감리

도면
척도

동력전달장치-12

동력전달장치

명칭재료

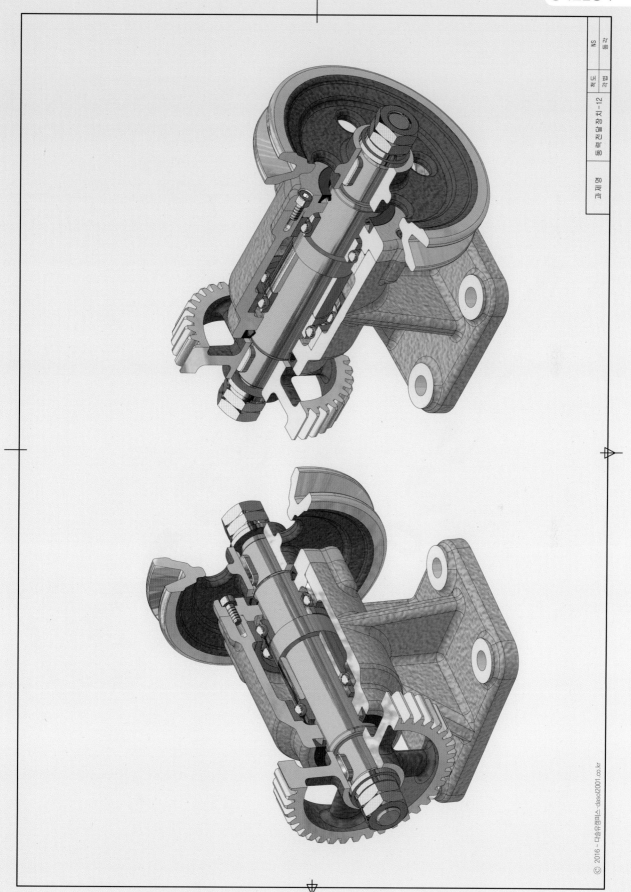

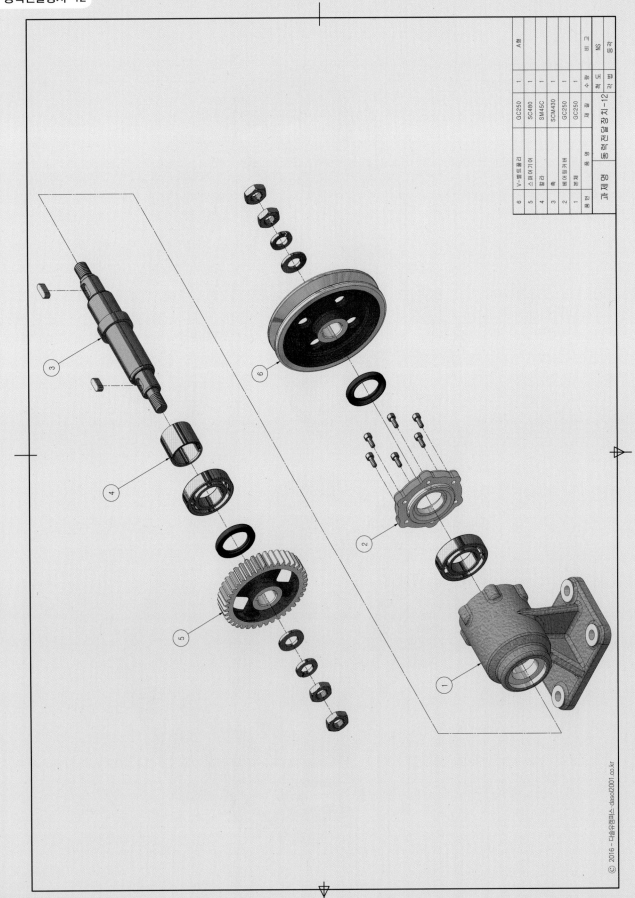

품번	품명	재질	수량	비고
6	V-벨트풀리	GC250	1	A형
5	스퍼어기어	SC480	1	
4	칼라	SM45C	1	
3	축	SCM430	1	
2	베어링커버	GC250	1	
1	본체	GC250	1	
품번	품명	재질	수량	비고
	과제명	동력전달장치−12	척도 NS	각법 3각법

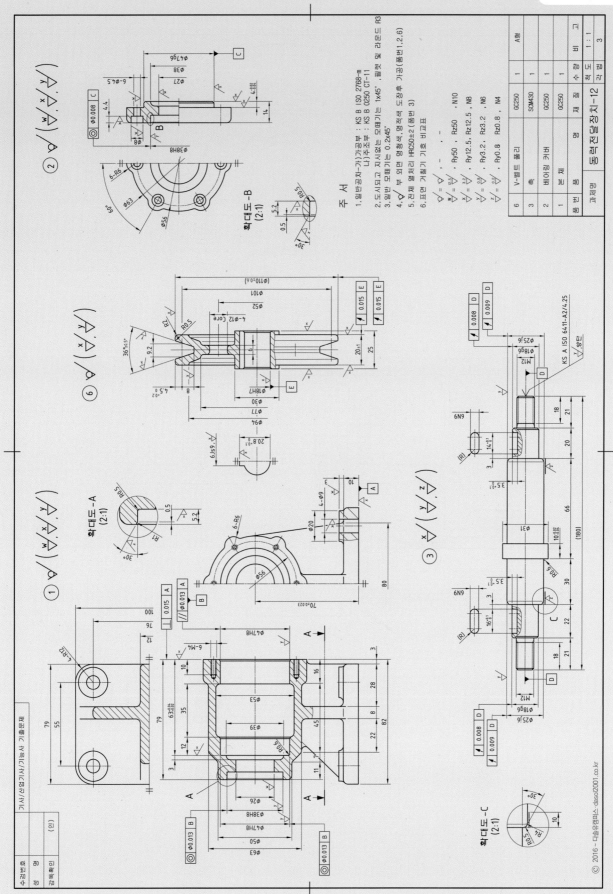

주 서

1. 일반공차 - 가) 가공부 : KS B ISO 2768-m
                나) 주조부 : KS B 0250 CT-11
2. 도시되고 지시없는 모떼기는 1x45°, 필렛 및 라운드 R3
3. 일반 모떼기는 0.2x45°
4. ▽부 외면 명청색, 명적색 도장후 가공(품번1,2,6)
5. 전체 열처리 HRC50±2(품번 3)
6. 표면 거칠기 기호 비교표

▽ = ▽		
w/ = ▽	Ry50 , Rz50 , N10
x/ = ³·²	Ry12.5 , Rz12.5 , N8
y/ = ⁰·⁸	Ry3.2 , Rz3.2 , N6
z/ = ⁰·²	Ry0.8 , Rz0.8 , N4

품번	품명	재질	수량	비고
6	V-벨트 풀리	GC250	1	A형
3	축	SCM430	1	
2	베어링 커버	GC250	1	
1	본체	GC250	1	

과제명	동력전달장치-12	척도	1 : 1
		각법	3

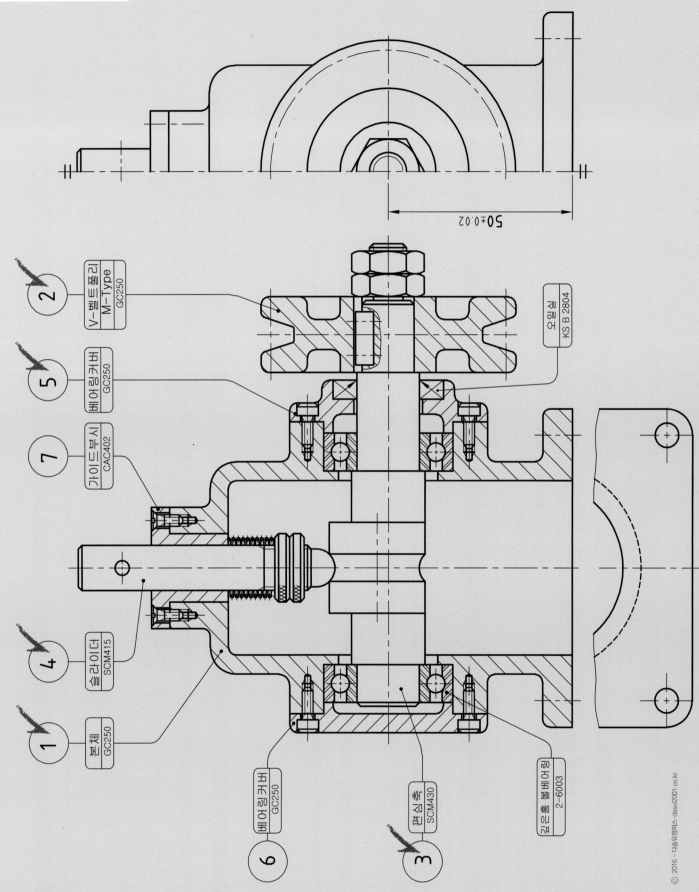

50±0.02

2	V-벨트풀리 M-Type GC250
5	베어링커버 GC250
7	가이드부시 CAC402
4	슬라이더 SCM415
1	본체 GC250

오일실 KS B 2804

베어링커버 GC250

편심축 SCM430

깊은홈 볼베어링 2-6003

| 6 |
| 3 |

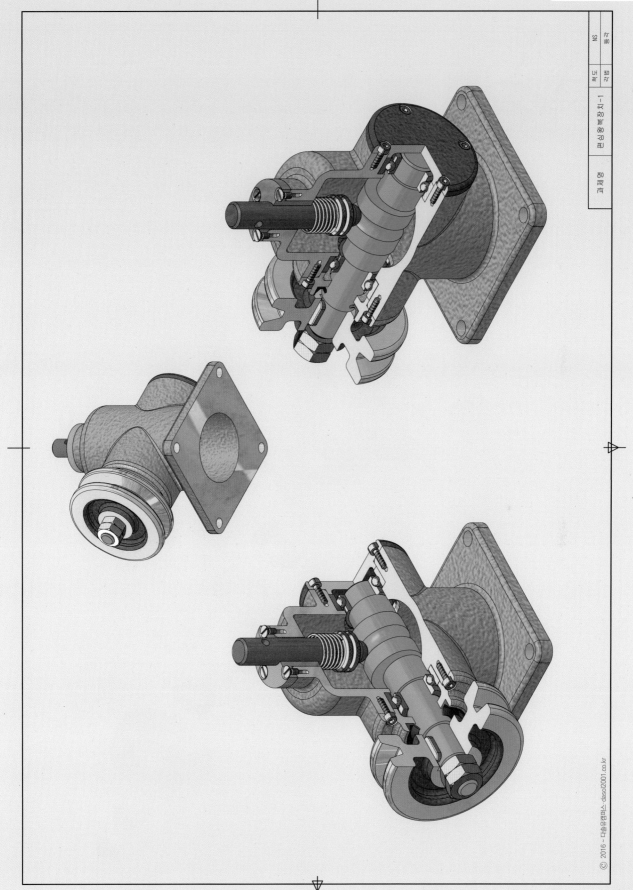

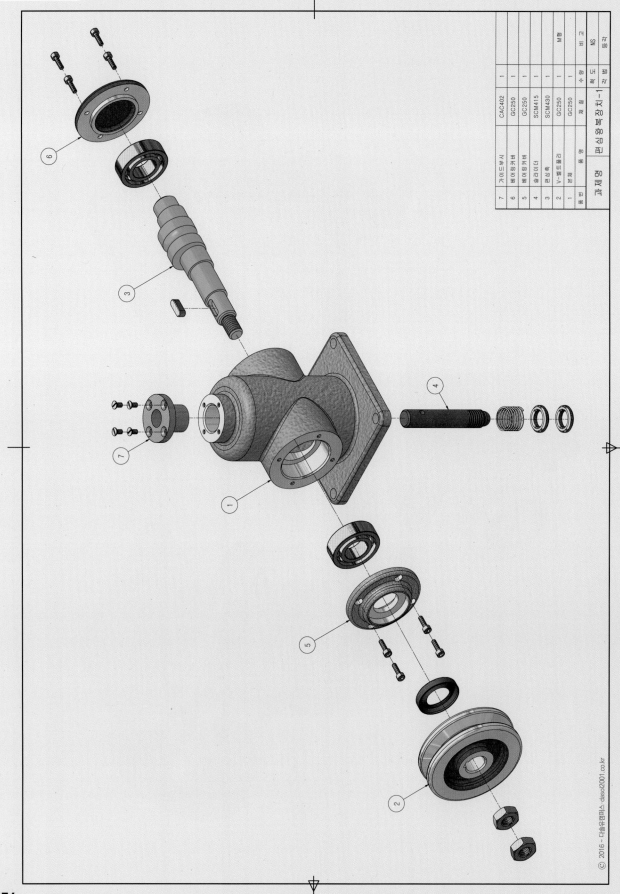

품번	품 명	재 질	수 량	비 고
7	가이드부시	CAC402	1	
6	베어링커버	GC250	1	
5	베어링커버	GC250	1	
4	슬라이더	SCM415	1	
3	편심축	SCM430	1	
2	V-벨트풀리	GC250	1	M형
1	본체	GC250	1	

| 척 도 | NS | 편심왕복장치-1 |
| 각 법 | 3각법 | 고재성 |

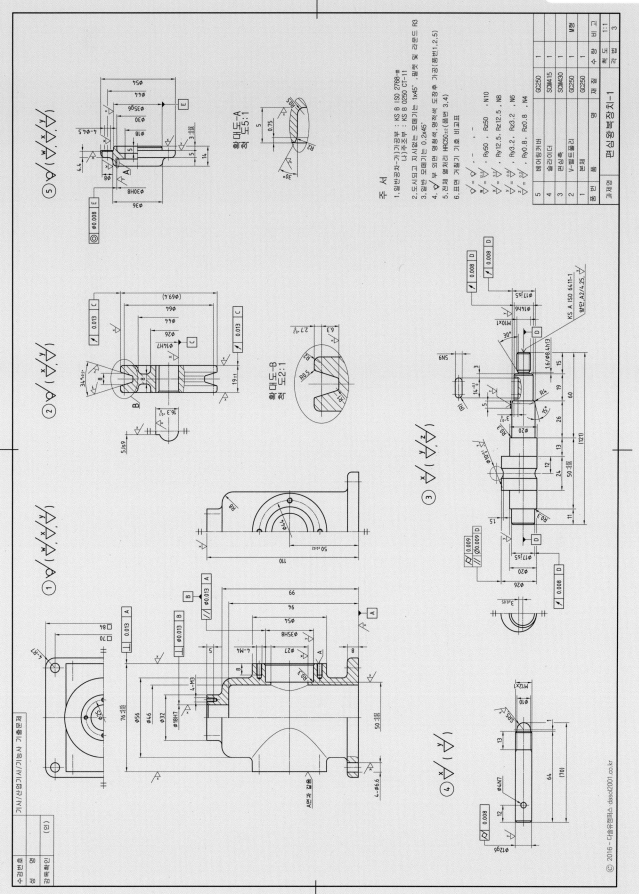

주 서

1. 일반공차-가)기공부 : KS B ISO 2768-m
   나)주조부 : KS B 0250 CT-11
2. 도시되고 지시없는 모떼기는 1x45°, 필렛 및 라운드는 R3
3. 일반 모떼기는 0.2x45°
4. ◯부 외면 명청색, 명적색 도장후 가공(품번1,2,5)
5. 전체 열처리 HRC50±2 (품번 3,4)
6. 표면 거칠기 기호 비교표

편심왕복장치-1				척도	1:1

ⓒ 2016 · 다솔유컴퍼스 · dasol2001.co.kr

257

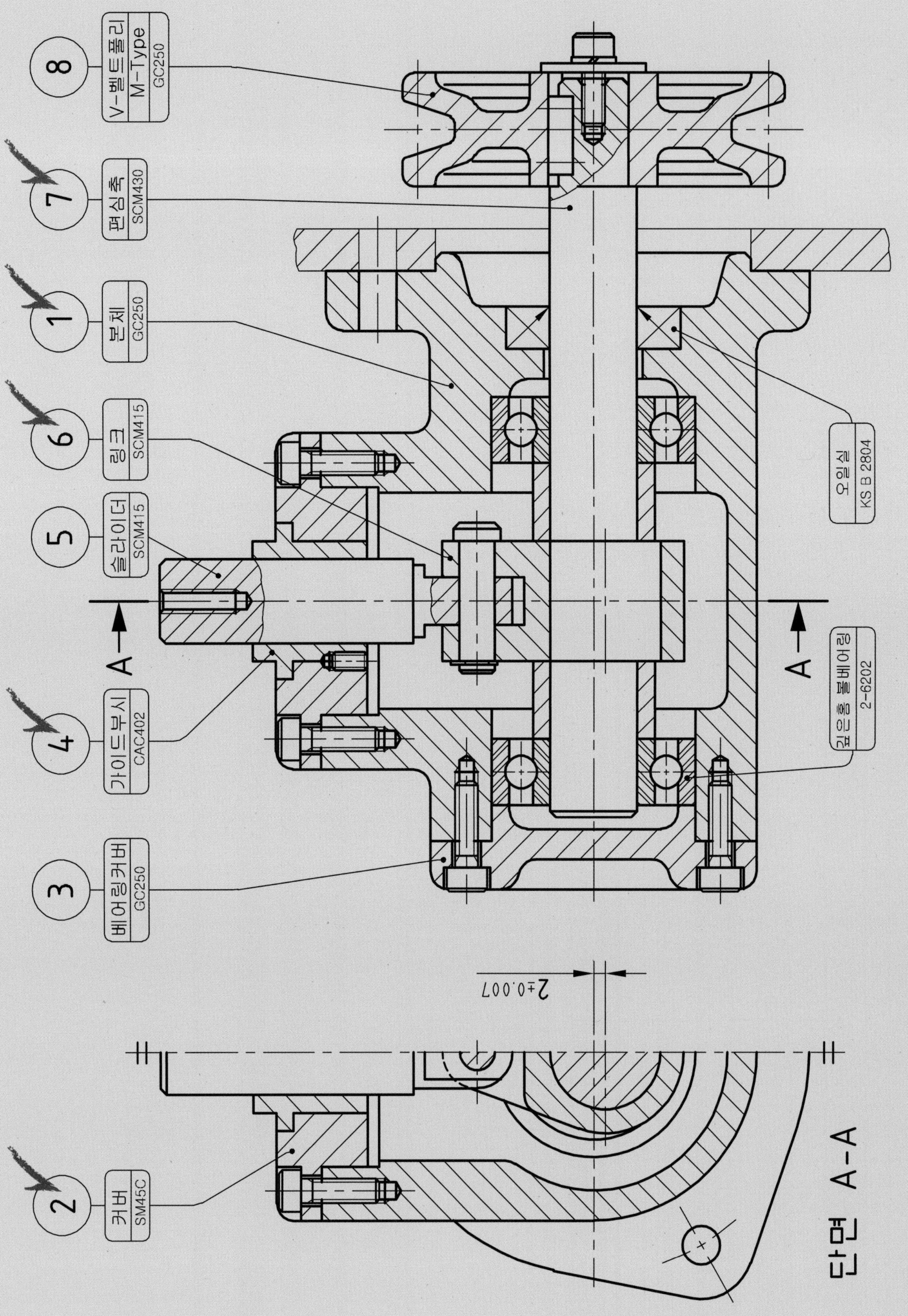

| 8 | V-벨트풀리 M-Type | GC250 |

| 7 | 편심축 | SCM430 |

| 1 | 본체 | GC250 |

| 6 | 링크 | SCM415 |

| 5 | 슬라이더 | SCM415 |

| 4 | 가이드부시 | CAC402 |

| 3 | 베어링커버 | GC250 |

| 2 | 커버 | SM45C |

오일실 KS B 2804

깊은홈볼베어링 2-6202

A →

A →

2 ± 0.007

단면 A-A

258

© 2016 - 다솔유캠퍼스 - dasol2001.co.kr

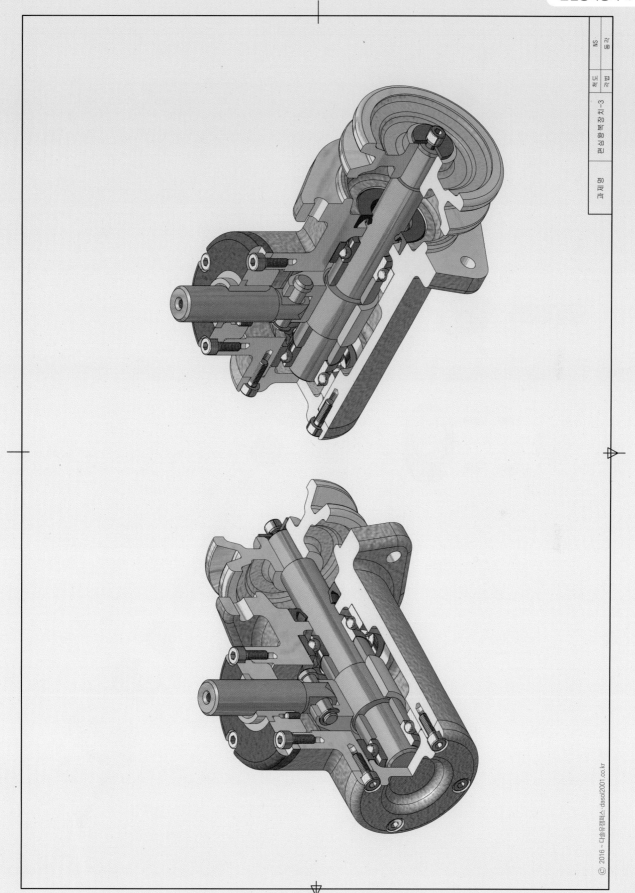

NS | 동판
재 | 편
각 | 각
편심왕복장치-3
정 재 호

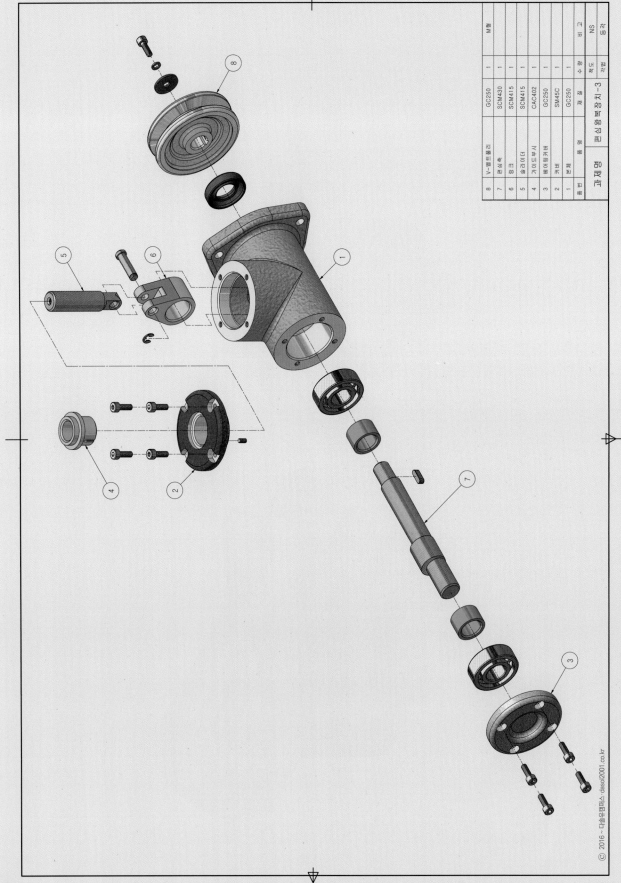

품번	품명	재질	수량	비고
8	V-벨트풀리	GC250	1	M형
7	편심축	SCM430	1	
6	티형	SCM415	1	
5	슬라이더	SCM415	1	
4	가이드부시	CAC402	1	
3	베어링커버	GC250	1	
2	커버	SM45C	1	
1	본체	GC250	1	

과제명	편심왕복장치-3	척도	NS

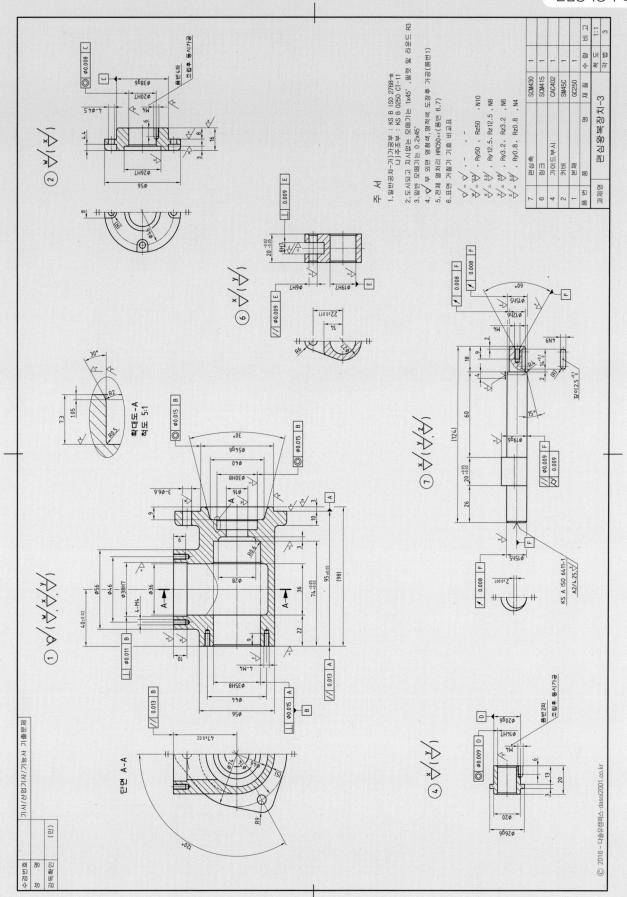

주 서

1.일반공차-가)가공부 : KS B ISO 2768-m
　　　　　　　나)주조부 : KS B 0250 CT-11
2.도시되고 지시없는 모떼기는 1x45°, 필렛 및 라운드는 R3
3.일반 모떼기는 0.2x45°
4.▽부 외면 명청색,영적색 도장후 가공(품번1)
5.전체 열처리 HRC50±2 (품번 6,7)
6.표면 거칠기 기호 비교표

품번	품명	재질	수량	비고
7	편심축	SCM430	1	
6	링크	SCM415	1	
4	가이드부시	CAC402	1	
2	커버	SM45C	1	
1	본체	GC250	1	

과제명 　편심왕복장치-3

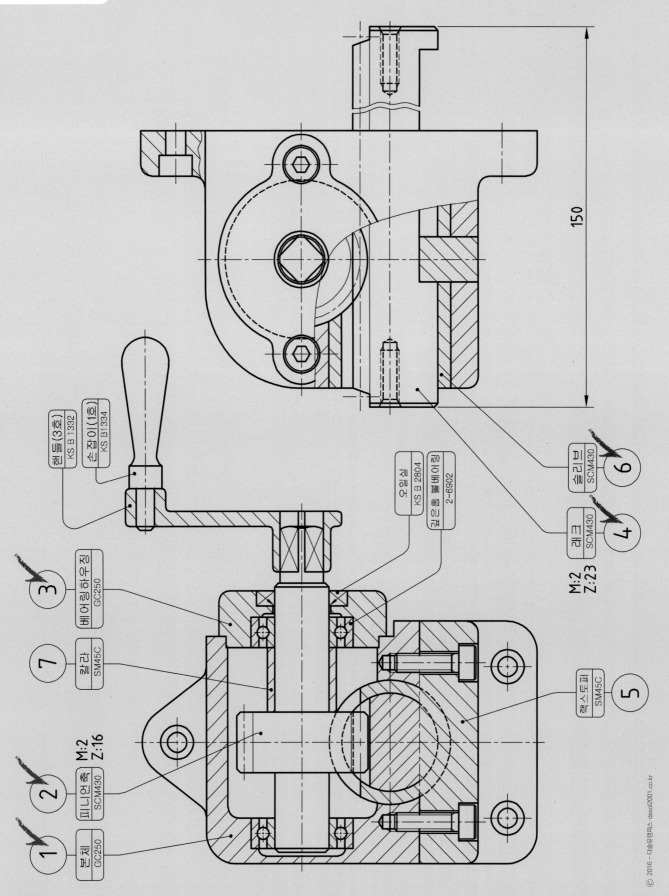

150

핸들(3호)
KS B 1332

손잡이(1호)
KS B 1334

오일실
KS B 2804

깊은홈볼베어링
2-6902

슬리브
SCM430
⑥

래크
SCM430
④

M:2
Z:23

베어링하우징
GC250
③

칼라
SM45C
⑦

랙스토퍼
SM45C
⑤

피니언축
SCM430
②

M:2
Z:16

본체
GC250
①

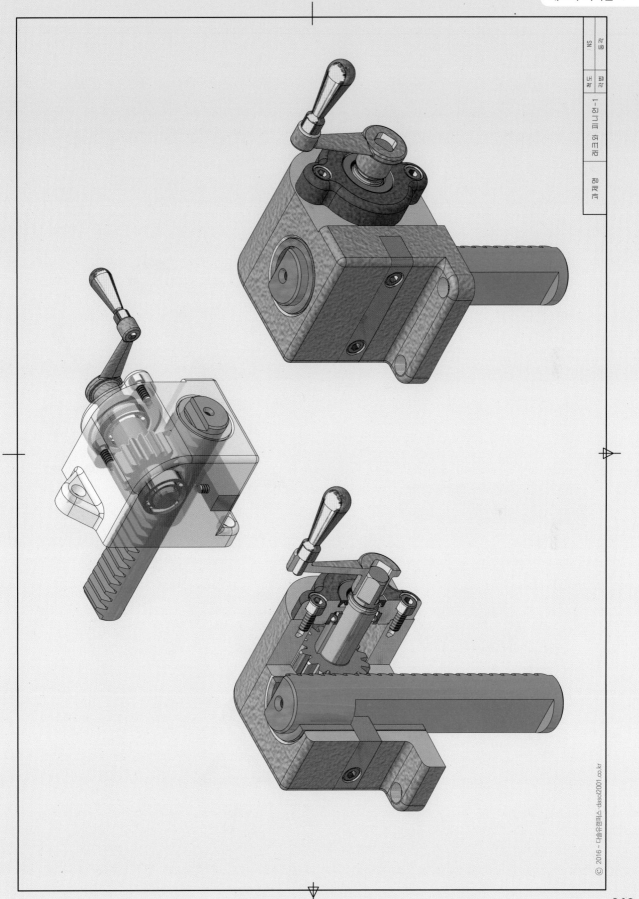

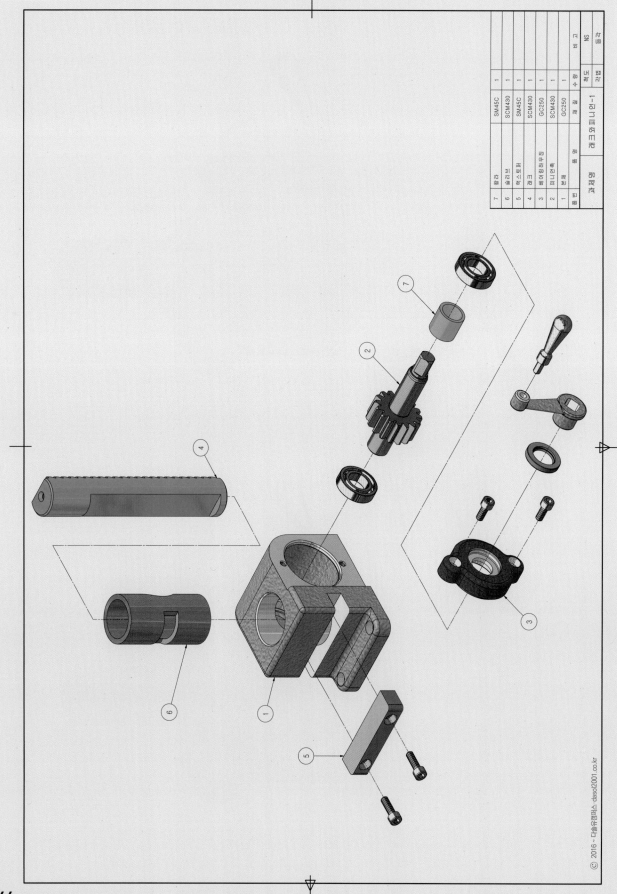

품번	품명	재질	수량	비고
7	칼라	SM45C	1	
6	슬리브	SCM430	1	
5	핑거스토퍼	SM45C	1	
4	래크	SCM430	1	
3	베어링하우징	GC250	1	
2	피니언축	SCM430	1	
1	본체	GC250	2	
품번	품명	재질	수량	비고

래크와 피니언-1

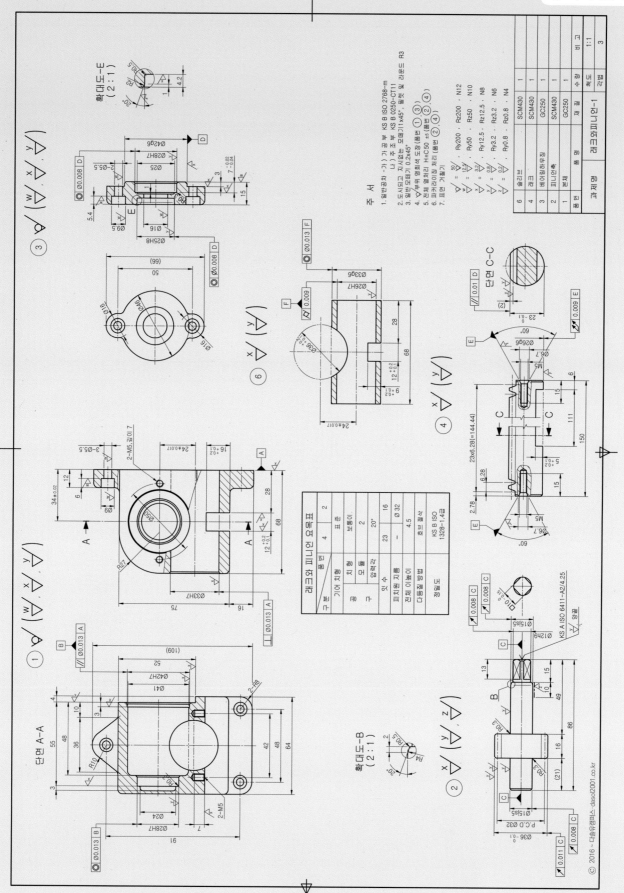

주 서

1. 일반공차-가) 가 공 부 KS B ISO 2768-m
　　　　　 나) 주 조 부 KS B 0250-CT11
2. 도시되고 지시없는 모떼기1×45°, 필렛 및 라운드 R3
3. 일반모떼기 0.2×45°
4. ∇부위 열처리 HℓC50 ±5(품번)
5. 전체 열처리 HℓC50 ±5(품번)
6. 파커라이징 처리(품번)
7. 표면 거칠기

래크와 피니언 요목표		
구 분	품번	4
기어 치형	표준	
공구	치형	보통이
	모듈	2
	압력각	20°
잇수		16
피치원 지름		Ø32
전체 이높이		4.5
다듬질 방법		호브 절삭
정밀도		KS B ISO 1328-1,4급

품번	품명	재질	수량	비고
6	슬리브	SCM430	1	
4	크랭크	SCM430	1	
3	베어링하우징	GC250	1	
2	피니언축	SCM430	1	
1	본체	GC250	1	
	래크와피니언-1		척도	1:1
				3

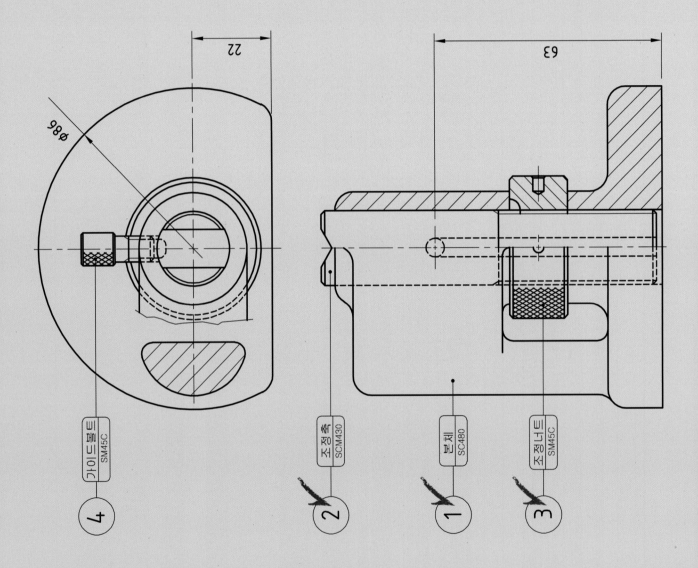

SN 조립 일감상세-1 부품명

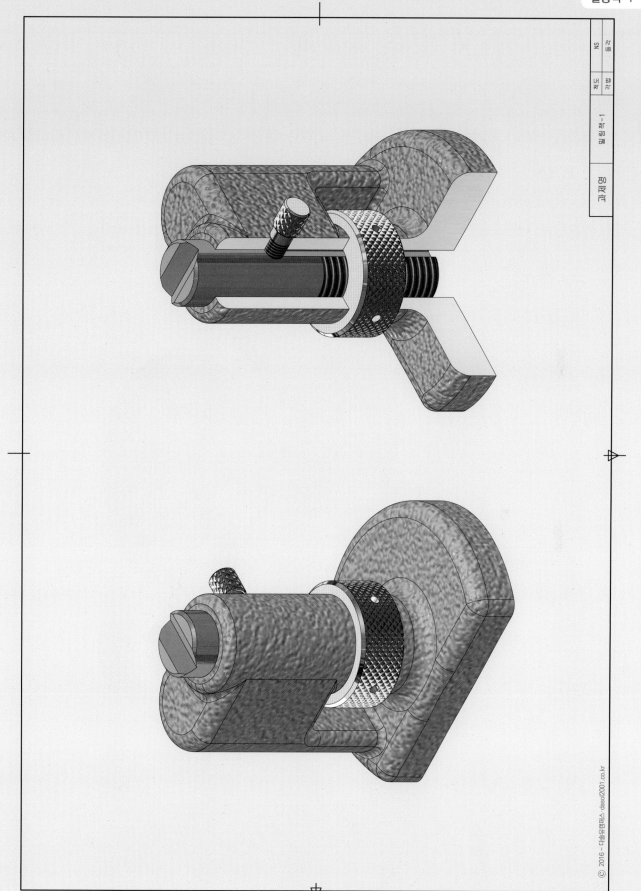

품 번	품 명	재 질	수 량	비 고
4	가이드볼트	SM45C	1	
3	조정너트	SM45C	1	
2	조정축	SCM430	1	
1	본체	SC480	1	

밀링잭-1

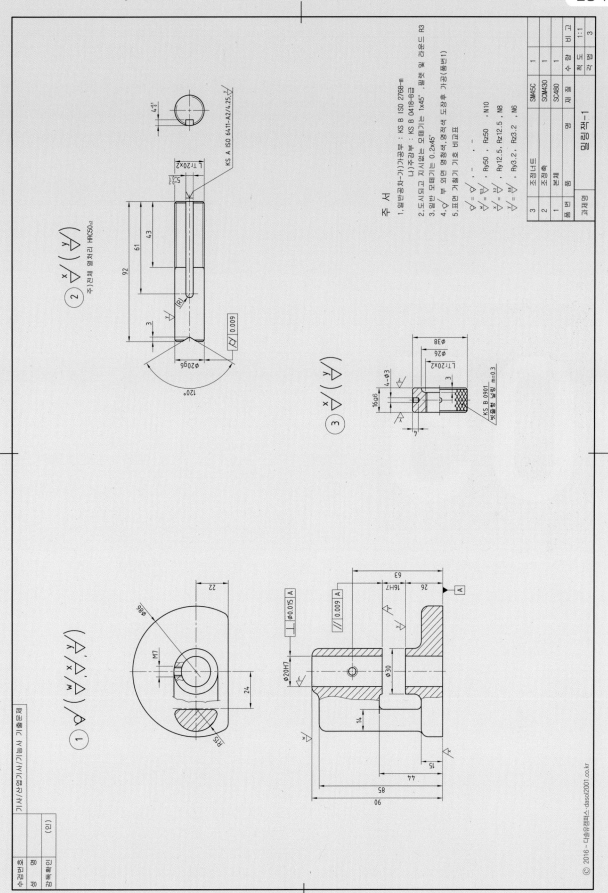

주 서

1. 일반공차-가) 가공부 : KS B ISO 2768-m
   나) 주강부 : KS B 0418-B급
2. 도시되고 지시없는 모떼기는 1x45° , 필렛 및 라운드 R3
3. 일반 모떼기는 0.2x45°
4. ◯부 외면 명청색, 영적색 도장후 가공(품번1)
5. 표면 거칠기 기호 비교표

품 번	품 명	재 질	수 량	비 고
3	조정너트	SM45C	1	
2	조정축	SCM430	1	
1	몸체	SC480	1	
품 번	품 명	재 질	수 량	비 고

과제명 밀링잭-1

척 도 1:1
각 법 3

UG N X - 3 D 실 기

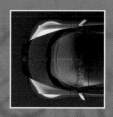

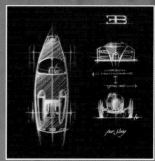

KS기계제도규격 (시험용)

1. 평행 키

단위 : mm

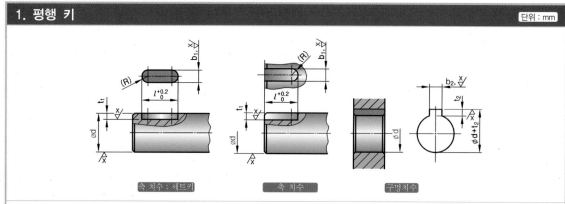

축 치수 : 세트키   축 치수   구멍치수

참고 적용하는 축지름 d (초과~이하)	키의 호칭 치수 b×h	b_1, b_2 기준 치수	키홈 치수					t_1(축) 기준 치수	t_2(구멍) 기준 치수	t_1, t_2 허용차
			활동형		보통형		조립(임)형			
			b_1(축)	b_2(구멍)	b_1(축)	b_2(구멍)	b_1, b_2			
			허용차 (H9)	허용차 (D10)	허용차 (N9)	허용차 (Js9)	허용차 (P9)			
6~ 8	2×2	2	+0.025 / 0	+0.060 / +0.020	−0.004 / −0.029	±0.0125	−0.006 / −0.031	1.2	1.0	+0.1 / 0
8~10	3×3	3						1.8	1.4	
10~12	4×4	4	+0.030 / 0	+0.078 / +0.030	0 / −0.030	±0.0150	−0.012 / −0.042	2.5	1.8	
12~17	5×5	5						3.0	2.3	
17~22	6×6	6						3.5	2.8	
20~25	(7×7)	7	+0.036 / 0	+0.098 / +0.040	0 / −0.036	±0.0180	−0.015 / −0.051	4.0	3.3	+0.2 / 0
22~30	8×7	8						4.0	3.3	
30~38	10×8	10						5.0	3.3	
38~44	12×8	12	+0.043 / 0	+0.120 / +0.050	0 / −0.043	±0.0215	−0.018 / −0.061	5.0	3.3	
44~50	14×9	14						5.5	3.8	
50~55	(15×10)	15						5.0	5.3	
50~58	16×10	16						6.0	4.3	
58~65	18×11	18						7.0	4.4	
65~75	20×12	20	+0.052 / 0	+0.149 / +0.065	0 / −0.052	±0.0260	−0.022 / −0.074	7.5	4.9	
75~85	22×14	22						9.0	5.4	
80~90	(24×16)	24						8.0	8.4	
85~95	25×14	25						9.0	5.4	
95~110	28×16	28						10.0	6.4	

비고
1. ( )를 붙인 호칭 치수의 것은 대응 국제 규격에는 규정되어 있지 않으므로 새로운 설계에는 사용하지 않는다.
2. 단품 평행 키의 길이 : 6, 8, 10, 12, 14, 16, 18, 20, 22, 25, 28, 32, 36, 40, 45, 50, 56, 63, 70, 80, 90,100, 110 등
3. 조립되는 축의 치수를 재서 참고 축 지름(d)에 해당하는 데이터를 적용한다. 이때 축의 치수가 두 칸에 걸친 경우(예 : ⌀30mm)는 작은 쪽, 즉 22~30mm를 적용시킨다.
4. 치수기입의 편의를 위해 b_1, b_2의 허용차는 치수공차 대신 IT공차를 사용한다.

2. 반달 키

단위 : mm

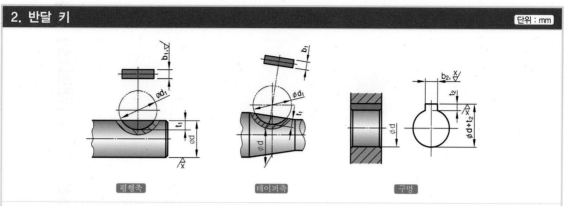

평행축　　　　　테이퍼축　　　　　구멍

적용하는 d (초과~이하)	키의 호칭 치수 $b \times d_0$	b_1 및 b_2의 기준 치수	키홈 치수									
			보통형		조립(임)형	t_1(축)		t_2(구멍)		d_1(키홈지름)	
			b_1(축) 허용차 (N9)	b_2(구멍) 허용차 (Js9)	b_1 및 b_2 허용차 (P9)	기준 치수	허용차	기준 치수	허용차	기준 치수	허용차
7~12	2.5×10	2.5	−0.004 −0.029	±0.012	−0.006 −0.031	2.7	+0.1 0	1.2	+0.1 0	10	+0.2 0
8~14	(3×10)	3				2.5		1.4		10	
9~16	3×13					3.8	+0.2 0			13	
11~18	3×16					5.3				16	
11~18	(4×13)	4	0 −0.030	±0.015	−0.012 −0.042	3.5	+0.1 0	1.7		13	
12~20	4×16					5.0	+0.2 0	1.8		16	
14~22	4×19					6.0				19	+0.3 0
14~22	5×16	5				4.5		2.3		16	+0.2 0
15~24	5×19					5.5				19	+0.3 0
17~26	5×22					7.0	+0.3 0			22	
19~28	6×22	6				6.5		2.8		22	
20~30	6×25					7.5			+0.2 0	25	
22~32	(6×28)					8.6	+0.1 0	2.6	+0.1 0	28	
24~34	(6×32)					10.6				32	
20~29	(7×22)	7	0 −0.036	±0.018	−0.015 −0.051	6.4		2.8		22	
22~32	(7×25)					7.4				25	
24~34	(7×28)					8.4				28	
26~37	(7×32)					10.4				32	
29~41	(7×38)					12.4				38	
31~45	(7×45)					13.4				45	
24~34	(8×25)	8				7.2		3.0		25	
26~37	8×28					8.0	+0.3 0	3.3	+0.2 0	28	
28~40	(8×32)					10.2	+0.1 0	3.0	+0.1 0	32	
30~44	(8×38)					12.2				38	
31~46	10×32	10				10.0	+0.3 0	3.3	+0.2 0	32	
38~54	(10×45)					12.8	+0.1 0	3.4	+0.1 0	45	
42~60	(10×55)					13.8				55	

비고
( )를 붙인 호칭 치수의 것은 대응 국제 규격에는 규정되어 있지 않으므로 새로운 설계에는 사용하지 않는다.

3. 센터구멍(60°)

단위 : mm

호칭 방법 설명	종류		
	$d=2$ $D_2=4.25$	$d=2$ $D_3=6.3$	$d=2$ $D_1=4.25$

60° 센터구멍 치수

d 호칭 지름	A형 KS B ISO 866에 따름		B형 KS B ISO 2540에 따름		R형 KS B ISO 2541에 따름
	D_2	t'	D_3	t'	D_1
(0.5)	1.06	0.5	–	–	–
(0.63)	1.32	0.6	–	–	–
(0.8)	1.70	0.7	–	–	–
1.0	2.12	0.9	3.15	0.9	2.12
(1.25)	2.65	1.1	4	1.1	2.65
1.6	3.35	1.4	5	1.4	3.35
2.0	4.25	1.8	6.3	1.8	4.25
2.5	5.30	2.2	8	2.2	5.30
3.15	6.70	2.8	10	2.8	6.70
4.0	8.50	3.5	12.5	3.5	8.50
(5.0)	10.60	4.4	16	4.4	10.60
6.3	13.20	5.5	18	5.5	13.20
(8.0)	17.00	7.0	22.4	7.0	17.00
10.0	21.20	8.7	28	8.7	21.20

비고
1. t''는 t'보다 작은 값이 되면 안 된다.
2. (   )를 붙인 호칭의 것은 되도록 사용하지 않는다.

4. 센터구멍 도시방법

단위 : mm

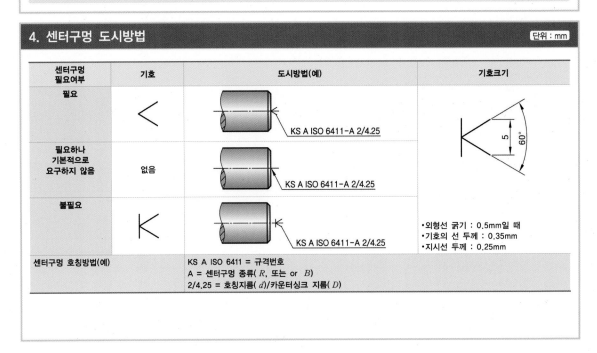

센터구멍 필요여부	기호	도시방법(예)	기호크기
필요	<	KS A ISO 6411-A 2/4.25	60° 5
필요하나 기본적으로 요구지 않음	없음	KS A ISO 6411-A 2/4.25	
불필요	K	KS A ISO 6411-A 2/4.25	•외형선 굵기 : 0.5mm일 때 •기호의 선 두께 : 0.35mm •지시선 두께 : 0.25mm
센터구멍 호칭방법(예)	KS A ISO 6411 = 규격번호 A = 센터구멍 종류(R, 또는 or B) 2/4.25 = 호칭지름(d)/카운터싱크 지름(D)		

274

5. 공구의 생크 4조각

단위 : mm

생크 지름 d(h9)			4각부의 나비 K		4각부 길이 L	생크 지름 d(h9)			4각부의 나비 K		4각부 길이 L
장려 치수	초과	이하	기준치수	허용차 h12	기준 치수	장려 치수	초과	이하	기준치수	허용차 h12	기준 치수
1.12	1.06	1.18	0.9	0 −0.10	4	7.1	6.7	7.5	5.6	0 −0.12	8
1.25	1.18	1.32	1			8	7.5	8.5	6.3		9
1.4	1.32	1.5	1.12			9	8.5	9.5	7.1	0 −0.15	10
1.6	1.5	1.7	1.25			10	9.5	10.6	8		11
1.8	1.7	1.9	1.4			11.2	10.6	11.8	9		12
2	1.9	2.12	1.6			12.5	11.8	13.2	10		13
2.24	2.12	2.36	1.8			14	13.2	15	11.2	0 −0.18	14
2.5	2.36	2.65	2			16	15	17	12.5		16
2.8	2.65	3	2.24		5	18	17	19	14		18
3.15	3	3.35	2.5			20	19	21.2	16		20
3.55	3.35	3.75	2.8			22.4	21.2	23.6	18		22
4	3.75	4.25	3.15	0 −0.12	6	25	23.6	26.5	20	0 −0.21	24
4.5	4.25	4.75	3.55			28	26.5	30	22.4		26
5	4.75	5.3	4		7	31.5	30	33.5	25		28
5.6	5.3	6	4.5			35.5	33.5	37.5	28		31
6.3	6	6.7	5		8	40	37.5	42.5	31.5	0 −0.25	34

6. 수나사 부품 나사틈새

단위 : mm

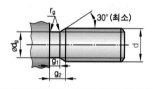

나사의 피치 P	d_g		g_1	g_2	r_g
	기준치수	허용차	최소	최대	약
0.25	d−0.4	•3mm 이하~(h12)	0.4	0.75	0.12
0.3	d−0.5		0.5	0.9	1.06
0.35	d−0.6	•3mm 이상~(h13)	0.6	1.05	0.16
0.4	d−0.7		0.6	1.2	0.2
0.45	d−0.7		0.7	1.35	0.2
0.5	d−0.8		0.8	1.5	0.2
0.6	d−1		0.9	1.8	0.4
0.7	d−1.1		1.1	2.1	0.4
0.75	d−1.2		1.2	2.25	0.4
0.8	d−1.3		1.3	2.4	0.4
1	d−1.6		1.6	3	0.6
1.25	d−2		2	3.75	0.6
1.5	d−2.3		2.5	4.5	0.8
1.75	d−2.6		3	5.25	1
2	d−3		3.4	6	1
2.5	d−3.6		4.4	7.5	1.2
3	d−4.4		5.2	9	1.6

비고

1. d_g의 기준 치수는 나사 피치에 대응하는 나사의 호칭지름(d)에서 이 난에 규정하는 수치를 뺀 것으로 한다.
   (보기 : P=1, d=20에 대한 d_g의 기준 치수는 d−1.6=20−1.6=18.4mm)
2. 호칭치수 d는 KS B 0201(미터보통나사) 또는 KS B 0204(미터가는나사)의 호칭지름이다.

7. 그리스 니플

단위 : mm

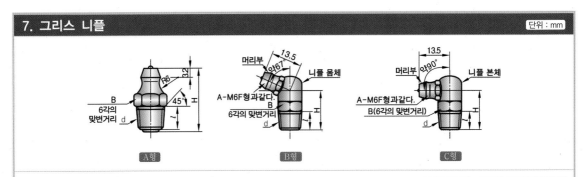

A형 · B형 · C형

A형 치수		B형 치수		C형 치수	
형 식	나사의 호칭지름 d	형 식	나사 호칭지름 d	형 식	나사 호칭지름 d
A−M6 F	M6×0.75	−	−	−	−
A−MT6×0.75	MT6×0.75	B−MT6×0.75	MT6×0.75	C−MT6×0.75	MT6×0.75
A−PT 1/8	PT 1/8	B−PT 1/8	PT 1/8	C−PT 1/8	PT 1/8
A−PT 1/4	PT 1/4	−	−	−	−

비고
1. A−M6 F형 나사는 KS B0204(미터 가는 나사)에 따르며, 정밀도는 KS B0214(미터 가는 나사의 허용한계 치수 및 공차)의 2급으로 한다.
2. PT 1/8 및 PT 1/4 형 나사는 KS B0222(관용 테이퍼 나사)에 따른다.
3. B형, C형의 머리부와 니플 몸체의 나사는 사정에 따라 변경할 수가 있다.
4. 치수의 허용차를 특히 규정하지 않는 것은 KS B ISO 2768−1(절삭가공 치수의 보통 허용차)의 중간급에 따른다.

8. 절삭 가공품 라운드 및 모떼기

단위 : mm

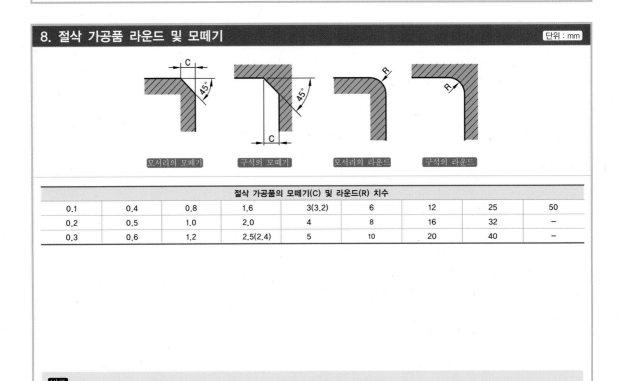

모서리의 모떼기 · 구석의 모떼기 · 모서리의 라운드 · 구석의 라운드

절삭 가공품의 모떼기(C) 및 라운드(R) 치수								
0.1	0.4	0.8	1.6	3(3.2)	6	12	25	50
0.2	0.5	1.0	2.0	4	8	16	32	−
0.3	0.6	1.2	2.5(2.4)	5	10	20	40	−

비고
( )의 치수는 절삭공구 팁을 사용하여 구석의 라운드를 가공하는 경우에만 사용하여도 좋다.

9. 중심거리의 허용차

단위 : μm

중심거리의 구분(mm)	등급	0급(참고)	1급	2급	3급	4급 (mm)
초과	이하					
–	3	±2	±3	±7	±20	±0.05
3	6	±3	±4	±9	±24	±0.06
6	10	±3	±5	±11	±29	±0.08
10	18	±4	±6	±14	±35	±0.09
18	30	±5	±7	±17	±42	±0.11
30	50	±6	±8	±20	±50	±0.13
50	80	±7	±10	±23	±60	±0.15
80	120	±8	±11	±27	±70	±0.18
120	180	±9	±13	±32	±80	±0.20
180	250	±10	±15	±36	±93	±0.23
250	315	±12	±16	±41	±105	±0.26
315	400	±13	±18	±45	±115	±0.29
400	500	±14	±20	±49	±125	±0.32
500	630	–	±22	±55	±140	±0.35
630	800	–	±25	±63	±160	±0.40
800	1,000	–	±28	±70	±180	±0.45
1,000	1,250	–	±33	±83	±210	±0.53
1,250	1,600	–	±29	±98	±250	±0.63
1,600	2,000	–	±46	±120	±300	±0.75
2,000	2,500	–	±55	±140	±350	±0.88
2,500	3,150	–	±68	±170	±430	±1.05

10. 널링

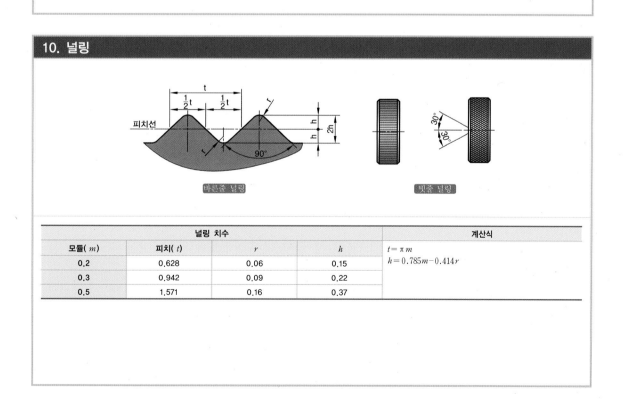

바른줄 널링   빗줄 널링

널링 치수				계산식
모듈(m)	피치(t)	r	h	$t = \pi m$
0.2	0.628	0.06	0.15	$h = 0.785m - 0.414r$
0.3	0.942	0.09	0.22	
0.5	1.571	0.16	0.37	

11. 주철제 V벨트 풀리(홈)

단위 : mm

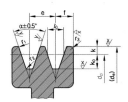

▸ d_p : 홈의 나비가 l_0 곳의 지름이다.

V벨트 형별	호칭지름 (d_p)	α (±0.5°)	l_0	k	k_0	e	f	r_1	r_2	r_3	(참고) V벨트의 두께
M	50 이상 71 이하 71 초과 90 이하 90 초과	34° 36° 38°	8.0	2.7 $^{+0.2}_{0}$	6.3	−	9.5 $^{±1}$	0.2~0.5	0.5~1.0	1~2	5.5
A	71 이상 100 이하 100 초과 125 이하 125 초과	34° 36° 38°	9.2	4.5 $^{+0.2}_{0}$	8.0	15.0 $^{±0.4}$	10.0 $^{±1}$	0.2~0.5	0.5~1.0	1~2	9
B	125 이상 165 이하 165 초과 200 이하 200 초과	34° 36° 38°	12.5	5.5 $^{+0.2}_{0}$	9.5	19.0 $^{±0.4}$	12.5 $^{±1}$	0.2~0.5	0.5~1.0	1~2	11
C	200 이상 250 이하 250 초과 315 이하 315 초과	34° 36° 38°	16.9	7.0 $^{+0.3}_{0}$	12.0	25.5 $^{±0.5}$	17.0 $^{±1}$	0.2~0.5	1.0~1.6	2~3	14
D	355 이상 450 이하 450 초과	36° 38°	24.6	9.5 $^{+0.4}_{0}$	15.5	37.0 $^{±0.5}$	24.0 $^{+2}_{-1}$	0.2~0.5	1.6~2.0	3~4	19
E	500 이상 630 이하 630 초과	36° 38°	28.7	12.7 $^{+0.5}_{0}$	19.3	44.5 $^{±0.5}$	29.0 $^{+3}_{-1}$	0.2~0.5	1.6~2.0	4~5	25.5

바깥지름 d_e의 허용차 및 흔들림 허용차

호칭지름	바깥지름 d_e 허용차	바깥둘레 흔들림 허용값	림 측면 흔들림 허용값
75 이상 118 이하	±0.6	0.3	0.3
125 이상 300 이하	±0.8	0.4	0.4
315 이상 630 이하	±1.2	0.6	0.6
710 이상 900 이하	±1.6	0.8	0.8

비고
1. 풀리의 재질은 보통 회주철(GC200) 또는 이와 동등 이상의 품질인 것으로 사용한다.
2. M형은 원칙적으로 한 줄만 걸친다.
3. M형, D형, E형은 홈부분의 모양 및 수만 규정한다.

12. 볼트 구멍지름

단위 : mm

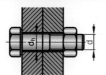

나사의 호칭 (d)	볼트 구멍지름(d_h)			모떼기 (e)	카운터 보 어 지 름 (D″)	나사의 호칭 (d)	볼트 구멍지름(d_h)			모떼기 (e)	카운터 보 어 지 름 (D″)
	1급	2급	3급				1급	2급	3급		
3	3.2	3.4	3.6	0.3	9	20	21	22	24	1.2	43
3.5	3.7	3.9	4.2	0.3	10	22	23	24	26	1.2	46
4	4.3	4.5	4.8	0.4	11	24	25	26	28	1.2	50
4.5	4.8	5	5.3	0.4	13	27	28	30	32	1.7	55
5	5.3	5.5	5.8	0.4	13	30	31	33	35	1.7	62
6	6.4	6.6	7	0.4	15	33	34	36	38	1.7	66
7	7.4	7.6	8	0.4	18	36	37	39	42	1.7	72
8	8.4	9	10	0.6	20	39	40	42	45	1.7	76
10	10.5	11	12	0.6	24	42	43	45	48	1.8	82
12	13	13.5	14.5	1.1	28	45	46	48	52	1.8	87
14	15	15.5	16.5	1.1	32	48	50	52	56	2.3	93
16	17	17.5	18.5	1.1	35	52	54	56	62	2.3	100
18	19	20	21	1.1	39	56	58	62	66	3.5	110

13. 볼트 자리파기

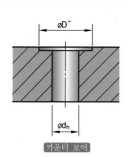 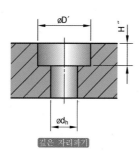 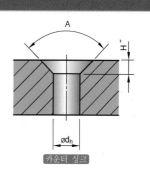

카운터 보어   깊은 자리파기   카운터 싱크

나사의 호칭 (d)	볼트 구멍 지름 (d_h)	카운터 보어 (ΦD′)	깊은 자리파기		카운터싱크	
			깊은 자리파기 (ΦD′)	깊이(머리묻힘) (H″)	깊이 (H″)	각도 (A)
M3	3.4	9	6	3.3	1.75	
M4	4.5	11	8	4.4	2.3	90° +2″ / 0
M5	5.5	13	9.5	5.4	2.8	
M6	6.6	15	11	6.5	3.4	
M8	9	20	14	8.6	4.4	
M10	11	24	17.5	10.8	5.5	
M12	14	28	20	13	6.5	
(M14)	16	32	23	15.2	7	90° +2″ / 0
M16	18	35	26	17.5	7.5	
M18	20	39	–	–	8	
M20	22	43	32	21.5	8.5	

비고

1. 카운터 보어 : 주로 6각볼트(KS B 1002) 및 너트(KS B 1012) 체결시 적용되는 가공법이고, 보어깊이는 규격에 따라 규정되어 있지 않고 일반적으로 흑피가 없어질 정도로 한다.
2. 깊은 자리파기 : 주로 6각 구멍붙이 볼트(KS B 1003) 체결시 적용되는 가공법이다.

14. 멈춤나사

단위 : mm

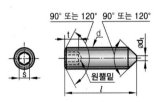

홈붙이 뾰족끝 · 홈붙이 원통끝 · 홈붙이 오목끝

뾰족끝 홈붙이 멈춤 스크류(KS B ISO 7434 : 2007)

나사의 호칭 d		M1.2	M1.6	M2	M2.5	M3	(M3.5)	M4	M5	M6	M8	M10	M12
피치 P		0.25	0.35	0.4	0.45	0.5	0.6	0.7	0.8	1	1.25	1.5	1.75
d_t	기준치수	0.12	0.16	0.2	0.25	0.3	0.35	0.4	0.5	1.5	2	2.5	3
n	기준치수	0.2	0.25	0.25	0.4	0.4	0.5	0.6	0.8	1	1.2	1.6	2
t	최소	0.4	0.56	0.64	0.72	0.8	0.96	1.12	1.28	1.6	2	2.4	2.8
	최대	0.52	0.74	0.84	0.95	1.05	1.21	0.42	1.63	2	2.5	3	3.6
상용하는 호칭길이(l)		2~6	2~8	3~10	3~12	4~16	5~20	6~20	8~25	8~30	10~40	12~50	14~60

원통끝 홈붙이 멈춤 스크류(KS B ISO 7435 : 2007)

d_p	기준치수	–	0.8	1	1.5	2	2.2	2.5	3.5	4	5.5	7	8.5
z	기준치수	–	0.8	1	1.25	1.5	1.75	2	2.5	3	4	5	6
	최대	–	1.05	1.25	1.5	1.75	2	2.25	2.75	3.25	4.3	5.3	6.3
상용하는 호칭길이(l)		–	2.5~8	3~10	4~12	5~16	5~20	6~20	8~25	8~30	10~40	12~50	14~60

오목끝 홈붙이 멈춤 스크류(KS B ISO 7436 : 2007)

d_z	기준치수	–	0.8	1	1.2	1.4	1.7	2	2.5	3	5	6	7
상용하는 호칭길이(l)		–	2~8	2.5~10	3~12	3~16	4~20	4~20	5~25	6~30	8~40	10~50	10~60

6각구멍붙이 뾰족끝 · 6각구멍붙이 원통끝 · 6각구멍붙이 오목끝

뾰족끝의 모양·치수

나사의 호칭(d)		M1.6	M2	M2.5	M3	M4	M5	M6	M8	M10	M12	M16	M20	M24
피치(P)		0.35	0.4	0.45	0.5	0.7	0.8	1.0	1.25	1.5	1.75	2.0	2.5	3.0
d_t	기준치수	0.16	0.2	0.25	0.3	0.4	0.5	1.5	2.0	2.5	3.0	4.0	5.0	6.0
e	최소	0.803	1.003	1.427	1.73	2.30	2.87	3.44	4.58	5.72	6.86	9.15	11.43	13.72
s	기준치수	0.7	0.9	1.3	1.5	2.0	2.5	3.0	4.0	5.0	6.0	8.0	10.0	12.0
t 최소	1란	0.7	0.8	1.2	1.2	1.5	2.0	2.0	3.0	4.0	4.8	6.4	8.0	10.0
	2란	1.5	1.7	2.0	2.0	2.5	3.0	3.5	5.0	6.0	8.0	10.0	12.0	15.0
상용하는 호칭길이(l)		2~8	2~10	2.5~12	2.5~16	3~20	4~25	5~30	6~40	8~50	10~60	12~60	16~60	20~60

원통끝의 모양·치수

d_P	기준치수	0.8	1.0	1.5	2.0	2.5	3.5	4.0	5.5	7.0	8.5	12.0	15.0	18.0
z	기준치수	0.8	1.0	1.25	1.5	2.0	2.5	3.0	4.0	5.0	6.0	8.0	10.0	12.0
	최대	1.05	1.25	1.5	1.75	2.25	2.75	3.25	4.3	5.3	6.3	8.36	10.36	12.43
상용하는 호칭길이(l)		2~8	2.5~10	3~12	4~16	5~20	6~25	8~30	8~40	10~50	12~60	16~60	20~60	25~60

오목끝의 모양·치수

dz	기준치수	0.8	1.0	1.2	1.4	2.0	2.5	3.0	5.0	6.0	8.0	10.0	14.0	16.0
상용하는 호칭길이(l)		2~8	2~10	2~12	2.5~16	3~20	4~25	5~30	6~40	8~50	10~60	12~60	16~60	20~60

15. T홈

단위 : mm

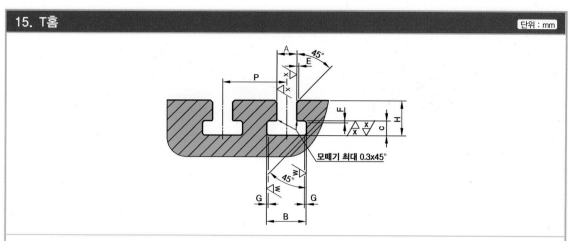

모떼기 최대 0.3×45°

T홈 볼트 d (호칭)	A (기준)	T홈									
		B		C		H		E	F	G	P (T홈 간격)
		최소	최대	최소	최대	최소	최대	최대	최대	최대	
M4	5	10	11	3.5	4.5	8	10	1	0.6	1	20-25-32
M5	6	11	12.5	5	6	11	13	1	0.6	1	25-32-40
M6	8	14.5	16	7	8	15	18	1	0.6	1	32-40-50
M8	10	16	18	7	8	17	21	1	0.6	1	40-50-63
M10	12	19	21	8	9	20	25	1	0.6	1	(40)-50-63-80
M12	14	23	25	9	11	23	28	1.6	0.6	1.6	(50)-50-63-80
M16	18	30	32	12	14	30	36	1.6	1	1.6	(63)-80-100-125
M20	22	37	40	16	18	38	45	1.6	1	2.5	(80)-100-125-160
M24	28	46	50	20	22	48	56	1.6	1	2.5	100-125-160-200
M30	36	56	60	25	28	61	71	2.5	1	2.5	125-160-200-250
M36	42	68	72	32	35	74	85	2.5	1.6	4	160-200-250-320
M42	48	80	85	36	40	84	95	2.5	2	6	200-250-320-400
M48	54	90	95	40	44	94	106	2.5	2	6	250-320-400-500

비고

1. 홈 : A에 대한 공차는 고정 홈에 대해서는 H12, 기준 홈에 대해서는 H8, P의 괄호 안의 치수는 가능 한 피해야 한다.
2. 모든 T홈의 간격에 대한 공차는 누적되지 않는다.

16. 평행 핀

단위 : mm

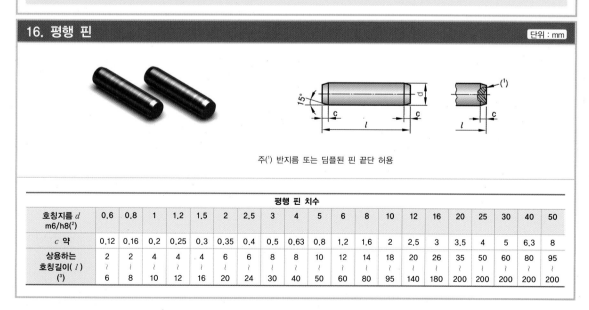

주([1]) 반지름 또는 딤플된 핀 끝단 허용

평행 핀 치수																			
호칭지름 d m6/h8([2])	0.6	0.8	1	1.2	1.5	2	2.5	3	4	5	6	8	10	12	16	20	25	30	40	50
c 약	0.12	0.16	0.2	0.25	0.3	0.35	0.4	0.5	0.63	0.8	1.2	1.6	2	2.5	3	3.5	4	5	6.3	8
상용하는 호칭길이(l) ([3])	2 ~ 6	2 ~ 8	4 ~ 10	4 ~ 12	4 ~ 16	6 ~ 20	6 ~ 24	8 ~ 30	8 ~ 40	10 ~ 50	12 ~ 60	14 ~ 80	18 ~ 95	20 ~ 140	26 ~ 180	35 ~ 200	50 ~ 200	60 ~ 200	80 ~ 200	95 ~ 200

17. 분할 핀

단위 : mm

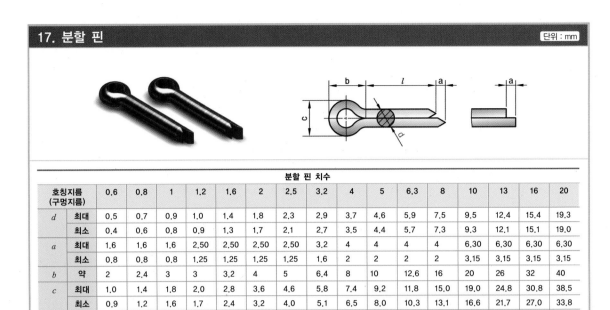

분할 핀 치수

호칭지름 (구멍지름)		0.6	0.8	1	1.2	1.6	2	2.5	3.2	4	5	6.3	8	10	13	16	20
d	최대	0.5	0.7	0.9	1.0	1.4	1.8	2.3	2.9	3.7	4.6	5.9	7.5	9.5	12.4	15.4	19.3
	최소	0.4	0.6	0.8	0.9	1.3	1.7	2.1	2.7	3.5	4.4	5.7	7.3	9.3	12.1	15.1	19.0
a	최대	1.6	1.6	1.6	2.50	2.50	2.50	2.50	3.2	4	4	4	4	6.30	6.30	6.30	6.30
	최소	0.8	0.8	0.8	1.25	1.25	1.25	1.25	1.6	2	2	2	2	3.15	3.15	3.15	3.15
b	약	2	2.4	3	3	3.2	4	5	6.4	8	10	12.6	16	20	26	32	40
c	최대	1.0	1.4	1.8	2.0	2.8	3.6	4.6	5.8	7.4	9.2	11.8	15.0	19.0	24.8	30.8	38.5
	최소	0.9	1.2	1.6	1.7	2.4	3.2	4.0	5.1	6.5	8.0	10.3	13.1	16.6	21.7	27.0	33.8
상용하는 호칭길이(l)		4 l 12	5 l 16	6 l 20	8 l 25	8 l 32	10 l 40	12 l 50	14 l 56	18 l 80	22 l 100	32 l 125	40 l 160	45 l 200	71 l 250	112 l 280	160 l 280

18. 스플릿 테이퍼 핀

단위 : mm

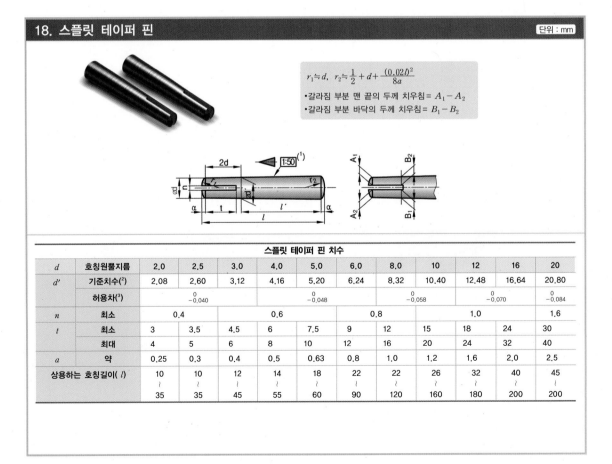

$$r_1 \fallingdotseq d, \quad r_2 \fallingdotseq \frac{1}{2} + d + \frac{(0.02l)^2}{8a}$$

- 갈라짐 부분 맨 끝의 두께 치우침= $A_1 - A_2$
- 갈라짐 부분 바닥의 두께 치우침= $B_1 - B_2$

스플릿 테이퍼 핀 치수

d	호칭원뿔지름	2.0	2.5	3.0	4.0	5.0	6.0	8.0	10	12	16	20
d'	기준치수[2]	2.08	2.60	3.12	4.16	5.20	6.24	8.32	10.40	12.48	16.64	20.80
	허용차[3]	0 −0.040			0 −0.048			0 −0.058		0 −0.070		0 −0.084
n	최소	0.4			0.6			0.8		1.0		1.6
t	최소	3	3.5	4.5	6	7.5	9	12	15	18	24	30
	최대	4	5	6	8	10	12	16	20	24	32	40
a	약	0.25	0.3	0.4	0.5	0.63	0.8	1.0	1.2	1.6	2.0	2.5
상용하는 호칭길이(l)		10 l 35	10 l 35	12 l 45	14 l 55	18 l 60	22 l 90	22 l 120	26 l 160	32 l 180	40 l 200	45 l 200

19. 스프링식 곧은 핀-홈형 단위 : mm

 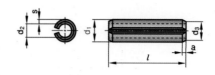

스프링식 곧은 핀-홈형(중하중용)

d_1	호칭지름		1	1.5	2	2.5	3	3.5	4	4.5	5	6	8	10	12	13
	가공전	최대	1.3	1.8	2.4	2.9	3.5	4.0	4.6	5.1	5.6	6.7	8.8	10.8	12.8	13.8
		최소	1.2	1.7	2.3	2.8	3.3	3.8	4.4	4.9	5.4	6.4	8.5	10.5	12.5	13.5
s			0.2	0.3	0.4	0.5	0.6	0.75	0.8	1	1	1.2	1.5	2	2.5	2.5
이중전단강도 (kN)			0.7	1.58	2.82	4.38	6.32	9.06	11.24	15.36	17.54	26.04	42.76	70.16	104.1	115.1
상용하는 호칭길이(l)			4~20	4~20	4~30	4~30	4~40	4~40	4~50	5~50	5~80	10~100	10~120	10~160	10~180	10~180

스프링식 곧은 핀-홈형(중하중용 계속)

d_1	호칭지름		14	16	18	20	21	25	28	30	32	35	38	40	45	50
	가공전	최대	14.8	16.8	18.9	20.9	21.9	25.9	28.9	30.9	32.9	35.9	38.9	40.9	45.9	50.9
		최소	14.5	16.5	18.5	20.5	21.5	25.5	28.5	30.5	32.5	35.5	38.5	40.5	45.5	50.5
s			3	3	3.5	4	4	5	5.5	6	6	7	7.5	7.5	8.5	9.5
이중전단강도 (kN)			114.7	171	222.5	280.6	298.2	438.5	542.6	631.4	684	859	1003	1068	1360	1685
상용하는 호칭길이(l)			10~200	10~200	10~200	10~200	14~200	14~200	14~200	14~200	20~200	20~200	20~200	20~200	20~200	20~200

스프링식 곧은 핀-홈형(경하중용)

d_1	호칭지름		2	2.5	3	3.5	4	4.5	5	6	8	10	12	13
	가공전	최대	2.4	2.9	3.5	4.0	4.6	5.1	5.6	6.7	8.8	10.8	12.8	13.8
		최소	2.3	2.8	3.3	3.8	4.4	4.9	5.4	6.4	8.5	10.5	12.5	13.5
s			0.2	0.25	0.3	0.35	0.5	0.5	0.5	0.75	0.75	1	1	1.2
이중전단강도(kN)			1.5	2.4	3.5	4.6	8	8.8	10.4	18	24	40	48	66
상용하는 호칭길이(l)			4~30	4~30	4~40	4~40	4~50	6~50	6~80	10~100	10~120	10~160	10~180	10~180

스프링식 곧은 핀-홈형(경하중용 계속)

d_1	호칭지름		14	16	18	20	21	25	28	30	35	40	45	50
	가공전	최대	14.8	16.8	18.9	20.9	21.9	25.9	28.9	30.9	35.9	40.9	45.9	50.9
		최소	14.5	16.5	18.5	20.5	21.5	25.5	28.5	30.5	25.5	40.5	45.5	50.5
s			1.5	1.5	1.7	2	2	2	2.5	2.5	3.5	4	4	5
이중전단강도(kN)			84	98	126	156	168	202	280	302	490	634	720	1000
상용하는 호칭길이(l)			9~200	9~200	9~200	9~200	14~200	14~200	14~200	14~200	20~200	20~200	20~200	20~200

20. 지그용 고정부시

단위 : mm

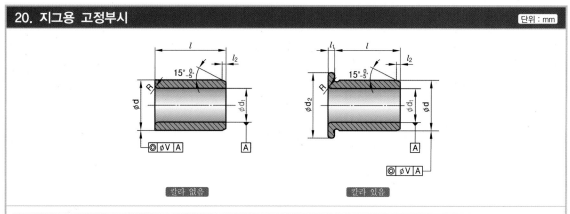

칼라 없음   칼라 있음

지그용 고정부시 치수

d_1		동축도	d		d_2		$l\left(^{\ 0}_{-0.5}\right)$	l_1	l_2	R
드릴용 구멍(G6) 리머용 구멍(F7)			기준치수	허용차 (P6)	기준 치수	허용차 (h13)				
	1 이하	0.012	3	+0.012 +0.006	7	$^{0}_{-0.220}$	6, 8	2	1.5	0.5
1 초과 1.5 이하			4	+0.020 +0.012	8					
1.5초과 2 이하			5		9		6, 8, 10, 12			0.8
2 초과 3 이하			7	+0.024 +0.015	11	$^{0}_{-0.270}$	8, 10, 12, 16	2.5		
3 초과 4 이하			8		12					1.0
4 초과 6 이하			10		14		10, 12, 16, 20	3		
6 초과 8 이하			12	+0.029 +0.018	16					2.0
8 초과 10 이하			15		19	$^{0}_{-0.330}$	12, 16, 20, 25			
10 초과 12 이하			18		22			4		
12 초과 15 이하			22	+0.035 +0.022	26		16, 20, (25), 28, 36			
15 초과 18 이하			26		30		20, 25, (30), 36, 45			
18 초과 22 이하		0.020	30		35	$^{0}_{-0.390}$		5		3.0
22 초과 26 이하			35	+0.042 +0.026	40					
26 초과 30 이하			42		47		25, (30), 36, 45, 56			
30 초과 35 이하			48		53	$^{0}_{-0.460}$		6		4.0
35 초과 42 이하			55	+0.051 +0.032	60		30, 35, 45, 56			
42 초과 48 이하			62		67					
48 초과 55 이하			70		75					
55 초과 63 이하		0.025	78		83	$^{0}_{-0.540}$	35, 45, 56, 67			

비고
1. d, d_1 및 d_2의 허용차는 KS B 0401(KS B ISO 1829)의 규정에 따른다.
2. l_1, l_2 및 R의 허용차는 KS B ISO 2768-1에 규정하는 보통급으로 한다.
3. l 치수에서 ( )를 붙인 것은 되도록 사용하지 않는다.

21. 지그용 삽입부시(둥근형)

단위 : mm

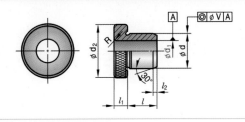

지그용 삽입부시 치수(둥근형)

d_1		동축도	d		d_2		$l(^{\ 0}_{-0.5})$	l_1	l_2	R
드릴용 구멍(G6) 리머용 구멍(F7)			기준치수	허용차 (m5)	기준 치수	허용차 (h13)				
4 이하		0.012	12	+0.012 +0.006	16	0 −0.270	10, 12, 16	8	1.5	2
4 초과 6 이하			15		19	0 −0.330	12, 16, 20, 25			
6 초과 8 이하			18		22			10		
8 초과 10 이하			22	+0.015 +0.007	26		16, 20, (25), 28, 36			
10 초과 12 이하			26		30					
12 초과 15 이하			30		35	0 −0.390	20, 25, (30), 36, 45	12		3
15 초과 18 이하			35	+0.017 +0.008	40					
18 초과 22 이하		0.020	42		47		25, (30), 36, 45, 56			
22 초과 26 이하			48		53	0 −0.460		16		4
26 초과 30 이하			55	+0.020 +0.009	60		30, 35, 45, 56			
30 초과 35 이하			62		67					
35 초과 42 이하			70		75					
42 초과 48 이하			78		83	0 −0.540	35, 45, 56, 67			
48 초과 55 이하			85	+0.024 +0.011	90					
55 초과 63 이하		0.025	95		100		40, 56, 67, 78			
63 초과 70 이하			105		110					
70 초과 78 이하			115		120		45, 50, 67, 89			
78 초과 85 이하			125	+0.028 +0.013	130	0 −0.630				

비고

1. d, d_1 및 d_2의 허용차는 KS B 0401(KS B ISO 1829)의 규정에 따른다.
2. l_1, l_2 및 R의 허용차는 KS B ISO 2768−1에 규정하는 보통급으로 한다.
3. l 치수에서 ( )를 붙인 것은 되도록 사용하지 않는다.

22. 지그용 삽입부시(노치형)

단위 : mm

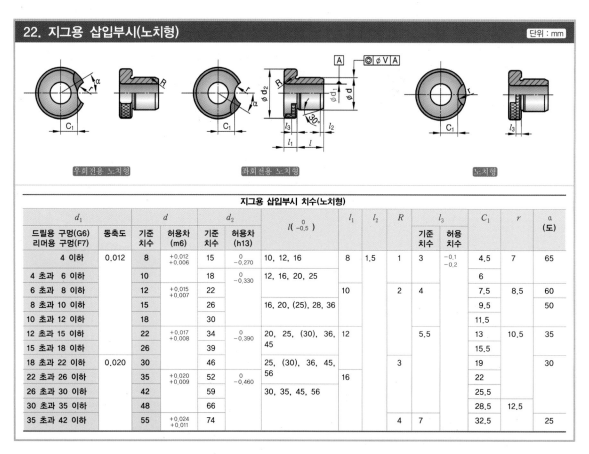

우회전용 노치형　　좌회전용 노치형　　노치형

지그용 삽입부시 치수(노치형)

d_1 드릴용 구멍(G6) 리머용 구멍(F7)	동축도	d 기준치수	d 허용차 (m6)	d_2 기준치수	d_2 허용차 (h13)	$l\binom{0}{-0.5}$	l_1	l_2	R	l_3 기준치수	l_3 허용치수	C_1	r	α (도)
4 이하	0.012	8	+0.012 +0.006	15	0 −0.270	10, 12, 16	8	1.5	1	3	−0.1 −0.2	4.5	7	65
4 초과 6 이하		10		18	0 −0.330	12, 16, 20, 25						6		
6 초과 8 이하		12	+0.015 +0.007	22			10		2	4		7.5	8.5	60
8 초과 10 이하		15		26		16, 20, (25), 28, 36						9.5		50
10 초과 12 이하		18		30								11.5		
12 초과 15 이하		22	+0.017 +0.008	34	0 −0.390	20, 25, (30), 36, 45	12			5.5		13	10.5	35
15 초과 18 이하		26		39								15.5		
18 초과 22 이하	0.020	30		46		25, (30), 36, 45, 56			3			19		30
22 초과 26 이하		35	+0.020 +0.009	52	0 −0.460		16					22		
26 초과 30 이하		42		59		30, 35, 45, 56						25.5		
30 초과 35 이하		48		66								28.5	12.5	
35 초과 42 이하		55	+0.024 +0.011	74					4	7		32.5		25

23. 지그용 삽입부시(고정 라이너)

단위 : mm

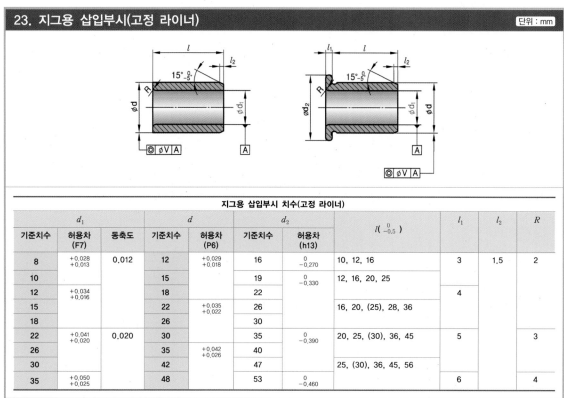

지그용 삽입부시 치수(고정 라이너)

d_1 기준치수	d_1 허용차 (F7)	동축도	d 기준치수	d 허용차 (P6)	d_2 기준치수	d_2 허용차 (h13)	$l\binom{0}{-0.5}$	l_1	l_2	R
8	+0.028 +0.013	0.012	12	+0.029 +0.018	16	0 −0.270	10, 12, 16	3	1.5	2
10			15		19	0 −0.330	12, 16, 20, 25			
12	+0.034 +0.016		18		22			4		
15			22	+0.035 +0.022	26		16, 20, (25), 28, 36			
18			26		30					
22	+0.041 +0.020	0.020	30		35	0 −0.390	20, 25, (30), 36, 45	5		3
26			35	+0.042 +0.026	40					
30			42		47		25, (30), 36, 45, 56			
35	+0.050 +0.025		48		53	0 −0.460		6		4

24. 지그용 삽입부시(조립 치수)

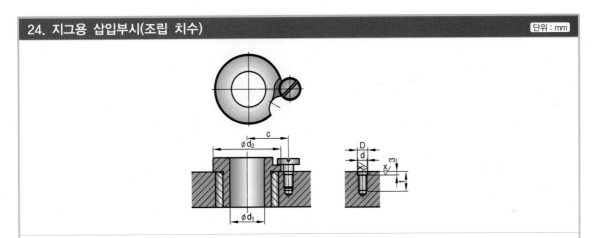

삽입부시의 구멍지름 d_1	d_2	d	c		D	t
			기준치수	허용차		
4 이하	15	M5	11.5	±0.2	5.2	11
4 초과 6 이하	18		13			
6 초과 8 이하	22		16			
8 초과 10 이하	26		18			
10 초과 12 이하	30		20			
12 초과 15 이하	34	M6	23.5		6.2	14
15 초과 18 이하	39		26			
18 초과 22 이하	46		29.5			
22 초과 26 이하	52	M8	32.5		8.5	16
26 초과 30 이하	59		36			
30 초과 35 이하	66		41			
35 초과 42 이하	74		45			
42 초과 48 이하	82	M10	49		10.2	20
48 초과 55 이하	90		53			
55 초과 63 이하	100		58			
63 초과 70 이하	110		63			

지그용 삽입부시와 멈춤쇠 및 멈춤나사 중심거리 치수

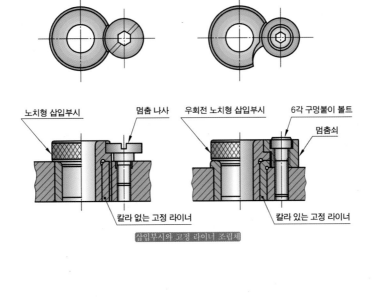

삽입부시와 고정 라이너 조립체

25. C형 멈춤링

단위 : mm

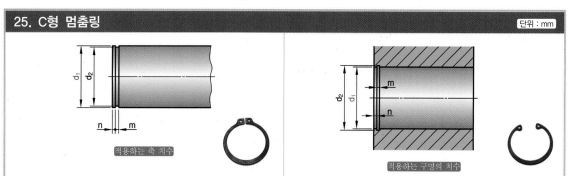

적용하는 축 치수　　　적용하는 구멍의 치수

적용하는 축(참고)

멈춤링 호칭 (')	호칭 축지름 d_1	d_2 기준치수	d_2 허용차	m 기준치수	m 허용차	n 최소
1란	10	9.6	0 −0.09	1.15	+0.14 0	1.5
2란	11	10.5	0 −0.11			
1란	12	11.5				
3란	13	12.4				
	14	13.4				
	15	14.3				
1란	16	15.2				
	17	16.2				
	18	17		1.35		
2란	19	18				
1란	20	19	0 −0.21			
3란	21	20				
1란	22	21				
2란	24	22.9				
1란	25	23.9				
2란	26	24.9				
1란	28	26.6		1.75		
3란	29	27.6				
1란	30	28.6				
	32	30.3	0 −0.25			
3란	34	32.3				
1란	35	33				
2란	36	34		1.95		2
	38	36				
1란	40	38				
2란	42	39.5				
1란	45	42.5				
2란	48	45.5				
1란	50	47		2.2		
3란	52	49				
1란	55	52	0 −0.3			
2란	56	53				
3란	58	55				
1란	60	57				
3란	62	59				
	63	60				
1란	65	62		2.7		2.5
3란	68	65				
1란	70	67				
3란	72	69				
1란	75	72				
3란	78	75				
1란	80	76.5				
3란	82	78.5				

적용하는 구멍(참고)

멈춤링 호칭 (')	호칭 구멍지름 d_1	d_2 기준치수	d_2 허용차	m 기준치수	m 허용차	n 최소
1란	10	10.4	+0.11 0	1.15	+0.14 0	1.5
	11	11.4				
	12	12.5				
2란	13	13.6				
1란	14	14.6				
3란	15	15.7				
1란	16	16.8				
2란	17	17.8				
1란	18	19	+0.21 0			
	19	20				
	20	21				
3란	21	22				
1란	22	23				
2란	24	25.2		1.35		
1란	25	26.2				
2란	26	27.2				
1란	28	29.4				
	30	31.4	+0.25 0			
	32	33.7				
3란	34	35.7		1.75		2
1란	35	37				
2란	36	38				
1란	37	39				
2란	38	40				
1란	40	42.5	+0.25 0	1.95		
	42	44.5				
	45	47.5				
	47	49.5		1.9		
2란	48	50.5	+0.3 0	1.9		
1란	50	53		2.2		
	52	55				
	55	58				
2란	56	59				
3란	58	61				
1란	60	63				
	62	65				
2란	63	66				
	65	68		2.7		2.5
1란	68	71				
2란	70	73				
1란	72	75				
	75	78				
3란	78	81	+0.35 0			
1란	80	83.5				

주
(') 호칭은 1란의 것을 우선하며, 필요에 따라서 2란, 3란의 순으로 한다. 또한 3란은 앞으로 폐지할 예정이다.

비고
적용하는 축의 치수는 권장하는 치수를 참고로 표시한 것이다 .

26. E형 멈춤링

단위 : mm

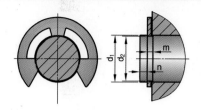

적용하는 축의 치수

멈춤링 호칭	적용하는 축(참고)						
	d_1의 구분 (호칭 축지름)		d_2		m		n
	초과	이하	기본치수	허용차	기본치수	허용차	최소
3	4	5	3	+0.06 0	0.7	+0.1 0	1
4	5	7	4	+0.075 0			1.2
5	6	8	5				
6	7	9	6		0.9		
7	8	11	7	+0.09 0			1.5
8	9	12	8				1.8
9	10	14	9				2
10	11	15	10		1.15	+0.14 0	
12	13	18	12	+0.11 0			2.5
15	16	24	15		1.75 (°)		3
19	20	31	19	+0.13 0			3.5
24	25	38	24		2.2		4

비고
적용하는 축의 치수는 권장하는 치수를 참고로 표시한 것이다.

27. C형 동심형 멈춤링

단위 : mm

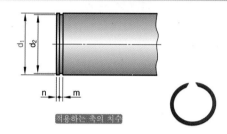

적용하는 축의 치수

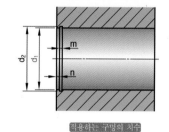

적용하는 구멍의 치수

멈춤링 호칭 (')	적용하는 축(참고)					
	호칭 축지름 d_1	d_2		m		n
		기준치수	허용차	기준치수	허용차	최소
1란	20	19	0 -0.21	1.35	+0.14 0	1.5
	22	21				
3란	22.4	21.5				
1란	25	23.9				
	28	26.6		1.75		
	30	28.6				
3란	31.5	29.8	0 -0.25			
1란	32	30.3				
	35	33				
3란	35.5	33.5				
1란	40	38		1.9		2
2란	42	39.5				
1란	45	42.5				
	50	47		2.2		
	55	52	0 -0.3			
2란	56	53				

멈춤링 호칭 (')	적용하는 구멍(참고)					
	호칭구멍지름 d_1	d_2		m		n
		기준치수	허용차	기준치수	허용차	최소
1란	20	21	+0.21 0	1.15	+0.14 0	1.5
	22	23				
3란	24	25.2		1.35		
1란	25	26.2				
3란	26	27.2				
1란	28	29.4				
	30	31.4				
2란	32	33.7	+0.25 0			
1란	35	37		1.75		2
2란	37	39				
1란	40	42.5		1.9		
2란	42	44.5				
1란	45	47.5				
2란	47	49.5				
1란	50	53		2.2		
	52	55				

주 (') 호칭은 1란의 것을 우선하며, 필요에 따라서 2란, 3란의 순으로 한다. 또한 3란은 앞으로 폐지할 예정이다.
비고 적용하는 축의 치수는 권장하는 치수를 참고로 표시한 것이다 .

28. 구름베어링용 로크너트 · 와셔

단위 : mm

로크너트 – AN

X형 와셔 – AW

A형 와셔 – AW

구름베어링용 로크너트 · 와셔 치수

호칭 번호	나사호칭 (G)	로크너트 치수					호칭 번호	조합하는 와셔 치수			
		d_1	d_2	B	b	h	AW	d_3	f_1	M	f
AN00	M10×0.75	13.5	18	4	3	2	AW00	10	3	8.5	3
AN01	M12×1	17	22	4	3	2	AW01	12	3	10.5	3
AN02	M15×1	21	25	5	4	2	AW02	15	4	13.5	4
AN03	M17×1	24	28	5	4	2	AW03	17	4	15.5	4
AN04	M20×1	26	32	6	4	2	AW04	20	4	18.5	4
AN/22	M22×1	28	34	6	4	2	AW/22	22	4	20.5	4
AN05	M25×1.5	32	38	7	5	2	AW05	25	5	23	5
AN/28	M28×1.5	36	42	7	5	2	AW/28	28	5	26	5
AN06	M30×1.5	38	45	7	5	2	AW06	30	5	27.5	5
AN/32	M32×1.5	40	48	8	5	2	AW/32	32	5	29.5	5
AN07	M35×1.5	44	52	8	5	2	AW07	35	6	32.5	5
AN08	M40×1.5	50	58	9	6	2.5	AW08	40	6	37.5	6
AN09	M45×1.5	56	65	10	6	2.5	AW09	45	6	42.5	6
AN10	M50×1.5	61	70	11	6	2.5	AW10	50	6	47.5	6
AN11	M55×2	67	75	11	7	3	AW11	55	8	52.5	7
AN12	M60×2	73	80	11	7	3	AW12	60	8	57.5	7
AN13	M65×2	79	85	12	7	3	AW13	65	8	62.5	7
AN14	M70×2	85	92	12	8	3.5	AW14	70	8	66.5	8
AN15	M75×2	90	98	13	8	3.5	AW15	75	8	71.5	8
AN16	M80×2	95	105	15	8	3.5	AW16	80	10	76.5	8
AN17	M85×2	102	110	16	8	3.5	AW17	85	10	81.5	8
AN18	M90×2	108	120	16	10	4	AW18	90	10	86.5	10
AN19	M95×2	113	125	17	10	4	AW19	95	10	91.5	10
AN20	M100×2	120	130	18	10	4	AW20	100	12	96.5	10
AN21	M105×2	126	140	18	12	5	AW21	105	12	100.5	12
AN22	M110×2	133	145	19	12	5	AW22	110	12	105.5	12
AN23	M115×2	137	150	19	12	5	AW23	115	12	110.5	12
AN24	M120×2	138	155	20	12	5	AW24	120	14	115	12
AN25	M125×2	148	160	21	12	5	AW25	125	14	120	12

비고

1. 호칭번호 AN00~AN25의 로크너트에는 X형의 와셔를 사용한다.
2. 호칭번호 AN26~AN40의 로크너트에는 A형 또는 X형의 와셔를 사용한다.
3. 호칭번호 AN44~AN52의 로크너트에는 X형의 와셔 또는 멈춤쇠를 사용한다.
4. 호칭번호 AN00~AN40의 로크너트에 대한 나사 기준치수는 KS B 0204(미터 가는나사)에 따른다.
5. 호칭번호 AN44~AN100의 로크너트에 대한 나사 기준치수는 KS B 0229(미터 사다리꼴나사)에 따른다.

29. 미터 보통 나사

단위 : mm

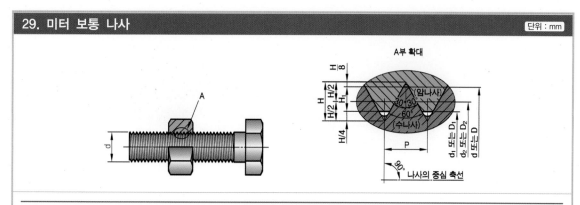

미터 보통 나사의 기본 치수

나사의 호칭 d			피치 P	접촉높이 H_1	암나사			나사의 호칭 d		피치 P	접촉높이 H_1	암나사		
					골지름 D	유효지름 D_2	안지름 D_1					골지름 D	유효지름 D_2	안지름 D_1
1란	2란	3란			수나사			1란	2란			수나사		
					바깥지름 d	유효지름 d_2	골지름 d_1					바깥지름 d	유효지름 d_2	골지름 d_1
M 1			0.25	0.135	1.000	0.838	0.729		M 14	2	1.083	14.000	12.701	11.835
	M 1.1		0.25	0.135	1.100	0.938	0.829	M 16		2	1.083	16.000	14.701	13.835
M 1.2			0.25	0.135	1.200	1.038	0.929		M 18	2.5	0.353	18.000	16.376	15.294
	M 1.4		0.3	0.162	1.400	1.205	1.075	M 20		2.5	1.353	20.000	18.376	17.294
M 1.6			0.35	0.189	1.600	1.373	1.221		M 22	2.5	1.353	22.000	20.376	19.294
	M 1.8		0.35	0.189	1.800	1.573	1.421	M 24		3	1.624	24.000	22.051	20.752
M 2			0.4	0.217	2.000	1.740	1.567		M 27	3	1.624	27.000	25.051	23.752
	M 2.2		0.45	0.244	2.200	1.908	1.713	M 30		3.5	1.894	30.000	27.727	26.211
M 2.5			0.45	0.244	2.500	2.208	2.013		M 33	3.5	1.894	33.000	30.727	29.211
M 3			0.5	0.271	3.000	2.675	2.459	M 36		4	2.165	36.000	33.402	31.670
	M 3.5		0.6	0.325	3.500	3.110	2.850		M 39	4	2.165	39.000	36.402	34.670
M 4			0.7	0.379	4.000	3.545	3.242	M 42		4.5	2.436	42.000	39.077	37.129
	M 4.5		0.75	0.406	4.500	4.013	3.688		M 45	4.5	2.436	45.000	42.077	40.129
M 5			0.8	0.433	5.000	4.480	4.134	M 48		5	2.706	48.000	44.752	42.587
M 6			1	0.541	6.000	5.350	4.917		M 52	5	2.706	52.000	48.752	46.587
		M 7	1	0.541	7.000	6.350	5.917	M 56		5.5	2.977	56.000	52.428	50.046
M 8			1.25	0.677	8.000	7.188	6.647		M 60	5.5	2.977	60.000	56.428	54.046
		M 9	1.25	0.677	9.000	8.188	7.647	M 64		6	3.248	64.000	60.103	57.505
M 10			1.5	0.812	10.000	9.026	8.376		M 68	6	3.248	68.000	64.103	61.505
		M 11	1.5	0.812	11.000	10.026	9.376	–	–	–	–	–	–	–
M 12			1.75	0.947	12.000	10.863	10.106							

비고
1. d, d_1 및 d_2의 허용차는 KS B 0401(KS B ISO 1829)의 규정에 따른다.
2. l_1, l_2 및 R의 허용차는 KS B ISO 2768-1에 규정하는 보통급으로 한다.

30. 미터 가는 나사

단위 : mm

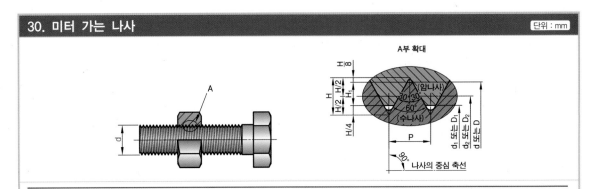

A부 확대

(암나사)
(수나사)
나사의 중심 축선

미터 가는 나사의 기본 치수

나사의 호칭 d	피치 P	접촉 높이 H_1	암나사			나사의 호칭 d	피치 P	접촉 높이 H_1	암나사		
			골지름 D	유효지름 D_2	안지름 D_1				골지름 D	유효지름 D_2	안지름 D_1
			수나사						수나사		
			바깥지름 d	유효지름 d_2	골지름 d_1				바깥지름 d	유효지름 d_2	골지름 d_1
M 1	0.2	0.108	1.000	0.870	0.783	M 20×2	2	1.083	20.000	18.701	17.835
M 1.1×0.2	0.2	0.108	1.100	0.970	0.883	M 20×1.5	1.5	0.812	20.000	19.026	18.376
M 1.2×0.2	0.2	0.108	1.200	1.070	0.983	M 20×1	1	0.541	20.000	19.350	18.917
M 1.4×0.2	0.2	0.108	1.400	1.270	1.183	M 22×2	2	1.083	22.000	20.701	19.835
M 1.6×0.2	0.2	0.108	1.600	1.470	1.383	M 22×1.5	1.5	0.812	22.000	21.026	20.376
M 1.8×0.2	0.2	0.108	1.800	1.670	1.583	M 22×1	1	0.541	22.000	21.350	20.917
M 2×0.25	0.25	0.135	2.000	1.838	1.729	M 24×2	2	1.083	24.000	22.701	21.835
M 2.2×0.25	0.25	0.135	2.200	2.038	1.929	M 24×1.5	1.5	0.812	24.000	23.026	22.376
						M 24×1	1	0.541	24.000	23.350	22.917
M 2.5×0.35	0.35	0.189	2.500	2.273	2.121	M 25×2	2	1.083	25.000	23.701	22.835
M 3×0.35	0.35	0.189	3.000	2.273	2.621	M 25×1.5	1.5	0.812	25.000	24.026	23.376
M 3.5×0.35	0.35	0.189	3.500	3.273	3.121	M 25×1	1	0.541	25.000	24.350	23.917
M 4×0.5	0.5	0.271	4.000	3.675	3.459	M 26×1.5	1.5	0.812	26.000	25.026	24.376
M 4.5×0.5	0.5	0.271	4.500	4.175	3.959	M 27×2	2	1.083	27.000	25.701	24.385
M 5×0.5	0.5	0.271	5.000	4.675	4.459	M 27×1.5	1.5	0.812	27.000	26.026	25.376
M 5.5×0.5	0.5	0.271	5.500	5.175	4.959	M 27×1	1	0.541	27.000	26.350	25.917
M 6×0.75	0.75	0.406	6.000	5.513	5.188	M 28×2	2	1.083	28.000	26.701	25.835
M 7×0.75	0.75	0.406	7.000	6.513	6.188	M 28×1.5	1.5	0.812	28.000	27.026	26.376
						M 28×1	1	0.541	28.000	27.350	26.917
M 8×1	1	0.541	8.000	7.350	6.917	M 30×3	3	1.624	30.000	28.051	26.752
M 8×0.75	0.75	0.406	8.000	7.513	7.188	M 30×2	2	1.083	30.000	28.701	27.835
M 9×1	1	0.541	9.000	8.350	7.917	M 30×1.5	1.5	0.812	30.000	29.026	28.376
M 9×0.75	0.75	0.406	9.000	8.513	8.188	M 30×1	1	0.541	30.000	29.350	28.917
M 10×1.25	1.25	0.677	10.000	9.188	8.647	M 32×2	2	1.083	32.000	30.701	29.835
M 10×1	1	0.541	10.000	9.350	8.917	M 32×1.5	1.5	0.812	32.000	31.026	30.376
M 10×0.75	0.75	0.406	10.000	9.513	9.188						
M 11×1	1	0.541	11.000	10.350	9.917	M 33×3	3	1.624	33.000	31.051	29.752
M 11×0.75	0.75	1.406	11.000	10.513	10.188	M 33×2	2	1.083	33.000	31.701	30.835
						M 33×1.5	1.5	0.812	33.000	32.026	31.376
M 12×1.5	1.5	0.812	12.000	11.026	10.376						
M 12×1.25	1.25	0.677	12.000	11.188	10.647	M 35×1.5	1.5	0.812	35.000	34.026	33.376
M 12×1	1	0.541	12.000	11.350	10.917						
M 14×1.5	1.5	0.812	14.000	13.026	12.376	M 36×3	3	1.624	36.000	34.051	32.752
M 14×1.25	1.25	0.677	14.000	13.188	12.647	M 36×2	2	1.083	36.000	34.701	33.835
M 14×1	1	0.541	14.000	13.350	12.917	M 36×1.5	1.5	0.812	36.000	34.026	34.376
M 15×1.5	1.5	0.812	15.000	14.026	13.376	M 38×1.5	1.5	0.812	38.000	37.026	36.376
M 15×1	1	0.541	15.000	14.350	13.917						
M 16×1.5	1.5	0.812	16.000	15.026	14.376	M 39×3	3	1.624	39.000	37.051	35.752
M 16×1	1	0.541	16.000	15.350	14.917	M 39×2	2	1.083	39.000	37.701	36.835
						M 39×1.5	1.5	0.812	39.000	38.026	37.376
M 17×1.5	1.5	0.812	17.000	16.026	15.376						
M 17×1	1	0.541	17.000	16.350	15.917	M 40×3	3	1.624	40.000	38.051	36.752
M 18×2	2	1.083	18.000	16.701	15.835	M 40×2	2	1.083	40.000	38.701	37.835
M 18×1.5	1.5	0.812	18.000	17.026	16.376	M 40×1.5	1.5	0.812	40.000	39.026	38.376
M 18×1	1	0.541	18.000	17.350	16.917						

비고
1. 미터 가는 나사는 반드시 피치를 표기해야 한다.(예 : M 6×0.75)

미터 가는 나사의 기본 치수(계속)

나사의 호칭 d	피치 P	접촉높이 H_1	암나사 골지름 D / 수나사 바깥지름 d	유효지름 D_2 / 유효지름 d_2	안지름 D_1 / 골지름 d_1
M 42×4	4	2.165	42.000	39.402	37.670
M 42×3	3	1.624	42.000	40.051	38.752
M 42×2	2	1.083	42.000	40.701	39.835
M 42×1.5	1.5	0.812	42.000	41.026	40.376
M 45×4	4	2.165	45.000	42.402	40.670
M 45×3	3	1.624	45.000	43.051	41.752
M 45×2	2	1.083	45.000	43.701	42.835
M 45×1.5	1.5	0.812	45.000	44.026	43.376
M 48×4	4	2.165	48.000	45.402	43.670
M 48×3	3	1.624	48.000	46.051	44.752
M 48×2	2	1.083	48.000	46.701	45.835
M 48×1.5	1.5	0.812	48.000	47.026	46.376
M 50×3	3	1.624	50.000	48.051	46.752
M 50×2	2	1.083	50.000	48.701	47.835
M 50×1.5	1.5	0.812	50.000	49.026	48.376
M 52×4	4	2.165	52.000	49.402	47.670
M 52×3	3	1.624	52.000	50.051	48.752
M 52×2	2	1.083	52.000	50.701	49.835
M 52×1.5	1.5	0.812	52.000	51.026	50.376
M 55×4	4	2.165	55.000	52.402	50.670
M 55×3	3	1.624	55.000	53.051	51.752
M 55×2	2	1.083	55.000	53.701	52.835
M 55×1.5	1.5	0.812	55.000	54.026	53.376
M 56×4	4	2.165	56.000	53.402	51.670
M 56×3	3	1.624	56.000	54.051	52.752
M 56×2	2	1.083	56.000	54.701	53.835
M 56×1.5	1.5	0.812	56.000	55.026	54.376
M 58×4	4	2.165	58.000	55.402	53.670
M 58×3	3	1.624	58.000	56.051	54.752
M 58×2	2	1.083	58.000	56.701	55.835
M 58×1.5	1.5	0.812	58.000	57.026	56.376
M 60×4	4	2.165	60.000	57.402	55.670
M 60×3	3	1.624	60.000	58.051	56.752
M 60×2	2	1.083	60.000	58.701	57.835
M 60×1.5	1.5	0.812	60.000	59.026	58.376
M 62×4	4	2.165	62.000	59.402	57.670
M 62×3	3	1.624	62.000	60.051	58.752
M 62×2	2	1.083	62.000	60.701	59.835
M 62×1.5	1.5	0.812	62.000	61.026	60.376
M 64×4	4	2.165	64.000	61.402	59.670
M 64×3	3	1.624	64.000	62.051	60.752
M 64×2	2	1.083	64.000	62.701	61.835
M 64×1.5	1.5	0.812	64.000	63.026	62.376
M 65×4	4	2.165	65.000	62.402	60.670
M 65×3	3	1.624	65.000	63.051	61.752
M 65×2	2	1.083	65.000	63.701	62.835
M 65×1.5	1.5	0.812	65.000	64.026	63.376
–	–	–	–	–	–
M 68×4	4	2.165	68.000	65.402	63.670
M 68×3	3	1.624	68.000	66.051	64.752
M 68×2	2	1.083	68.000	66.701	65.835
M 68×1.5	1.5	0.812	68.000	67.026	66.376

나사의 호칭 d	피치 P	접촉높이 H_1	암나사 골지름 D / 수나사 바깥지름 d	유효지름 D_2 / 유효지름 d_2	안지름 D_1 / 골지름 d_1
M 70×6	6	3.248	70.000	66.103	63.505
M 70×4	4	2.165	70.000	67.402	65.670
M 70×3	3	1.624	70.000	68.051	66.752
M 70×2	2	1.083	70.000	68.701	67.835
M 70×1.5	1.5	0.812	70.000	69.026	68.376
M 72×6	6	3.248	72.000	68.103	65.505
M 72×4	4	2.165	72.000	69.402	67.670
M 72×3	3	1.624	72.000	70.051	68.752
M 72×2	2	1.083	72.000	70.701	69.835
M 72×1.5	1.5	0.812	72.000	71.026	70.376
M 76×6	6	3.248	76.000	72.103	69.505
M 76×4	4	2.165	76.000	73.402	71.670
M 76×3	3	1.624	76.000	74.051	72.752
M 76×2	2	1.083	76.000	74.701	73.835
M 76×1.5	1.5	0.812	76.000	75.026	74.376
M 80×6	6	3.248	80.000	76.103	73.505
M 80×4	4	2.165	80.000	77.402	75.670
M 80×3	3	1.624	80.000	78.051	76.752
M 80×2	2	1.083	80.000	78.701	77.835
M 80×1.5	1.5	0.812	80.000	79.026	78.376
M 85×6	6	3.248	85.000	81.103	78.505
M 85×4	4	2.165	85.000	82.402	80.670
M 85×3	3	1.624	85.000	83.051	81.752
M 85×2	2	1.083	85.000	83.701	82.835
M 90×6	6	3.248	90.000	86.103	83.505
M 90×4	4	2.165	90.000	87.402	85.670
M 90×3	3	1.624	90.000	88.051	86.752
M 90×2	2	1.083	90.000	88.701	87.835
M 95×6	6	3.248	95.000	91.103	88.505
M 95×4	4	2.165	95.000	92.402	90.670
M 95×3	3	1.624	95.000	93.051	91.752
M 95×2	2	1.083	95.000	93.701	92.835
M 100×6	6	3.248	100.000	96.103	93.505
M 100×4	4	2.165	100.000	97.402	95.670
M 100×3	3	1.624	100.000	98.051	96.752
M 100×2	2	1.083	100.000	98.701	97.835
M 105×6	6	3.248	105.000	101.103	98.505
M 105×4	4	2.165	105.000	102.402	100.670
M 105×3	3	1.624	105.000	103.051	101.752
M 105×2	2	1.083	105.000	103.701	102.835
M 110×6	6	3.248	110.000	106.103	103.505
M 110×4	4	2.165	110.000	107.402	105.670
M 110×3	3	1.624	110.000	108.501	106.752
M 110×2	2	1.083	110.000	108.701	107.835
M 115×6	6	3.248	115.000	111.103	108.505
M 115×4	4	2.165	115.000	112.402	110.670
M 115×3	3	1.624	115.000	113.051	111.752
M 115×2	2	1.083	115.000	113.701	112.835
M 120×6	6	3.248	120.000	116.103	113.505
M 120×4	4	2.165	120.000	117.402	115.670
M 120×3	3	1.624	120.000	118.051	116.752
M 120×2	2	1.083	120.000	118.701	117.835
M 125×6	6	3.248	125.000	121.103	118.505
M 125×4	4	2.165	125.000	122.402	120.670
M 125×3	3	1.624	125.000	123.051	121.752
M 125×2	2	1.083	125.000	123.701	122.835
–	–	–	–	–	–

비고

1. 미터 가는 나사는 반드시 피치를 표기해야 한다.(예 : M 6×0.75)

31. 관용 평행 나사

단위 : mm

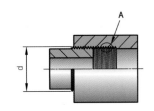

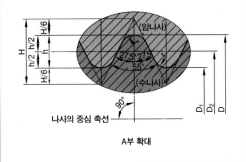

A부 확대

나사 호칭 d	나사산 수 25.4mm 에 대하여 n	피치 P (참고)	수나사		
			바깥지름 d	유효지름 d_2	골지름 d_1
			암나사		
			골지름 D	유효지름 D_2	안지름 D_1
G 1/16	28	0.9071	7.723	7.142	6.561
G 1/8	28	0.9071	9.728	9.147	8.566
G 1/4	19	1.3368	13.157	12.301	11.445
G 3/8	19	1.3368	16.662	15.803	14.950
G 1/2	14	1.8143	20.955	19.793	18.631
G 5/8	14	1.8143	22.911	21.749	20.587
G 3/4	14	1.8143	26.441	25.279	24.117
G 7/8	14	1.8143	30.201	29.039	27.877
G 1	11	2.3091	33.249	31.770	30.291
G 1 1/8	11	2.3091	37.897	36.418	34.939
G 1 1/4	11	2.3091	41.910	40.431	38.952
G 1 1/2	11	2.3091	47.803	46.324	44.845
G 1 3/4	11	2.3091	53.746	52.267	50.788
G 2	11	2.3091	59.614	58.135	56.656
G 2 1/4	11	2.3091	65.710	64.231	62.752
G 2 1/2	11	2.3091	75.184	73.705	72.226
G 2 3/4	11	2.3091	81.534	80.055	78.576

비고
표 중의 관용 평행 나사를 표시하는 기호 G는 필요에 따라 생략하여도 좋다.

32. 관용 테이퍼 나사

단위 : mm

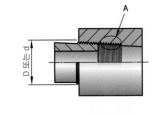

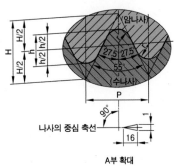

A부 확대

나사의 호칭(^{1})	나사산 수 25.4mm 에 대하여 n	피치 P (참고)	수나사		
			바깥지름 d	유효지름 d_2	골지름 d_1
			암나사		
			골지름 D	유효지름 D_2	안지름 D_1
R 1/16	28	0.9071	7.723	7.142	6.561
R 1/8	28	0.9071	9.728	9.147	8.566
R 1/4	19	1.3368	13.157	12.301	11.445
R 3/8	19	1.3368	16.662	15.806	14.950
R 1/2	14	1.8143	20.955	19.793	18.631
R 3/4	14	1.8143	26.441	25.279	24.117
R 1	11	2.3091	33.249	31.770	30.291
R 1 1/4	11	2.3091	41.910	40.431	38.952
R 1 1/2	11	2.3091	47.803	46.324	44.845
R 2	11	2.3091	59.614	58.135	56.656
R 2 1/2	11	2.3091	75.184	73.705	72.226
R 3	11	2.3091	87.884	86.405	84.926
R 4	11	2.3091	113.030	111.551	110.072
R 5	11	2.3091	138.430	136.951	135.472
R 6	11	2.3091	163.880	162.351	160.872

주
(^{1}) 이 호칭은 테이퍼 수나사에 대한 것이며, 테이퍼 암나사 및 평행 암나사의 경우는 R의 기호를 RC 또는 RP로 한다.

비고
관용 나사를 나타내는 기호(R, RC 및 RP)는 필요에 따라 생략하여도 좋다.

33. 미터 사다리꼴 나사

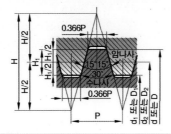

미터 사다리꼴 나사 기준치수 산출공식

$$H = 1.866P \qquad d_2 = d - 0.5P \qquad D = d$$
$$H_1 = 0.5P \qquad d_1 = d - P \qquad D_2 = d_2$$
$$D_1 = d_1$$

나사의 호칭 d	피치 P	접촉 높이 H_1	암나사		
			골지름 D	유효지름 D_2	안지름 D_1
			수나사		
			바깥지름 d	유효지름 d_2	골지름 d_1
Tr 8×1.5	1.5	0.75	8.000	7.250	6.500
Tr 9×2	2	1	9.000	8.000	7.000
Tr 9×1.5	1.5	0.75	9.000	8.250	7.500
Tr 10×2	2	1	10.000	9.000	8.000
Tr 10×1.5	1.5	0.75	10.000	9.250	8.500
Tr 11×3	3	1.5	11.000	9.500	8.000
Tr 11×2	2	1	11.000	10.000	9.000
Tr 12×3	3	1.5	12.000	10.500	9.000
Tr 12×2	2	1	12.000	11.000	10.000
Tr 14×3	3	1.5	14.000	12.500	11.000
Tr 14×2	2	1	14.000	13.000	12.000
Tr 16×4	4	2	16.000	14.000	12.000
Tr 16×2	2	1	16.000	15.000	14.000
Tr 18×4	4	2	18.000	16.000	14.000
Tr 18×2	2	1	18.000	17.000	16.000
Tr 20×4	4	2	20.000	18.000	16.000
Tr 20×2	2	1	20.000	19.000	18.000
Tr 22×8	8	4	22.000	18.000	14.000
Tr 22×5	5	2.5	22.000	19.000	17.000
Tr 22×3	3	1.5	22.000	20.500	19.000

34. 레이디얼 베어링 끼워맞춤부 축과 하우징 R 및 어깨높이

호칭 치수		축과 하우징		
r_{smin} (베어링 모떼기 치수)	r_{asmax} (적용할 구멍/축 최대 모떼기치수)	어깨 높이 h(최소)		
		일반의 경우([1])	특별한 경우([2])	
0.1	0.1	0.4		
0.15	0.15	0.6		
0.2	0.2	0.8		
0.3	0.3	1.25	1	
0.6	0.6	2.25	2	
1	1	2.75	2.5	
1.1	1	3.5	3.25	
1.5	1.5	4.25	4	
2	2	5	4.5	
2.1	2	6	5.5	
2.5	2	6	5.5	
3	2.5	7	6.5	
4	3	9	8	
5	4	11	10	
6	5	14	12	
4.5	6	18	16	
9.5	8	22	20	

35. 레이디얼 베어링 및 스러스트 베어링 조립부 공차

단위 : mm

레이디얼 베어링(0급, 6X급, 6급)에 대하여 일반적으로 사용하는 축의 공차 범위 등급

조건		축 지름(mm)						축 공차	적용 보기
		볼 베어링		원통롤러베어링 원뿔롤러베어링		자동 조심 롤러베어링			
		초과	이하	초과	이하	초과	이하		
내륜 회전 하중	경하중 또는 변동 하중(0,1,2)	– 18 100 –	18 100 200 –	– – 40 140	– 40 140 200	– – – –	– – – –	h5 js6(j6) k6 m6	정밀도를 필요로 하는 경우 js6, k6, m6 대신에 js5, k5, m5를 사용한다.
	보통 하중(3)	– 18 100 140 200 – –	18 100 140 200 280 – –	– – 40 100 140 200 –	– 40 100 140 200 400 –	– – 40 65 100 140 280	40 65 100 140 280 500	js5(j5) k5 m5 m6 n6 p6 r6	단열 앵귤러 볼 베어링 및 원뿔 롤러 베어링인 경우 끼워맞춤으로 인한 내부틈새의 변화를 생각할 필요가 없으므로 k5, m5 대신에 k6, m6을 사용할 수 있다.
	중하중 또는 충격 하중(4)	– – –	– – –	50 140 200	140 200 –	50 100 140	100 140 200	n6 p6 r6	보통 틈새의 베어링보다 큰 내부 틈새의 베어링이 필요하다.
외륜 회전 하중 내륜 정지 하중	내륜이 축 위를 쉽게 움직일 필요가 있다.	전체 축 지름						g6	정밀도를 필요로 하는 경우 g5를 사용한다. 큰 베어링에서는 쉽게 움직일 수 있도록 f6을 사용해도 된다.
	내륜이 축 위를 쉽게 움직일 필요가 없다.	전체 축 지름						h6	정밀도를 필요로 하는 경우 h5를 사용한다.
중심 축 하중		전체 축 지름						js6(j6)	–

레이디얼 베어링(0급, 6X급, 6급)에 대하여 일반적으로 사용하는 하우징 구멍의 공차 범위 등급

조건				하우징 구멍 공차	적용보기
하우징		하중의 종류 등	외륜의 축 방향의 이동		
일체 또는 분할 하우징	내륜 회전 하중	모든 종류의 하중	쉽게 이동할 수 있다.	H7	대형 베어링 또는 외륜과 하우징의 온도차가 큰 경우 G7을 사용해도 된다.
		경하중 또는 보통하중(0,1,2,3)	쉽게 이동할 수 있다.	H8	–
		축과 내륜이 고온으로 된다.	쉽게 이동할 수 있다.	G7	대형 베어링 또는 외륜과 하우징의 온도차가 큰 경우 F7을 사용해도 된다.
일체 하우징		경하중 또는 보통하중에서 정밀 회전을 요한다.	원칙적으로 이동할 수 없다.	K6	주로 롤러 베어링에 적용한다.
			이동할 수 있다.	JS6	주로 볼 베어링에 적용한다.
		조용한 운전을 요한다.	쉽게 이동할 수 있다.	H6	–
	외륜 회전 하중	경하중 또는 변동하중 (0,1,2)	이동할 수 없다.	M7	–
		보통하중 또는 중하중(3,4)	이동할 수 없다.	N7	주로 볼 베어링에 적용한다.
		얇은 하우징에서 중하중 또는 큰 충격하중	이동할 수 없다.	P7	주로 롤러 베어링에 적용한다.
	방향 부정 하중	경하중 또는 보통하중	통상, 이동할 수 있다.	JS7	정밀을 요하는 경우 JS7, K7 대신에 JS6, K6을 사용한다.
		보통하중 또는 중하중(1)	원칙적으로 이동할 수 없다.	K7	
		큰 충격하중	이동할 수 없다.	M7	

스러스트 베어링(0급, 6급)에 대하여 일반적으로 사용하는 축의 공차 범위 등급

조건		축 지름(mm)		축 공차	적용 범위
		초과	이하		
중심 축 하중 (스러스트 베어링 전반)		전체 축 지름		js6	h6도 사용할 수 있다.
합성 하중 (스러스트 자동 조심롤러베어링)	내륜정지 하중	전체 축 지름		js6	–
	내륜회전 하중 또는 방향 부정하중	– 200 400	200 400	k6 m6 n6	k6, m6, n6 대신에 각각 js6, k6, m6도 사용할 수 있다.

스러스트 베어링(0급, 6급)에 대하여 일반적으로 사용하는 하우징 구멍의 공차 범위 등급

조건		하우징 구멍 공차	적용 범위
중심 축 하중 (스러스트 베어링 전반)		–	외륜에 레이디얼 방향의 틈새를 주도록 적절한 공차범위 등급을 선정한다.
		H8	스러스트 볼 베어링에서 정밀을 요하는 경우
합성 하중 (스러스트 자동 조심롤러베어링)	외륜정지 하중	H7	–
	외륜회전 하중 또는 방향 부정하중	K7	보통 사용 조건인 경우
		M7	비교적 레이디얼 하중이 큰 경우

36. 미끄럼 베어링용 부시

단위 : mm

(1) C형

(2) F형

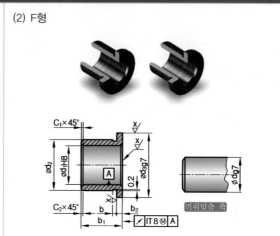

(1) C형

d_1	d_2			b_1			모떼기 45° C_1, C_2 최대	모떼기 15° C_2 최대
6	8	10	12	6	10	–	0.3	1
8	10	12	14	6	10	–	0.3	1
10	12	14	16	6	10	–	0.3	1
12	14	16	18	10	10	20	0.5	2
14	16	18	20	10	15	20	0.5	2
15	17	19	21	10	15	20	0.5	2
16	18	20	22	12	15	20	0.5	2
18	20	22	24	12	15	30	0.5	2
20	23	24	26	15	20	30	0.5	2
22	25	26	28	15	20	30	0.5	2
(24)	27	28	30	15	20	30	0.5	2
25	28	30	32	20	20	40	0.5	2
(27)	30	32	34	20	30	40	0.5	2
28	32	34	36	20	30	40	0.5	2
30	34	36	38	20	30	40	0.5	2
32	36	38	40	20	30	40	0.8	3
(33)	37	40	42	20	30	40	0.8	3
35	39	41	45	30	40	50	0.8	3

(2) F형

d_1	시리즈 1 d_2	d_3	b_2	시리즈 2 d_2	d_3	b_2	b_1			모떼기 45° C_1, C_2 최대	모떼기 15° C_2 최대	b
6	8	10	1	12	14	3	–	10	–	0.3	1	1
8	10	12	1	14	18	3	–	10	–	0.3	1	1
10	12	14	1	16	20	3	–	10	–	0.3	1	1
12	14	16	1	18	22	3	10	15	20	0.5	2	1
14	16	18	1	20	25	3	10	15	20	0.5	2	1
15	17	19	1	21	27	3	10	15	20	0.5	2	1
16	18	20	1	22	28	3	12	15	20	0.5	2	1.5
18	20	22	1	24	30	3	12	20	30	0.5	2	1.5
20	23	26	1.5	26	32	3	15	20	30	0.5	2	1.5
22	25	28	1.5	28	34	3	15	20	30	0.5	2	1.5
(24)	27	30	1.5	30	36	3	15	20	30	0.5	2	1.5
25	28	31	1.5	32	38	4	20	30	40	0.5	2	1.5
(27)	30	33	1.5	34	40	4	20	30	40	0.5	2	1.5
28	32	36	2	36	42	4	20	30	40	0.5	2	1.5
30	34	38	2	38	44	4	20	30	40	0.5	2	2
32	36	40	2	40	46	4	20	30	40	0.8	3	2
(33)	37	41	2	42	48	5	20	30	40	0.8	3	2
35	39	43	2	45	50	5	30	40	50	0.8	3	2

재질
KS D 6024 동 합금주물(CAC304, CAC401, CAC402, CAC403, CAC403)

재질
KS D 6024 동 합금주물(CAC304, CAC401, CAC402, CAC403, CAC403)

37. 깊은 홈 볼 베어링

단위 : mm

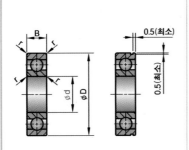

호칭번호	d (안지름)	D (바깥지름)	B (폭)	r_{smin}
	베어링 계열 60 치수			
6000	10	26	8	0.3
6001	12	28	8	0.3
6002	15	32	9	0.3
6003	17	35	10	0.3
6004	20	42	12	0.6
60/22	22	44	12	0.6
6005	25	47	12	0.6
60/28	28	52	12	0.6
6006	30	55	13	1
60/32	32	58	13	1
6007	35	62	14	1
6008	40	68	15	1
6009	45	75	16	1
6010	50	80	16	1
6011	55	90	18	1.1
6012	60	95	18	1.1
6013	65	100	18	1.1

호칭번호	d (안지름)	D (바깥지름)	B (폭)	r_{smin}
	베어링 계열 62 치수			
6200	10	30	9	0.6
6201	12	32	10	0.6
6202	15	35	11	0.6
6203	17	40	12	0.6
6204	20	47	14	1
62/22	22	50	14	1
6205	25	52	15	1
62/28	28	58	16	1
6206	30	62	16	1
62/32	32	65	17	1
6207	35	72	17	1.1
6208	40	80	18	1.1
6209	45	85	19	1.1
6210	50	90	20	1.1
6211	55	100	21	1.5
6212	60	110	22	1.5
6213	65	120	23	1.5

호칭번호	d (안지름)	D (바깥지름)	B (폭)	r_{smin}
	베어링 계열 63 치수			
6300	10	35	11	0.6
6301	12	37	12	1
6302	15	42	13	1
6303	17	47	14	1
6304	20	52	15	1.1
63/22	22	56	16	1.1
6305	25	62	17	1.1
63/28	28	68	18	1.1
6306	30	72	19	1.1
63/32	32	75	20	1.1
6307	35	80	21	1.5
6308	40	90	23	1.5
6309	45	100	25	1.5
6310	50	110	27	2
6311	55	120	29	2
6312	60	130	31	2.1
6313	65	140	33	2.1

호칭번호	d (안지름)	D (바깥지름)	B (폭)	r_{smin}
	베어링 계열 64 치수			
6400	10	37	12	0.6
6401	12	42	13	1
6402	15	52	15	1.1
6403	17	62	17	1.1
6404	20	72	19	1.1
6405	25	80	21	1.5
6406	30	90	23	1.5
6407	35	100	25	1.5
6408	40	110	27	2
6409	45	120	29	2
6410	50	130	31	2.1
6411	55	140	33	2.1
6412	60	150	35	2.1
6413	65	160	37	2.1
6414	70	180	42	3
6415	75	190	45	3
6416	80	200	48	3

호칭번호	d (안지름)	D (바깥지름)	B (폭)	r_{smin}
	베어링 계열 67 치수			
6700	10	15	3	0.1
6701	12	18	4	0.2
6702	15	21	4	0.2
6703	17	23	4	0.2
6704	20	27	4	0.2
67/22	22	30	4	0.2
6705	25	32	4	0.2
67/28	28	35	4	0.2
6706	30	37	4	0.2
67/32	32	40	4	0.2
6707	35	44	5	0.3
6708	40	50	6	0.3
6709	45	55	6	0.3
6710	50	62	6	0.3
6711	55	68	7	0.3
6712	60	75	7	0.3
6713	65	80	7	0.3

호칭번호	d (안지름)	D (바깥지름)	B (폭)	r_{smin}
	베어링 계열 68 치수			
6800	10	19	5	0.3
6801	12	21	5	0.3
6802	15	24	5	0.3
6803	17	26	5	0.3
6804	20	32	7	0.3
68/22	22	34	7	0.3
6805	25	37	7	0.3
68/28	28	40	7	0.3
6806	30	42	7	0.3
68/32	32	44	7	0.3
6807	35	47	7	0.3
6808	40	52	7	0.3
6809	45	58	7	0.3
6810	50	65	7	0.3
6811	55	72	9	0.3
6812	60	78	10	0.3
6813	65	85	10	0.6
6814	70	90	10	0.6
6815	75	95	10	0.6
6816	80	100	10	0.6
6817	85	110	13	1
6818	90	115	13	1
6819	95	120	13	1

호칭번호	d (안지름)	D (바깥지름)	B (폭)	r_{smin}
	베어링 계열 69 치수			
6900	10	22	6	0.3
6901	12	24	6	0.3
6902	15	28	7	0.3
6903	17	30	7	0.3
6904	20	37	9	0.3
69/22	22	39	9	0.3
6905	25	42	9	0.3
69/28	28	45	9	0.3
6906	30	47	9	0.3
69/32	32	52	10	0.6
6907	35	55	10	0.6
6908	40	62	12	0.6
6909	45	68	12	0.6
6910	50	72	12	0.6
6911	55	80	13	1
6912	60	85	13	1
6913	65	90	13	1
6914	70	100	16	1
6915	75	105	16	1
6916	80	110	16	1
6917	85	120	18	1.1
6918	90	125	18	1.1

시방	보조기호
실 · 실드	양쪽 실붙이 : UU
	한쪽 실붙이 : U
	양쪽 실드 붙이 : ZZ
	한쪽 실드 붙이 : Z

38. 앵귤러 볼 베어링

단위 : mm

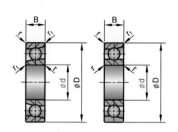

주
(¹) 접촉각 기호 (A)는 생략할 수 있다.
(²) 내륜 및 외륜의 최소 허용 모떼기 치수이다.

호칭 번호 (¹)	베어링 계열 70 치수				참고
	d	D	B	r_{min} (2)	r_{1smin} (2)
7000 A	10	26	8	0.3	0.15
7001 A	12	28	8	0.3	0.15
7002 A	15	32	9	0.3	0.15
7003 A	17	35	10	0.3	0.15
7004 A	20	42	12	0.6	0.3
7005 A	25	47	12	0.6	0.3
7006 A	30	55	13	1	0.6
7007 A	35	62	14	1	0.6
7008 A	40	68	15	1	0.6
7009 A	45	75	16	1	0.6
7010 A	50	80	16	1	0.6
7011 A	55	90	18	1.1	0.6
7012 A	60	95	18	1.1	0.6
7013 A	65	100	18	1.1	0.6
7014 A	70	110	20	1.1	0.6

호칭 번호 (¹)	베어링 계열 72 치수				참고
	d	D	B	r_{min} (2)	r_{1smin} (2)
7200 A	10	30	9	0.6	0.3
7201 A	12	32	10	0.6	0.3
7202 A	15	35	11	0.6	0.3
7203 A	17	40	12	0.6	0.3
7204 A	20	47	14	1	0.6
7205 A	25	52	15	1	0.6
7206 A	30	62	16	1	0.6
7207 A	35	72	17	1.1	0.6
7208 A	40	80	18	1.1	0.6
7209 A	45	85	19	1.1	0.6
7210 A	50	90	20	1	0.6
7211 A	55	100	21	1.5	1
7212 A	60	110	22	1.5	1
7213 A	65	120	23	1.5	1
7214 A	70	125	24	1.5	1

호칭 번호 (¹)	베어링 계열 73 치수				참고
	d	D	B	r_{min} (2)	r_{1smin} (2)
7300 A	10	35	11	0.6	0.3
7301 A	12	37	12	1	0.6
7302 A	15	42	13	1	0.6
7303 A	17	47	14	1	0.6
7304 A	20	52	15	1.1	0.6
7305 A	25	62	17	1.1	0.6
7306 A	30	72	19	1.1	0.6
7307 A	35	80	21	1.5	1
7308 A	40	90	23	1.5	1
7309 A	45	100	25	1.5	1
7310 A	50	110	27	2	1
7311 A	55	120	29	2	1
7312 A	60	130	31	2.1	1.1
7313 A	65	140	33	2.1	1.1
7314 A	70	150	35	2.1	1.1

호칭 번호 (¹)	베어링 계열 74 치수				참고
	d	D	B	r_{min} (2)	r_{1smin} (2)
7404 A	20	72	19	1.1	0.6
7405 A	25	80	21	1.5	1
7406 A	30	90	23	1.5	1
7407 A	35	100	25	1.5	1
7408 A	40	110	27	2	1
7409 A	45	120	29	2	1
7410 A	50	130	31	2.1	1.1
7411 A	55	140	33	2.1	1.1
7412 A	60	150	35	2.1	1.1
7413 A	65	160	37	2.1	1.1
7414 A	70	180	42	3	1.1
7415 A	75	190	45	3	1.1
7416 A	80	200	48	3	1.1
7417 A	85	210	52	4	1.5
7418 A	90	225	54	4	1.5

비고
접촉각 : A : 22~32°
　　　　 B : 32~45°
　　　　 C : 10~22°

39. 자동 조심 볼 베어링

단위 : mm

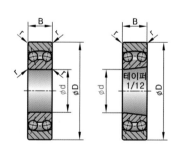

테이퍼
1/12

호칭번호		베어링 계열 12 치수			
원통 구멍	테이퍼 구 멍	d	D	B	r_{smin}(¹)
1200	–	10	30	9	0.6
1201	–	12	32	10	0.6
1202	–	15	35	11	0.6
1203	–	17	40	12	0.6
1204	1204 K	20	47	14	1
1205	1205 K	25	52	15	1
1206	1206 K	30	62	16	1
1207	1207 K	35	72	17	1.1
1208	1208 K	40	80	18	1.1
1209	1209 K	45	85	19	1.1
1210	1210 K	50	90	20	1.1
1211	1211 K	55	100	21	1.5

호칭번호		베어링 계열 13 치수			
원통 구멍	테이퍼 구 멍	d	D	B	r_{smin}(¹)
1300	–	10	35	11	0.6
1301	–	12	37	12	1
1302	–	15	42	13	1
1303	–	17	47	14	1
1304	1304 K	20	52	15	1.1
1305	1305 K	25	92	17	1.1
1306	1306 K	30	72	19	1.1
1307	1307 K	35	80	21	1.5
1308	1308 K	40	90	23	1.5
1309	1309 K	45	100	25	1.5
1310	1310 K	50	110	27	2
1311	1311 K	55	120	29	2

호칭번호		베어링 계열 22 치수			
원통 구멍	테이퍼 구 멍	d	D	B	r_{smin}(¹)
2200	–	10	30	14	0.6
2201	–	12	32	14	0.6
2202	–	15	35	14	0.6
2203	–	17	40	16	0.6
2204	2204 K	20	47	18	1
2205	2205 K	25	52	18	1
2206	2206 K	30	62	20	1
2207	2207 K	35	72	23	1.1
2208	2208 K	40	80	23	1.1
2209	2209 K	45	85	23	1.1
2210	2210 K	50	90	23	1.1
2211	2211 K	55	100	25	1.5

호칭번호		베어링 계열 23 치수			
원통 구멍	테이퍼 구 멍	d	D	B	r_{smin}(¹)
2300	–	10	35	17	0.6
2301	–	12	37	17	1
2302	–	15	42	17	1
2303	–	17	47	19	1
2304	2304 K	20	52	21	1.1
2305	2305 K	25	92	24	1.1
2306	2306 K	30	72	27	1.1
2307	2307 K	35	80	31	1.5
2308	2308 K	40	90	33	1.5
2309	2309 K	45	100	36	1.5
2310	2310 K	50	110	40	2
2311	2311 K	55	120	43	2

주
(¹) 내륜 및 외륜의 최소 허용 모떼기 치수이다.

비고
호칭 번호 1318, 1319, 1320, 1321, 1318 K, 1319
K, 1320 K 및 1322 K의 베어링에서는 강구가
베어링의 측면보다 돌출된 것이 있다.

40. 원통 롤러 베어링

단위 : mm

호칭번호	베어링 계열 NU 4, NJ 4, NUP 4, N 4, NF 4 치수			
	d	D	B	r_{min} (')
NU 406	30	90	23	1.5
NU 407	35	100	25	1.5
NU 408	40	110	27	2
NU 409	45	120	29	2
NU 410	50	130	31	2.1
NU 411	55	140	33	2.1
NU 412	60	150	35	2.1
NU 413	65	160	37	2.1
NU 414	70	180	42	3
NU 415	75	190	45	3
NU 416	80	200	48	3
NU 417	85	210	52	4

호칭번호		베어링 계열 NU 2, NJ 2, NUP 2, N 2, NF 2 치수				
원통구멍	테이퍼구멍	d	D	B	r_{min} (')	참고 r_{1smin} (')
N 203	–	17	40	12	0.6	0.3
N 204	NU 204 K	20	47	14	1	0.6
N 205	NU 205 K	25	52	15	1	0.6
N 206	NU 206 K	30	62	16	1	0.6
N 207	NU 207 K	35	72	17	1.1	0.6
N 208	NU 208 K	40	80	18	1.1	1.1
N 209	NU 209 K	45	85	19	1.1	1.1
N 210	NU 210 K	50	90	20	1.1	1.1
N 211	NU 211 K	55	100	21	1.5	1.1
N 212	NU 212 K	60	110	22	1.5	1.5
N 213	NU 213 K	65	120	23	1.5	1.5
N 214	NU 214 K	70	125	24	1.5	1.5
N 215	NU 215 K	75	130	25	1.5	1.5
N 216	NU 216 K	80	140	26	2	2
N 217	NU 217 K	85	150	28	2	2
N 218	NU 218 K	90	160	30	2	2

호칭번호	베어링 계열 NU 10 치수				
	d	D	B	r_{min} (')	참고 r_{1smin} (')
NU 1005	25	47	12	0.6	0.3
NU 1006	30	55	13	1	0.6
NU 1007	35	62	14	1	0.6
NU 1008	40	68	15	1	0.6
NU 1009	45	75	16	1	0.6
NU 1010	50	80	16	1	0.6
NU 1011	55	90	18	1.1	1
NU 1012	60	95	18	1.1	1
NU 1013	65	100	18	1.1	1
NU 1014	70	110	20	1.1	1
NU 1015	75	115	20	1.1	1
NU 1016	80	125	22	1.1	1
NU 1017	85	130	22	1.1	1
NU 1018	90	140	24	1.5	1.1
NU 1019	95	145	24	1.5	1.1
NU 1020	100	150	24	1.5	1.1
NU 1021	105	160	26	2	1.1

호칭번호		베어링 계열 NU 23, NJ 23, NUP 23 치수			
원통구멍	테이퍼구멍	d	D	B	r_{min} (') / r_{1smin} (')
NU 2305	NU 2305 K	25	62	24	1.1
NU 2306	NU 2306 K	30	72	27	1.1
NU 2307	NU 2307 K	35	80	31	1.5
NU 2308	NU 2308 K	40	90	33	1.5
NU 2309	NU 2309 K	45	100	36	1.5
NU 2310	NU 2310 K	50	110	40	2
NU 2311	NU 2311 K	55	120	43	2
NU 2312	NU 2312 K	60	130	46	2.1
NU 2313	NU 2313 K	65	140	48	2.1
NU 2314	NU 2314 K	70	150	51	2.1
NU 2315	NU 2315 K	75	160	55	2.1
NU 2316	NU 2316 K	80	170	58	2.1

호칭번호		베어링 계열 NU 22, NJ 22, NUP 22 치수				
원통구멍	테이퍼구멍	d	D	B	r_{min} (')	참고 r_{1smin} (')
NU 2204	NU 2204 K	20	47	18	1	0.6
NU 2205	NU 2205 K	25	52	18	1	0.6
NU 2206	NU 2206 K	30	62	20	1	0.6
NU 2207	NU 2207 K	35	72	23	1.1	1.1
NU 2208	NU 2208 K	40	80	23	1.1	1.1
NU 2209	NU 2209 K	45	85	23	1.1	1.1
NU 2210	NU 2210 K	50	90	23	1.1	1.1
NU 2211	NU 2211 K	55	100	25	1.5	1.1
NU 2212	NU 2212 K	60	110	28	1.5	1.5
NU 2213	NU 2213 K	65	120	31	1.5	1.5
NU 2214	NU 2214 K	70	125	31	1.5	1.5
NU 2215	NU 2215 K	75	130	31	1.5	1.5

호칭번호		베어링 계열 NN 30 치수			
원통구멍	테이퍼구멍	d	D	B	r_{min} (') / r_{1smin} (')
NN 3005	NN 3005 K	25	47	16	0.6
NN 3006	NN 3006 K	30	55	19	1
NN 3007	NN 3007 K	35	62	20	1
NN 3008	NN 3008 K	40	68	21	1
NN 3009	NN 3009 K	45	75	23	1
NN 3010	NN 3010 K	50	80	23	1
NN 3011	NN 3011 K	55	90	26	1.1
NN 3012	NN 3012 K	60	95	26	1.1
NN 3013	NN 3013 K	65	100	26	1.1
NN 3014	NN 3014 K	70	110	30	1.1
NN 3015	NN 3015 K	75	115	30	1.1
NN 3016	NN 3016 K	80	125	34	1.1
NN 3017	NN 3017 K	85	130	34	1.1

호칭번호			베어링 계열 NU3, NJ3, NUP3, N3, NF3 치수			
원통구멍	테이퍼구멍	스냅링홈붙이	d	D	B	r_{min} (') / r_{1smin} (')
N 304	NU 304 K	NU 304 N	20	52	15	1.1
N 305	NU 305 K	NU 305 N	25	62	17	1.1
N 306	NU 306 K	NU 306 N	30	72	19	1.1
N 307	NU 307 K	NU 307 N	35	80	21	1.5
N 308	NU 308 K	NU 308 N	40	90	23	1.5
N 309	NU 309 K	NU 309 N	45	100	25	1.5
N 310	NU 310 K	NU 310 N	50	110	27	2
N 311	NU 311 K	NU 311 N	55	120	29	2
N 312	NU 312 K	NU 312 N	60	130	31	2.1
N 313	NU 313 K	NU 313 N	65	140	33	2.1
N 314	NU 314 K	NU 314 N	70	150	35	2.1
N 315	NU 315 K	NU 315 N	75	160	37	2.1

41. 니들 롤러 베어링

단위 : mm

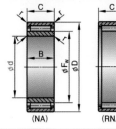

(NA)   (RNA)

호칭번호	내륜붙이 베어링 NA 49 치수			
	d	D	B 및 C	r_{smin}
–	–	–	–	–
NA 495	5	13	10	0.15
NA 496	6	15	10	0.15
NA 497	7	17	10	0.15
NA 498	8	19	11	0.2
NA 499	9	20	11	0.3
NA 4900	10	22	13	0.3
NA 4901	12	24	13	0.3
–	–	–	–	–
NA 4902	15	28	13	0.3
NA 4903	17	30	13	0.3
NA 4904	20	37	17	0.3
NA 49/22	22	39	17	0.3
NA 4905	25	42	17	0.3
NA 49/28	28	45	17	0.3
NA 4906	30	47	17	0.3
NA 49/32	32	52	20	0.6
NA 4907	35	55	20	0.6
–	–	–	–	–
NA 4908	40	62	22	0.6

호칭번호	내륜이 없는 베어링 RNA 49 치수			
	F_w	D	C	r_{smin}
RNA 493	5	11	10	0.15
RNA 494	6	12	10	0.15
RNA 495	7	13	10	0.15
RNA 496	8	15	10	0.15
RNA 497	9	17	10	0.15
RNA 498	10	19	11	0.2
RNA 499	12	20	11	0.3
RNA 4900	14	22	13	0.3
RNA 4901	16	24	13	0.3
RNA 49/14	18	26	13	0.3
RNA 4902	20	28	13	0.3
RNA 4903	22	30	13	0.3
RNA 4904	25	37	17	0.3
RNA 49/22	28	39	17	0.3
RNA 4905	30	42	17	0.3
RNA 49/28	32	45	17	0.3
RNA 4906	35	47	17	0.3
RNA 49/32	40	52	20	0.6
RNA 4907	42	55	20	0.6
RNA 49/38	45	58	20	0.6
RNA 4908	48	62	22	0.6

42. 스러스트 볼 베어링(단식)

단위 : mm

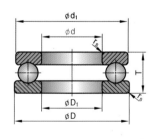

호칭번호	베어링 계열 511 치수					
	d	D	T	r_{smin}	d_{1smax}	D_{1smin}
51100	10	24	9	0.3	24	11
51101	12	26	9	0.3	26	13
51102	15	28	9	0.3	28	16
51103	17	30	9	0.3	30	18
51104	20	35	10	0.3	35	21
51105	25	42	11	0.6	42	26
51106	30	47	11	0.6	47	32
51107	35	52	12	0.6	52	37
51108	40	60	13	0.6	60	42
51109	45	65	14	0.6	65	47
51110	50	70	14	0.6	70	52
51111	55	78	16	0.6	78	57

호칭번호	베어링 계열 512 치수					
	d	D	T	r_{smin}	d_{1smax}	D_{1smin}
5124	4	16	8	0.3	16	4
5126	6	20	9	0.3	20	6
5128	8	22	9	0.3	22	8
51200	10	26	11	0.6	26	12
51201	12	28	11	0.6	28	14
51202	15	32	12	0.6	32	17
51203	17	35	12	0.6	35	19
51204	20	40	14	0.6	40	22
51205	25	47	15	0.6	47	27
51206	30	52	16	0.6	52	32
51207	35	62	18	1	62	37
51208	40	68	19	1	68	42

호칭번호	베어링 계열 513 치수					
	d	D	T	r_{smin}	d_{1smax}	D_{1smin}
5134	4	20	11	0.6	20	4
5136	6	24	12	0.6	24	6
5138	8	26	12	0.6	26	8
51300	10	30	14	0.6	30	10
51301	12	32	14	0.6	32	12
51302	15	37	15	0.6	37	15
51303	17	40	16	0.6	40	19
51304	20	47	18	1	47	22
51305	25	52	18	1	52	27
51306	30	60	21	1	60	32
51307	35	68	24	1	68	37
51308	40	78	26	1	78	42

호칭번호	베어링 계열 514 치수					
	d	D	T	r_{smin}	d_{1smax}	D_{1smin}
51405	25	60	24	1	60	27
51406	30	70	28	1	70	32
51407	35	80	32	1.1	80	37
51408	40	90	36	1.1	90	42
51409	45	100	39	1.1	100	47
51410	50	110	43	1.5	110	52
51411	55	120	48	1.5	120	57
51412	60	130	51	1.5	130	62
51413	65	140	56	2	140	68
51414	70	150	60	2	150	73
51415	75	160	65	2	160	78
51416	80	170	68	2.1	170	83

비고
d_{1smax} : 내륜의 최대 허용 바깥지름
D_{1smin} : 외륜의 최소 허용 안지름

43. 스러스트 볼 베어링(복식)

단위 : mm

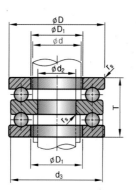

호칭번호	베어링 계열 522 치수								
	d (축경)	d_2	S	T_1	B	d_{3smax}	D_{1smin}	r_{smin} 내륜	r_{smin} 외륜
52202	15	10	32	22	5	32	17	0.3	0.6
52204	20	15	40	26	6	40	22	0.3	0.6
52205	25	20	47	28	7	47	27	0.3	0.6
52206	30	25	52	29	7	52	32	0.3	0.6
52207	35	30	62	34	8	62	37	0.3	1
52208	40	30	68	36	9	68	42	0.6	1
52209	45	35	73	37	9	73	47	0.6	1
52210	50	40	78	39	9	78	52	0.6	1
52211	55	45	90	45	10	90	57	0.6	1
52212	60	50	95	46	10	95	62	0.6	1
52213	65	55	100	47	10	100	67	0.6	1
52214	70	55	105	47	10	105	72	1	1

호칭번호	베어링 계열 523 치수								
	d (축경)	d_2	S	T_1	B	d_{3smax}	D_{1smin}	r_{smin} 내륜	r_{smin} 외륜
52305	25	20	52	34	8	52	27	0.3	1
52306	30	25	60	38	9	60	32	0.3	1
52307	35	30	68	44	10	68	37	0.3	1
52308	40	30	78	49	12	78	42	0.6	1
52309	45	35	85	52	12	85	47	0.6	1
52310	50	40	95	58	14	95	52	0.6	1.1
52311	55	45	105	64	15	105	57	0.6	1.1
52312	60	50	110	64	15	110	62	0.6	1.1
52313	65	55	115	65	15	115	67	0.6	1.1
52314	70	55	125	72	16	125	72	1	1.1
52315	75	60	135	79	18	135	77	1	1.5
52316	80	65	140	79	18	140	82	1	1.5

호칭번호	베어링 계열 524 치수								
	d (축경)	d_2	S	T_1	B	d_{3smax}	D_{1smin}	r_{smin} 내륜	r_{smin} 외륜
52405	25	15	60	45	11	60	22	0.6	1
52406	30	20	70	52	12	70	32	0.6	1
52407	35	25	80	59	14	80	37	0.6	1.1
52408	40	30	90	65	15	90	42	0.6	1.1
52409	45	35	100	72	17	100	47	0.6	1.1
52410	50	40	110	78	18	110	52	0.6	1.5
52411	55	45	120	87	20	120	57	0.6	1.5
52412	60	50	130	93	21	130	62	0.6	1.5
52413	65	50	140	101	23	140	68	1	2
52414	70	55	150	107	24	150	73	1	2
52415	75	60	160	115	26	160	78	1	2
52416	80	65	170	120	27	170	83	1	2.1

비고
d_{3smax} : 중앙 내륜의 최대 허용 바깥지름
D_{1smin} : 외륜의 최소 허용 안지름

44. O링 홈 모따기 치수

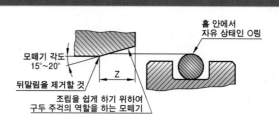

홈 안에서 자유 상태인 O링

모떼기 각도 15°~20°

뒤말림을 제거할 것

조립을 쉽게 하기 위하여 구두 주걱의 역할을 하는 모떼기

O링 부착부 모따기치수					
O링 호칭번호	O링 굵기	Z(최소)	O링 호칭번호	O링 굵기	Z(최소)
P3 ~ P10	1.9±0.08	1.2	P150A ~ P400	8.4±0.15	4.3
P10A ~ P22	2.4±0.09	1.4	G25 ~ G145	3.1±0.10	1.7
P22A ~ P50	3.5±0.10	1.8	G150 ~ G300	5.7±0.13	3.0
P48A ~ P150	5.7±0.13	3.0	—	—	—

45. 운동 및 고정용(원통면) O링 홈 치수(P계열)

단위 : mm

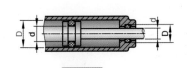

운동용

홈

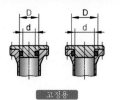

고정용

- E=k의 최대값-k의 최소값(즉, 동축도의 2배)

O링 호칭 번호	d			D		b (+0.25 / 0)			R (최대)	E (최대)
						백업링 없음	1개	2개		
P3	3	0 −0.05		6	+0.05 0	2.5	3.9	5.4	0.4	0.05
P4	4			7						
P5	5	(h9)		8	(H9)					
P6	6			9						
P7	7			10						
P8	8			11						
P9	9			12						
P10	10			13						
P10A	10	0 −0.06		14	+0.06 0	3.2	4.4	6.0	0.4	0.05
P11	11			15						
P11.2	11.2	(h9)		15.2	(H9)					
P12	12			16						
P12.5	12.5			16.5						
P14	14			18						
P15	15			19						
P16	16			20						
P18	18			22						
P20	20			24						
P21	21			25						
P22	22			26						
P22A	22	0 −0.08		28	+0.08 0	4.7	6	7.8	0.8	0.08
P22.4	22.4			28.4						
P24	24	(h9)		30	(H9)					
P25	25			31						
P25.5	25.5			31.5						
P26	26			32						
P28	28			34						
P29	29			35						
P29.5	29.5			35.5						
P30	30			36						
P31	31			37						
P31.5	31.5			37.5						
P32	32			38						
P34	34			40						
P35	35			41						
P35.5	35.5			41.5						
P36	36			42						
P38	38			44						
P39	39			45						
P40	40			46						
P41	41			47						
P42	42			42						
P44	44			44						
P45	45			45						
P46	46			46						
P48	48			48						
P49	49			49						
P50	50			50						

O링 호칭 번호	d			D		b (+0.25 / 0)			R (최대)	E (최대)
						백업링 없음	1개	2개		
P48A	48	0 −0.10		58	+0.10 0	7.5	9	11.5	0.8	0.1
P50A	50			60						
P52	52	(h9)		62	(H9)					
P53	53			63						
P55	55			65						
P56	56			66						
P58	58			68						
P60	60			70						
P62	62			72						
P63	63			73						
P65	65			75						
P67	67			77						
P70	70			80						
P71	71			81						
P75	75			85						
P80	80			90						
P62	62			72						
P63	63			73						
P65	65			75						
P67	67			77						
P70	70			80						
P71	71			81						
P75	75			85						
P80	80			90						
P85	85			95						
P90	90			100						
P95	95			105						
P100	100			110						
P102	102			112						
P105	105			115						
P110	110			120						
P112	112			122						
P115	115			125						
P120	120			130						
P125	125			135						
P130	130			140						
P132	132			142						
P135	135			145						
P140	140			150						
P145	145			155						
P150	150			160						
P150A	150	0 −0.10		165	+0.10 0	11	13	17	1.2	0.12
P155	155			170						
P160	160	(h9)		175	(H9)					
P165	165			180						
P170	170			185	+0.10 0					
P175	175			195						
P180	180			205	(H8)					

비고
1) P3~P400은 운동용, 고정용에 사용한다.
2) H8, H9/h9 는 D/d의 끼워맞춤 치수이다.

45. 운동 및 고정용(원통면) O링 홈 치수(G계열)

단위 : mm

운동용   홈   고정용

0.1~0.3°x45

- E=k의 최대값−k의 최소값(즉, 동축도의 2배)

O링 호칭 번호	P계열 홈부 치수 (운동 및 고정용-원통면)								O링 호칭 번호	P계열 홈부 치수 (운동 및 고정용-원통면)							
	d		D		b (+0.25, 0)			R (최대)	E (최대)		d		D		b (+0.25, 0)			R (최대)	E (최대)
					백업링										백업링				
					없음	1개	2개								없음	1개	2개		
G25	25	0 −0.10	30	+0.10 0	4.1	5.6	7.3	0.7	0.08	G150	150	0 −0.10	160	+0.10 0	7.5	9	11.5	0.8	0.1
G30	30		35							G155	155		165						
G35	35	(h9)	40	(H10)						G160	160	(h9)	170	(H9)					
G40	40		45							G165	165		175						
G45	45		50							G170	170		180						
G50	50		55	+0.10 0						G175	175		185						
G55	55		60							G180	180		190	+0.10 0					
G60	60		65							G185	185		195						
G65	65		70	(H9)						G190	190	0 −0.10	200	(H8)					
G70	70		75							G195	195		205						
G75	75		80							G200	200	(h8)	210						
G80	80		85							G210	210		220						
G85	85		90							G220	220		230						
G90	90		95							G230	230		240						
G95	95		100							G240	240		250						
G100	100		105							G250	250		260						
G105	105		110							G260	260		270						
G110	110		115							G270	270		280						
G115	115		120							G280	280		290						
G120	120		125							G290	290		300						
G125	125		130							G300	300		310						
G130	130		135							–	–		–						
G135	135		140							–	–		–						
G140	140		145							–	–		–						
G145	145		150							–	–		–						

비고
1) G25~G300은 고정용에만 사용하고, 운동용에는 사용하지 않는다.
2) H9, H10/h8, h9 는 D/d의 끼워맞춤 치수이다.

46. 고정용(평면) O링 홈 치수(P계열)

단위 : mm

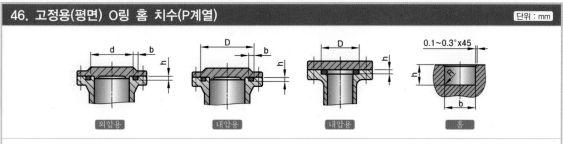

| 외압용 | 내압용 | 내압용 | 홈 |

O링 호칭 번호	P계열 홈부 치수(고정용-평면)					O링 호칭 번호	P계열 홈부 치수(고정용-평면)				
	d (외압용)	D (내압용)	b +0.25 0	h ±0.05	R (최대)		d (외압용)	D (내압용)	b +0.25 0	h ±0.05	R (최대)
P3	3	6.2	2.5	1.4	0.4	P48A	48	58	7.5	4.6	0.8
P4	4	7.2				P50A	50	60			
P5	5	8.2				P52	52	62			
P6	6	9.2				P53	53	63			
P7	7	10.2				P55	55	65			
P8	8	11.2				P56	56	66			
P9	9	12.2				P58	58	68			
P10	10	13.2				P60	60	70			
P10A	10	14	3.2	1.8	0.4	P62	62	72			
P11	11	15				P63	63	73			
P11.2	11.2	15.2				P65	65	75			
P12	12	16				P67	67	77			
P12.5	12.5	16.5				P70	70	80			
P14	14	18				P71	71	81			
P15	15	19				P75	75	85			
P16	16	20				P80	80	90			
P18	18	22				P85	85	95			
P20	20	24				P90	90	100			
P21	21	25				P95	95	105			
P22	22	26				P100	100	110			
P22A	22	28	4.7	2.7	0.8	P102	102	112			
P22.4	22.4	28.4				P105	105	115			
P24	24	30				P110	110	120			
P25	25	31				P112	112	122			
P25.5	25.5	31.5				P115	115	125			
P26	26	32				P120	120	130			
P28	28	34				P125	125	135			
P29	29	35				P130	130	140			
P29.5	29.5	35.5				P132	132	142			
P30	30	36				P135	135	145			
P31	31	37				P140	140	150			
P31.5	31.5	37.5				P145	145	155			
P32	32	38				P150	150	160			
P34	34	40				P150A	150	165	11	6.9	1.2
P35	35	41				P155	155	170			
P35.5	35.5	41.5				P160	160	175			
P36	36	42				P165	165	180			
P38	38	44				P170	170	185			
P39	39	45				P175	175	190			
P40	40	46				P180	180	195			
P41	41	47				P185	185	200			
P42	42	48				P190	190	205			
P44	44	50				P195	195	210			
P45	45	51				P200	200	215			
P46	46	52				P205	205	220			
P48	48	54				P209	209	224			
P49	49	55				P210	210	225			
P50	50	56				P215	215	230			

비고
1. 고정용(평면)에서는 내압이 걸리는 경우는 O링의 바깥둘레가 홈의 외벽에 밀착하도록 설계하고, 외압이 걸리는 경우는 반대로 O링의 안 둘레가 홈의 내벽에 밀착하도록 설계한다.
2. d 및 D는 기준치수를 나타내며, 허용차에 대해서는 특별히 규정하지 않는다.

46. 고정용(평면) O링 홈 치수(G계열)

단위 : mm

외압용   내압용   내압용   홈

O링 호칭 번호	G계열 홈부 치수(고정용-평면)					O링 호칭 번호	G계열 홈부 치수(고정용-평면)				
	d (외압용)	D (내압용)	b +0.25 0	h ±0.05	R (최대)		d (외압용)	D (내압용)	b +0.25 0	h ±0.05	R (최대)
G25	25	30	4.1	2.4	0.7	G150	150	160	7.5	4.6	0.8
G30	30	35				G155	155	165			
G35	35	40				G160	160	170			
G40	40	45				G165	165	175			
G45	45	50				G170	170	180			
G50	50	55				G175	175	185			
G55	55	60				G180	180	190			
G60	60	65				G185	185	195			
G65	65	70				G190	190	200			
G70	70	75				G195	195	205			
G75	75	80				G200	200	210			
G80	80	85				G210	210	220			
G85	85	90				G220	220	230			
G90	90	95				G230	230	240			
G95	95	100				G240	240	250			
G100	100	105				G250	250	260			
G105	105	110				G260	260	270			
G110	110	115				G270	270	280			
G115	115	120				G280	280	290			
G120	120	125				G290	290	300			
G125	125	130				G300	300	310			
G130	130	135				–	–	–			
G135	135	140				–	–	–			
G140	140	145				–	–	–			
G145	145	150									

비고
1. 고정용(평면)에서는 내압이 걸리는 경우는 O링의 바깥둘레가 홈의 외벽에 밀착하도록 설계하고, 외압이 걸리는 경우는 반대로 O링의 안 둘레가 홈의 내벽에 밀착하도록 설계한다.
2. d 및 D는 기준치수를 나타내며, 허용차에 대해서는 특별히 규정하지 않는다.

47. 오일실 조립관계 치수(축, 하우징)

DM

하우징

• 둥글기를 만든다.
• α : 15°~30°

축

S, SM, SA, D, DM, DA 계열 치수

호칭 d (h8)	d_2 (최대)	외경 D (H8)	나비 B	구멍폭 B'	l (최소/최대) $0.1B~0.15B$	r (최소) $r≧0.5$	호칭 d (h8)	d_2 (최대)	외경 D (H8)	나비 B	구멍폭 B'	l (최소/최대) $0.1B~0.15B$	r (최소) $r≧0.5$
7	5.7	18	7	7.3	0.7/1.05	0.5	25	22.5	38	8	8.3	0.8/1.2	0.5
		20							40				
8	6.6	18	7	7.3	0.7/1.05	0.5	*26	23.4	38	8	8.3	0.8/1.2	0.5
		22							42				
9	7.5	20	7	7.3	0.7/1.05	0.5	28	25.3	40	8	8.3	0.8/1.2	0.5
		22							45				
10	8.4	20	7	7.3	0.7/1.05	0.5	30	27.3	42	8	8.3	0.8/1.2	0.5
		25							45				
11	9.3	22	7	7.3	0.7/1.05	0.5	32	29.2	52	11	11.4	1.1/1.65	0.5
		25						35	32	55	11	11.4	1.1/1.65	0.5
12	10.2	22	7	7.3	0.7/1.05	0.5	38	34.9	58	11	11.4	1.1/1.65	0.5
		25						40	36.8	62	11	11.4	1.1/1.65	0.5
*13	11.2	25	7	7.3	0.7/1.05	0.5	42	38.7	65	12	12.4	1.2/1.8	0.5
		28						45	41.6	68	12	12.4	1.2/1.8	0.5
14	12.1	25	7	7.3	0.7/1.05	0.5	48	44.5	70	12	12.4	1.2/1.8	0.5
		28						50	46.4	72	12	12.4	1.2/1.8	0.5
15	13.1	25	7	7.3	0.7/1.05	0.5	*52	48.3	75	12	12.4	1.2/1.8	0.5
		30						55	51.3	78	12	12.4	1.2/1.8	0.5
16	14	28	7	7.3	0.7/1.05	0.5	56	52.3	78	12	12.4	1.2/1.8	0.5
		30						*58	54.2	80	12	12.4	1.2/1.8	0.5
17	14.9	30	8	8.3	0.8/1.2	0.5	60	56.1	82	12	12.4	1.2/1.8	0.5
		32						*62	58.1	85	12	12.4	1.2/1.8	0.5
18	15.8	30	8	8.3	0.8/1.2	0.5	63	59.1	85	12	12.4	1.2/1.8	0.5
		35						65	61	90	13	13.4	1.3/1.95	0.5
20	17.7	32	8	8.3	0.8/1.2	0.5	*68	63.9	95	13	13.4	1.3/1.95	0.5
		35						70	65.8	95	13	13.4	1.3/1.95	0.5
22	19.6	35	8	8.3	0.8/1.2	0.5	(71)	(66.8)	(95)	(13)	(13.4)	1.3/1.95	0.5
		38						75	70.7	100	13	13.4	1.3/1.95	0.5
24	21.5	38	8	8.3	0.8/1.2	0.5	80	75.5	105	13	13.4	1.3/1.95	0.5
		40						85	80.4	110	13	13.4	1.3/1.95	0.5

기호	종류	기호	종류
S	스프링들이 바깥 둘레 고무	D	스프링들이 바깥 둘레 고무 먼지 막이 붙이
SM	스프링들이 바깥 둘레 금속	DM	스프링들이 바깥 둘레 금속 먼지 막이 붙이
SA	스프링들이 조립	DA	스프링들이 조립 먼지 막이 붙이

비고
1. *을 붙인 것은 KS B 0406(축 지름)에 없는 것이고, ( ) 안의 것은 되도록 사용하지 않는다.
2. B'는 KS규격 치수가 아닌 실무 데이터이다.

47. 오일실 조립관계 치수(축, 하우징) 단위 : mm

DM

하우징

축

둥글기를 만든다.
• α : 15°∼30°

G, GM, GA 계열 치수

호칭 d (h8)	d_2 (최대)	외경 D (H8)	나비 B	구멍폭 B'	l (최소/최대) 0.1B∼0.15B	r (최소) r≧0.5	호칭 d (h8)	d_2 (최대)	외경 D (H8)	나비 B	구멍폭 B'	l (최소/최대) 0.1B∼0.15B	r (최소) r≧0.5
7	5.7	18	4	4.2	0.4/0.6	0.5	24	21.5	38	5	5.2	0.5/0.75	0.5
		20	7	7.3	0.7/1.05	0.5			40	8	8.3	0.8/1.2	0.5
8	6.6	18	4	4.2	0.4/0.6	0.5	25	22.5	38	5	5.2	0.5/0.75	0.5
		22	7	7.3	0.7/1.05	0.5			40	8	8.3	0.8/1.2	0.5
9	7.5	20	4	4.2	0.4/0.6	0.5	*26	23.4	38	5	5.2	0.5/0.75	0.5
		22	7	7.3	0.7/1.05	0.5			42	8	8.3	0.8/1.2	0.5
10	8.4	20	4	4.2	0.4/0.6	0.5	28	25.3	40	5	5.3	0.5/0.75	0.5
		25	7	7.3	0.7/1.05	0.5			45	8	8.5	0.8/1.2	0.5
11	9.3	22	4	4.2	0.4/0.6	0.5	30	27.3	42	5	5.2	0.5/0.75	0.5
		25	7	7.3	0.7/1.05	0.5			45	8	8.3	0.8/1.2	0.5
12	10.2	22	4	4.2	0.4/0.6	0.5	32	29.2	45	5	5.2	0.5/0.75	0.5
		25	7	7.3	0.7/1.05	0.5			52	8	8.3	0.8/1.2	0.5
*13	11.2	25	4	4.2	0.4/0.6	0.5	35	32	48	5	5.2	0.5/0.75	0.5
		28	7	7.3	0.7/1.05	0.5			55	11	11.4	1.1/1.65	0.5
14	12.1	25	4	4.2	0.4/0.6	0.5	38	34.9	50	5	5.2	0.5/0.75	0.5
		28	7	7.3	0.7/1.05	0.5			58	11	11.4	1.1/1.65	0.5
15	13.1	25	4	4.2	0.4/0.6	0.5	40	36.8	52	5	5.2	0.5/0.75	0.5
		30	7	7.3	0.7/1.05	0.5			62	11	11.4	1.1/1.65	0.5
16	14	28	4	4.2	0.4/0.6	0.5	42	38.7	55	6	6.2	0.6/0.9	0.5
		30	7	7.3	0.7/1.05	0.5			65	12	12.4	1.2/1.8	0.5
17	14.9	30	5	5.2	0.5/0.75	0.5	45	41.6	60	6	6.2	0.6/0.9	0.5
		32	8	8.3	0.8/1.2	0.5			68	12	12.4	1.2/1.8	0.5
18	15.8	30	5	5.2	0.5/0.75	0.5	48	44.5	62	6	6.2	0.6/0.9	0.5
		35	8	8.3	0.8/1.2	0.5			70	12	12.4	1.2/1.8	0.5
20	17.7	32	5	5.2	0.5/0.75	0.5	50	46.4	65	6	6.2	0.6/0.9	0.5
		35	8	8.3	0.8/1.2	0.5			72	12	12.4	1.2/1.8	0.5
22	19.6	35	5	5.2	0.5/0.75	0.5	*52	48.3	65	6	6.2	0.6/0.9	0.5
		38	8	8.3	0.8/1.2	0.5			75	12	12.4	1.2/1.8	0.5

기호	종류
G	스프링 없는 바깥 둘레 고무
GM	스프링 없는 바깥 둘레 금속
GA	스프링 없는 조립

비고 GA는 되도록 사용하지 않는다.

비고
1. *을 붙인 것은 KS B 0406(축 지름)에 없는 것이고, ( ) 안의 것은 되도록 사용하지 않는다.
2. B'는 KS규격 치수가 아닌 실무 데이터이다.

48. 롤러체인 스프로킷 치형 및 치수
단위 : mm

스프로킷 치수　　　가로 치형 상세도　　　가로 치형

호칭 번호	가로 치형								가로 피치	적용 롤러 체인(참고)		
	모떼기 나비 g (약)	모떼기 깊이 h (약)	모떼기 반경 R_c (최소)	둥글기 r_f (최대)	치폭 t(최대)			t, M 허용차	P_t	원주피치 P	롤러외경 D_r (최대)	안쪽 링크 안쪽 나비 b_1 (최소)
					단열	2열 3열	4열 이상					
25	0.8	3.2	6.8	0.3	2.8	2.7	2.4	$^{\ 0}_{-0.20}$	6.4	6.35	3.30[1]	3.10
35	1.2	4.8	10.1	0.4	4.3	4.1	3.8		10.1	9.525	5.08[1]	4.68
41[2]	1.6	6.4	13.5	0.5	5.8	–	–		–	12.70	7.77	6.25
40	1.6	6.4	13.5	0.5	7.2	7.0	6.5	$^{\ 0}_{-0.25}$	14.4	12.70	7.95	7.85
50	2.0	7.9	16.9	0.6	8.7	8.4	7.9		18.1	15.875	10.16	9.40
60	2.4	9.5	20.3	0.8	11.7	11.3	10.6	$^{\ 0}_{-0.30}$	22.8	19.05	11.91	12.57
80	3.2	12.7	27.0	1.0	14.6	14.1	13.3		29.3	25.40	15.88	15.75
100	4.0	15.9	33.8	1.3	17.6	17.0	16.1	$^{\ 0}_{-0.35}$	35.8	31.75	19.05	18.90
120	4.8	19.0	40.5	1.5	23.5	22.7	21.5	$^{\ 0}_{-0.40}$	45.4	38.10	22.23	25.22
140	5.6	22.2	47.3	1.8	23.5	22.7	21.5		48.9	44.45	25.40	25.22
160	6.4	25.4	54.0	2.0	29.4	28.4	27.0	$^{\ 0}_{-0.45}$	58.5	50.80	28.58	31.55
200	7.9	31.8	67.5	2.5	35.3	34.1	32.5	$^{\ 0}_{-0.55}$	71.6	63.50	39.68	37.85
240	9.5	38.1	81.0	3.0	44.1	42.7	40.7	$^{\ 0}_{-0.65}$	87.8	76.20	47.63	47.35

주
[1] 이 경우 D_r은 부시 바깥지름을 표시한다.
[2] 41은 홑줄만으로 한다.

48. 스프로킷 기준치수

단위 : mm

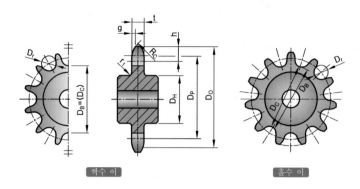

짝수 이　　　홀수 이

체인 호칭번호 25용 스프로킷 기준치수

잇수 N	피치원지름 D_p	바깥지름 D_o	이뿌리원지름 D_B	이뿌리거리 D_c	최대보스지름 D_H	잇수 N	피치원지름 D_p	바깥지름 D_o	이뿌리원지름 D_B	이뿌리거리 D_c	최대보스지름 D_H	잇수 N	피치원지름 D_p	바깥지름 D_o	이뿌리원지름 D_B	이뿌리거리 D_c	최대보스지름 D_H
11	22.54	25	19.24	19.01	15	26	52.68	56	49.38	49.38	45	41	82.95	87	79.65	79.59	76
12	24.53	28	21.23	21.23	17	27	54.70	58	51.40	51.30	47	42	84.97	89	81.67	81.67	78
13	26.53	30	23.23	23.04	19	28	56.71	60	53.41	53.41	49	43	86.99	91	83.69	83.63	80
14	28.54	32	25.24	25.24	21	29	58.73	62	55.43	55.35	51	44	89.01	93	85.71	85.71	82
15	30.54	34	27.24	27.07	23	30	60.75	64	57.45	57.45	53	45	91.03	95	87.73	87.68	84
16	32.55	36	29.25	29.25	25	31	62.77	66	59.47	59.39	55	46	93.05	97	89.75	89.75	86
17	34.56	38	31.26	31.11	27	32	64.78	68	61.48	61.48	57	47	95.07	99	91.77	91.72	88
18	36.57	40	33.27	33.27	29	33	66.80	70	63.50	63.43	59	48	97.09	101	93.79	93.79	90
19	38.58	42	35.28	35.15	31	34	68.82	72	65.52	65.52	61	49	99.11	103	95.81	95.76	92
20	40.59	44	37.29	37.29	33	35	70.84	74	67.54	67.47	63	50	101.13	105	97.83	97.83	94
21	42.61	46	39.31	39.19	35	36	72.86	76	69.56	69.56	65	51	103.15	107	99.85	99.80	96
22	44.62	48	41.32	41.32	37	37	74.88	78	71.58	71.51	67	52	105.17	109	101.87	101.87	98
23	46.63	50	43.33	43.23	39	38	76.90	80	73.60	73.60	70	53	107.19	111	103.89	103.84	100
24	48.65	52	45.35	45.35	41	39	78.91	82	75.61	75.55	72	54	109.21	113	105.91	105.91	102
25	50.66	54	47.36	47.27	43	40	80.93	84	77.63	77.63	74	55	111.23	115	107.93	107.88	104

체인 호칭번호 35용 스프로킷 기준치수

잇수 N	피치원지름 D_p	바깥지름 D_o	이뿌리원지름 D_B	이뿌리거리 D_c	최대보스지름 D_H	잇수 N	피치원지름 D_p	바깥지름 D_o	이뿌리원지름 D_B	이뿌리거리 D_c	최대보스지름 D_H	잇수 N	피치원지름 D_p	바깥지름 D_o	이뿌리원지름 D_B	이뿌리거리 D_c	최대보스지름 D_H
11	33.81	38	28.73	28.38	22	26	79.02	84	73.94	73.94	68	41	124.43	130	119.35	119.26	114
12	36.80	41	31.72	31.72	25	27	82.05	87	76.97	76.83	71	42	127.46	133	122.38	122.38	117
13	39.80	44	34.72	34.43	28	28	85.07	90	79.99	79.99	74	43	130.49	136	125.41	125.32	120
14	42.81	47	37.73	37.73	31	29	88.10	93	83.02	82.89	77	44	133.52	139	128.44	128.44	123
15	45.81	51	40.73	40.48	35	30	91.12	96	86.04	86.04	80	45	136.55	142	131.47	131.38	126
16	48.82	54	43.74	43.74	38	31	94.15	99	89.07	88.95	83	46	139.58	145	134.50	134.50	129
17	51.84	57	46.76	46.54	41	32	97.18	102	92.10	92.10	86	47	142.61	148	137.53	137.45	132
18	54.85	60	49.77	49.77	44	33	100.20	105	95.12	95.01	89	48	145.64	151	140.56	140.56	135
19	57.87	63	52.79	52.59	47	34	103.23	109	98.15	98.15	93	49	148.67	154	143.51	143.51	138
20	60.89	66	55.81	55.81	50	35	106.26	112	101.18	101.07	96	50	151.70	157	146.62	146.62	141
21	63.91	69	58.83	58.65	53	36	109.29	115	104.21	104.21	99	51	154.73	160	149.65	149.57	144
22	66.93	72	61.85	61.85	56	37	112.31	118	107.23	107.13	102	52	157.75	163	152.67	152.67	147
23	69.95	75	64.87	64.71	59	38	115.34	121	110.26	110.26	105	53	160.78	166	155.70	155.63	150
24	72.97	78	67.89	67.89	62	39	118.37	124	113.29	113.20	108	54	163.81	169	158.73	158.73	153
25	76.00	81	70.92	70.77	65	40	121.40	127	116.32	116.32	111	55	166.85	172	161.77	161.70	156

48. 스프로킷 기준치수

단위 : mm

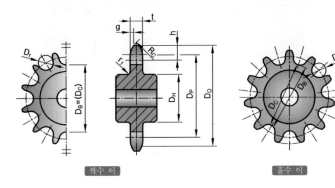

짝수 이   홀수 이

체인 호칭번호 40용 스프로킷 기준치수

잇수 N	피치원지름 D_p	바깥지름 D_o	이뿌리원지름 D_B	이뿌리거리 D_c	최대보스지름 D_H	잇수 N	피치원지름 D_p	바깥지름 D_o	이뿌리원지름 D_B	이뿌리거리 D_c	최대보스지름 D_H	잇수 N	피치원지름 D_p	바깥지름 D_o	이뿌리원지름 D_B	이뿌리거리 D_c	최대보스지름 D_H
11	45.08	51	37.13	36.67	30	26	105.36	112	97.41	97.41	91	41	165.91	173	157.96	157.83	152
12	49.07	55	41.12	41.12	34	27	109.40	116	101.45	101.26	95	42	169.95	177	162.00	162.00	156
13	53.07	59	45.12	44.73	38	28	113.43	120	105.48	105.48	99	43	173.98	181	166.03	165.92	160
14	57.07	63	49.12	49.12	42	29	117.46	124	109.51	109.34	103	44	178.02	185	170.07	170.07	164
15	61.08	67	53.13	52.80	46	30	121.50	128	113.55	113.55	107	45	182.06	189	174.11	174.00	168
16	65.10	71	57.15	57.15	50	31	125.53	133	117.58	117.42	111	46	186.10	193	178.15	178.15	172
17	69.12	76	61.17	60.87	54	32	129.57	137	121.62	121.62	115	47	190.14	197	182.19	182.09	176
18	73.14	80	65.19	65.19	59	33	133.61	141	125.66	125.50	120	48	194.18	201	186.23	186.23	180
19	77.16	84	69.21	68.95	63	34	137.64	145	129.69	129.69	124	49	198.22	205	190.27	190.17	184
20	81.18	88	73.23	73.23	67	35	141.68	149	133.73	133.59	128	50	202.26	209	194.31	194.31	188
21	85.21	92	77.26	77.02	71	36	145.72	153	137.77	137.77	132	51	206.30	214	198.35	198.25	192
22	89.24	96	81.29	81.29	75	37	149.75	157	141.80	141.67	136	52	210.34	218	202.39	202.39	196
23	93.27	100	85.32	85.10	79	38	153.79	161	145.84	145.84	140	53	214.38	222	206.43	206.34	201
24	97.30	104	89.35	89.35	83	39	157.83	165	149.88	149.75	144	54	218.42	226	210.47	210.47	205
25	101.33	108	93.38	93.18	87	40	161.87	169	153.92	153.92	148	55	222.46	230	214.51	214.42	209

체인 호칭번호 41용 스프로킷 기준치수

잇수 N	피치원지름 D_p	바깥지름 D_o	이뿌리원지름 D_B	이뿌리거리 D_c	최대보스지름 D_H	잇수 N	피치원지름 D_p	바깥지름 D_o	이뿌리원지름 D_B	이뿌리거리 D_c	최대보스지름 D_H	잇수 N	피치원지름 D_p	바깥지름 D_o	이뿌리원지름 D_B	이뿌리거리 D_c	최대보스지름 D_H
11	45.08	51	37.31	36.85	30	26	105.36	112	97.59	97.59	91	41	165.91	173	158.14	158.01	152
12	49.07	55	41.30	41.30	34	27	109.40	116	101.63	101.44	95	42	169.95	177	162.18	162.18	156
13	53.07	59	45.30	44.91	38	28	113.43	120	105.66	105.66	99	43	173.98	181	166.21	166.10	160
14	57.07	63	49.30	49.30	42	29	117.46	124	109.69	109.52	103	44	178.02	185	170.25	170.25	164
15	61.08	67	53.31	52.98	46	30	121.50	128	113.73	113.73	107	45	182.06	189	174.29	174.18	168
16	65.10	71	57.33	57.33	50	31	125.53	133	117.76	117.60	111	46	186.10	193	178.33	178.33	172
17	69.12	76	61.35	61.05	54	32	129.57	137	121.80	121.80	115	47	190.14	197	182.37	182.27	176
18	73.14	80	65.37	65.37	59	33	133.61	141	125.84	125.68	120	48	194.18	201	186.41	186.41	180
19	77.16	84	69.39	69.13	63	34	137.64	145	129.87	129.87	124	49	198.22	205	190.45	190.35	184
20	81.18	88	73.41	73.41	67	35	141.68	149	133.91	133.77	128	50	202.26	209	194.49	194.49	188
21	85.21	92	77.44	77.20	71	36	145.72	153	137.95	137.95	132	51	206.30	214	198.53	198.43	192
22	89.24	96	81.47	81.47	75	37	149.75	157	141.98	141.85	136	52	210.34	218	202.57	202.57	196
23	93.27	100	85.50	85.28	79	38	153.79	161	146.02	146.02	140	53	214.38	222	206.61	206.52	201
24	97.30	104	89.53	89.53	83	39	157.83	165	150.06	149.93	144	54	218.42	226	210.65	210.65	205
25	101.33	108	93.56	93.36	87	40	161.87	169	154.10	154.10	148	55	222.46	230	214.69	214.60	209

49. 스퍼기어 계산식   단위 : mm

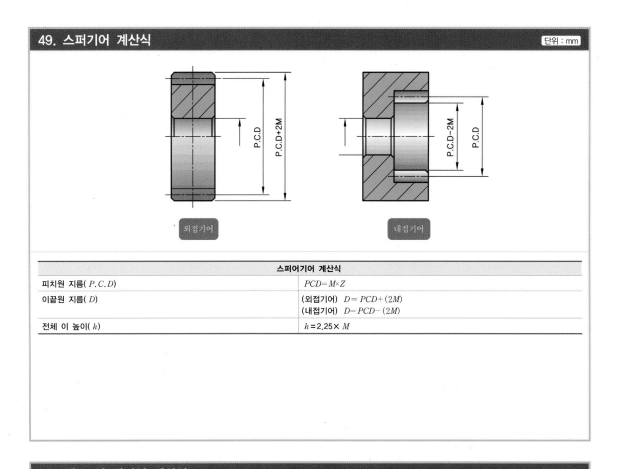

외접기어   내접기어

스퍼어기어 계산식	
피치원 지름($P.C.D$)	$PCD = M \times Z$
이끝원 지름(D)	(외접기어) $D = PCD + (2M)$ (내접기어) $D = PCD - (2M)$
전체 이 높이(h)	$h = 2.25 \times M$

50. 래크 및 피니언 계산식   단위 : mm

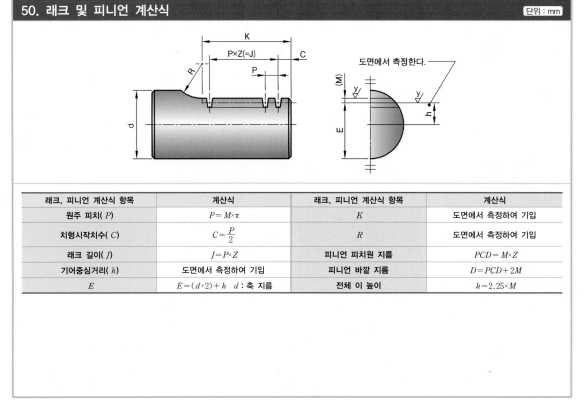

도면에서 측정한다.

래크, 피니언 계산식 항목	계산식	래크, 피니언 계산식 항목	계산식
원주 피치(P)	$P = M \times \pi$	K	도면에서 측정하여 기입
치형시작치수(C)	$C = \dfrac{P}{2}$	R	도면에서 측정하여 기입
래크 길이(J)	$J = P \times Z$	피니언 피치원 지름	$PCD = M \times Z$
기어중심거리(h)	도면에서 측정하여 기입	피니언 바깥 지름	$D = PCD + 2M$
E	$E = (d \div 2) + h$ d : 축 지름	전체 이 높이	$h = 2.25 \times M$

51. 헬리컬기어 계산식

단위 : mm

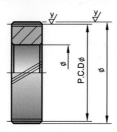

헬리컬기어 계산식

① 모듈(M) : 치직각 모듈(M_t), 축직각 모듈(M_s)

$$M_t = M_s \times \cos\beta, \quad M_S = \frac{M_t}{\cos\beta}$$

② 잇수(Z)

$$Z = \frac{PCD}{M_s} = \frac{PCD \times \cos\beta}{M_t}$$

③ 피치원 지름(PCD) $= Z \times M_s = \dfrac{Z \times M_t}{\cos\beta}$

④ 비틀림각(β) $= \tan^{-1}\dfrac{3.14 \times PCD}{L}$

⑤ 리드(L) $= \dfrac{3.14 \times PCD}{\tan\beta}$

⑥ 전체 이 높이 $= 2.25 M_t = 2.25 \times M_s \times \cos\beta$

52. 베벨기어 계산식

단위 : mm

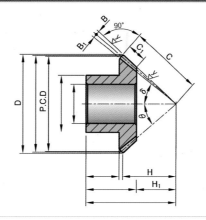

베벨기어 계산식

1. 이뿌리 높이 $A = M \times 1.25$ (M : 모듈)

2. 피치원 지름($P.C.D$)

$PCD = M \times Z$(잇수)

3. 바깥끝 원뿔거리(C)

① $C = \sqrt{(P.C.D_1{}^2 + PCD_2{}^2)/2}$

(PCD : 큰 기어, PCD_2 : 작은 기어)

② $C = \dfrac{PCD}{2\sin\theta}$

(기어가 1개인 경우 θ는 피치원추각)

4. 이의 나비(C_1)

$C_1 \leqq \dfrac{C}{3}$

5. 이끝각(B)

$B = \tan^{-1}\dfrac{M}{C}$

6. 이뿌리각(B_1)

$B_1 = \tan^{-1}\dfrac{A}{C}$

7. 피치원추각(θ)

① $\theta = \sin^{-1}\left(\dfrac{PCD}{2C}\right)$ (기어가 1개인 경우)

② $\theta_1 = \tan^{-1}\left(\dfrac{Z_1}{Z_2}\right)$

$\theta_2 = 90° - \theta_1$

(기어가 2개인 경우 Z_1 : 작은 기어 잇수,

Z_Z : 큰 기어 잇수, θ_1 : 작은 기어, θ_2 : 큰 기어)

8. 바깥 지름(D)

$D = PCD + (2M\cos\theta)$

9. 이끝원추각(δ)

$\delta = \theta + B = $ 피치원추각+이끝각

10. 대단치 끝높이(H)

$H = (C \times \cos\delta)$

소단치 끝높이(H_t)

$H_1 = (C - C_1) \times \cos\delta$

53. 웜과 웜휠 계산식 단위 : mm

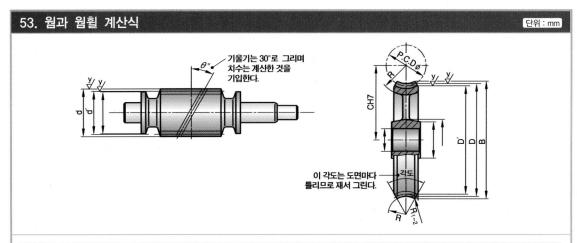

웜과 웜휠 계산식

1. 원주 피치 $P = \pi M = 3.14 \times M$

2. 리드(L) : 1줄인 경우 $L = P$, 2줄인 경우 $L = 2P$, 3줄인 경우 $L3P$

3. 피치원 지름(PCD)

    웜축(d') $= \dfrac{L}{\pi \tan \theta}$, 바깥 지름(d) $d' + 2M$

    웜휠(D'), $= M \times Z$ 모듈×잇수 $\qquad D = D' + 2M$

4. 진행각 $\theta = \dfrac{L}{\pi d'}$

5. 중심거리 $C = \dfrac{D' + d'}{2}$

6. 웜휠의 최대 지름(B) $B = D + (d' - 2M)\left(1 - \cos \dfrac{\lambda}{2}\right)$

54. 래칫 휠 계산식 단위 : mm

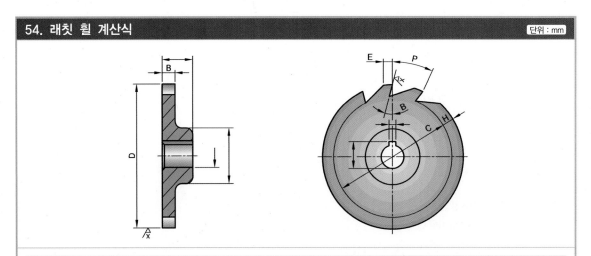

래칫 휠 계산식

① 모듈(M)

   $M = \dfrac{D}{Z}$ (D : 바깥지름, Z : 잇수)

   ※ 도면에 잇수와 모듈이 주어지지 않았을 경우 도면에 있는 외경(D)을 측정하고 피치각(P)을 측정하여 잇수(Z)를 구한 후 모듈(M)을 계산한다.

② 잇수(Z) $\quad Z = \dfrac{360}{\text{피치각}(P)}$

③ 이 높이(H) : 도면에서 측정, 측정할 수 없을 때는

   $H = 0.35P$

④ 이 뿌리 지름(C)

   $C = D - 2H$

⑤ 이 나비(E) : 도면에서 측정, 측정할 수 없을 때는 $E = 0.5P$(주철), $E = 0.3 \sim 0.5P$(주강)

⑥ 톱니각(B) : 15~20°

55. 요목표

스퍼기어 요목표

구분 \ 품번		O	O
기어치형		표준	
공구	치형	보통 이	
	모듈	□	
	압력각	20°	
잇수		□	□
피치원 지름		□	□
전체 이 높이		□	
다듬질방법		호브 절삭	
정밀도		KS B ISO 1328-1, 4급	

웜과 웜휠 요목표

품번	O웜	O웜휠
치형기준단면	축직각	
원주 피치	–	□
리드	□	–
줄수와 방향	줄, 좌 또는 우	
모듈	□	
압력각	20°	
잇수	–	□
피치원 지름	□	□
진행각	□	
다듬질 방법	호브 절삭	연삭

헬리컬기어 요목표

구분 \ 품번		O
기어치형		표준
기준 래크	치형	보통 이
	모듈	M_t(이직각)
	압력각	20°
잇수		□
치형 기준면		치직각
비틀림각		□
리드		□
방향		좌 또는 우
피치원 지름		P.C.D∅
전체 이 높이		$2.25 \times M_t$
다듬질 방법		호브 절삭
정밀도		KS B ISO 1328-1, 4급

래크, 피니언 요목표

구분 \ 품번		O래크	O피니언
기어치형		표준	
기준 래크	치형	보통 이	
	모듈	□	
	압력각	20°	
잇수		□	□
피치원 지름		–	□
전체 이 높이		□	
다듬질방법		호브 절삭	
정밀도		KS B ISO 1328-1, 4급	

체인과 스프로킷 요목표

종류	구분 \ 품번	□
롤러체인	호칭	□
	원주 피치(P)	□
	롤러 외경(D_r)	□
스프로킷	잇수(N)	□
	피치원 지름(D_P)	□
	이뿌리원지름(D_B)	□
	이뿌리 거리(D_C)	□

베벨기어 요목표

치형	그리슨식
축각	90°
모듈	□
압력각	20°
피치원추각	□
잇수	□
피치원 지름	□
다듬질 방법	절삭
정밀도	KS B 1412, 5급

래칫 휠

구분 \ 품번	
잇수	
원주 피치	
이 높이	

56. 표면거칠기 구분치

단위 : μm

표면거칠기기호	산술(중심선) 평균거칠기 (Ra)값	최대높이 (Ry)값	10점 평균거칠기 (Rz)값	비교표준 게이지 번호
▽	특별히 규정하지 않는다.			
w ▽	Ra25 Ra12.5	Ry100 Ry50	Rz100 Rz50	N11 N10
x ▽	Ra6.3 Ra3.2	Ry25 Ry12.5	Rz25 Rz12.5	N9 N8
y ▽	Ra1.6 Ra0.8	Ry6.3 Ry3.2	Rz6.3 Rz3.2	N7 N6
z ▽	Ra0.4 Ra0.2 Ra0.1 Ra0.05 Ra0.025	Ry1.6 Ry0.8 Ry0.4 Ry0.2 Ry0.1	Rz1.6 Rz0.8 Rz0.4 Rz0.2 Rz0.1	N5 N4 N3 N2 N1

57. 상용하는 끼워맞춤(축/구멍)

기준 축	구멍의의 공차역 클래스									
	헐거운 끼워맞춤				중간 끼워맞춤			억지 끼워맞춤		
h5				H6	JS6	K6	M6	N6[1]	P6	
h6		F6	G6	H6	JS6	K6	M6	N6	P6[1]	
		F7	G7	H6	JS7	K7	M7	N7	P7[1]	R7
h7			F7	H7						
			F8	H8						
h8	D8	E8	F8	H8						
	D9	E9		H9						
h9	C9	D9	E8	H8						
	C10	D10	E9	H9						

주
(1) 이들의 끼워맞춤은 치수의 구분에 따라 예외가 생긴다.

기준 구멍	축의 공차역 클래스									
	헐거운 끼워맞춤				중간 끼워맞춤			억지 끼워맞춤		
H6			g5	h5	js5	k5	m5			
		f6	g6	h6	js6	k6	m6	n6(')	p6(')	
H7		f6	g6	h6	js6	k6	m6	n6(')	p6(')	r6(')
	e7	f7		h7	js7					
H8		f7		h7						
	e8	f8		h8						
H9	d9	e9								
	d8	e8		h8						
	c9	d9	e9	h9						

주
(1) 이들의 끼워맞춤은 치수의 구분에 따라 예외가 생긴다.

58. IT공차

단위 : μm

치수		등급	IT4 4급	IT5 5급	IT6 6급	IT7 7급
초과	이하					
−	3		3	4	6	10
3	6		4	5	8	12
6	10		4	6	9	15
10	18		5	8	11	18
18	30		6	9	13	21
30	50		7	11	16	25
50	80		8	13	19	30
80	120		10	15	22	35
120	180		12	18	25	40
180	250		14	20	29	46
250	315		16	23	32	52
315	400		18	25	36	57
400	500		20	27	40	63

59. 주서 작성예시

1. 일반공차
    - 가) 가공부 : KS B ISO 2768-m
    - 나) 주강부 : KS B 0418-B급
    - 다) 주조부 : KS B 0250-CT11
    - 라) 프레스 가공부 : KS B 0413 보통급
    - 마) 전단 가공부 : KS B 0416 보통급
    - 바) 금속 소결부 : KS B 0417 보통급
    - 사) 중심거리 : KS B 0420 보통급
    - 아) 알루미늄 합금부 : KS B 0424 보통급
    - 자) 알루미늄 합금 다이캐스팅부 : KS B 0415 보통급
    - 차) 주조품 치수공차 및 절삭여유방식 : KS B 0415 보통급
    - 카) 단조부 : KS B 0426 보통급(해머, 프레스)
    - 타) 단조부 : KS B 0427 보통급(업셋팅)
    - 파) 가스 절단부 : KS B 0408 보통급
2. 도시되고 지시 없는 모떼기는 C1, 필렛 R3
3. 일반 모떼기는 C0.2~0.5
4. 주조부 외면 명회색 도장
5. 내면 광명단 도장
6. 기어 치부 열처리 HRC50±2
7. ＿＿＿ 표면 열처리 HRC50±2
8. 전체 열처리 HRC50±2
9. 전체 열처리 HRC50±2(니들 롤러베어링, 재료 STB3)
10. 알루마이트 처리(알루미늄 재질 사용시)
11. 파커라이징 처리
12. 표면거칠기

비고
다음의 주서는 일반적으로 많이 기입하는 것을 나열한 것으로 부품의 재질 및 가공방법 등을 고려하여 선택적으로 기입하면 된다.

60. 기계재료 기호 예시(KS D)

명칭	기호	명칭	기호	명칭	기호
회 주철품	GC100, GC150 GC200, GC250	스프링강	SVP9M	탄소 공구강	SK3
탄소 주강품	SC360, SC410 SC450, SC480	피아노선	PW1	화이트메탈	WM3, WM4
인청동 주물	CAC502A CAC502B	알루미늄 합금주물	ASDC6, ASDC7	니켈 크롬 몰리브덴강	SNCM415 SNCM431
침탄용 기계구조용 탄소강재	SM9CK, SM15CK SM20CK	인청동 봉	C5102B	스프링강재	SPS6, SPS10
탄소공구강 강재	STC85, STC90 STC105, STC120	탄소 단강품	SF390A, SF440A SF490A	스프링용 냉간압연강재	S55C-CSP
합금공구강	STS3, STD4	청동 주물	CAC402	일반 구조용 압연강재	SS330, SS440 SS490
크롬 몰리브덴강	SCM415, SCM430 SCM435	알루미늄 합금주물	AC4C, AC5A	용접 구조용 주강품	SCW410, SCW450
니켈 크롬강	SNC415, SNC631	기계구조용 탄소강재	SM25C, SM30C SM35C, SM40C SM45C	인청동 선	C5102W

비고
본 예시 이외에 해당 부품에 적절한 재료라 판단되면, 다른 재료기호를 사용해도 무방함

UG NX-3D 실기 활용서

발행일 | 2019년 1월 10일 초판 발행
2022년 7월 10일 개정1판1쇄

저 자 | 다솔유캠퍼스
발행인 | 정 용 수
발행처 | 예문사
주 소 | 경기도 파주시 직지길 460(출판도시) 도서출판 예문사
T E L | 031) 955-0550
F A X | 031) 955-0660
등록번호 | 11-76호

정가 : 22,000원

http://www.yeamoonsa.com

ISBN 978-89-274-4753-5 13550